エンジニア入門シリーズ

まるごとわかる！エンジニアのための電気自動車技術

―押さえておきたい53項目―

［著］

東京工科大学

高木 茂行

福島 E. 文彦

岩崎通信機株式会社

長浜 竜

科学情報出版株式会社

まえがき

いろんな意見があると思う。電気自動車が CO_2 を排出しないと言っても，電力を発電する時には CO_2 を排出している。電力からの効率は良いかもしれないが，発電効率まで考慮したトータルでの燃費は同じではないか。電気自動車への普及は踊り場を迎えており，電気自動車の在庫が積みあがっている。などなど。

しかしながら，そんな意見をよそに，電気自動車の普及は着実に進んでいる。また，動力源が100％バッテリの電気自動車（BEV Battery electric vehicle）に，エンジンとモータを併用するハイブリッドカー（HV Hybrid vehicle）や PHV（Plug in hybrid vehicle）まで含めて電動化という言葉を使うと，猛烈な勢いで電動化は進んでいる。もはや誰も電動化の流れを止めることはできない。

電動化において，BEV も HV もバッテリでモータを廻す基本技術はほとんど同じである。Li イオン蓄電池を直並列に接続してバッテリを構成し，それをエネルギー源としてベクトル制御で永久磁石同期モータを駆動している。これまで，効率の良いエンジン制御ができる自動車メーカが市場の覇権を手中に収めてきたが，今後はこうした電動化技術が自動車メーカの明暗を分けることになる。

ところで著者は，今年の 5 月に中国の大学との技術交流のため，中国人の先生に案内してもらい武漢を訪問した。中国ではガソリン車のナンバープレートは「青」，電動化されたニューエネルギー車のナンバープレートは「緑」と明確に区別されていた。彼の話によれば，中国では車を購入するためにはナンバープレートの購入が求められる。都市部で「青」のナンバープレートを入手するには 100 万円を超えるお金が必要なのに対し，「緑」のナンバープレートはタダで入手できるということであった。

こうした政府の後押しもあり，中国の BEV と PHV の販売台数は 2023 年には 300 万台，2024 年には 1000 万台を超えた。日本の年間の自動車販売が500万台前後であることを考えるとこの数字は驚異的である。中国では日本国内で販売される2倍に匹敵する電動化自動車を生産しており，その技術レベルを着実に高めているのである。

かつての電気メーカが国内でガラケーを作って競っている間に，スマホが出てきて，あっという間に日本メーカが駆逐された状況が再現されるのではと危惧される。もちろん自動車の評価は，車体を駆動する技術だけでなく，操舵性，走行時の静寂性，シートアレンジなどの総合的に決まるので，ガラケーの時とは異なるだろう。しかなしながら，少なくとも電動化に貢献する多くの技術者が必要になることは間違いない。若者が技術職を敬遠する日本の現状を鑑みると，年配の方々のリスキリングも必要となるだろう。

本書はそうした自動車の電動化を進める技術者に向けて執筆した。1章ではエンジン車との性能比較を通して電気自動車の概要を述べる。2～4章ではモータの駆動回路を構成する昇圧チョッパとインバータを取上げ，5，6章では電気自動車に使われる永久磁石同期モータについて説明する。7章では車体の製造方法として導入が進むアルミを型に流し込んで製造するアルミダイキャスト法について紹介する。

1～7章の基礎編が電気自動車の構造に関する内容であるのに対し，8～14章の応用編では主に電気自動車の動作を取り上げた。8～10章では動作特性の計測を，11章は減速時のエネルギーを再利用する回生技術について述べる。12章はバッテリを構成する多数のLiイオン蓄電池を管理するバッテリマネージメント，13章はモータと車体の制御，14章は電気自動車に関連するシミュレーション技術である。

このように本書では，電気電子工学的技術に重点を置き，これまであまり書かれてこなかった電力回生やバッテリマネージメントも取り上げている。本書の読者が，革新的な電動化技術を開発したり，電動化の普及に大きく貢献する研究者，開発者，技術者となって活躍することを切に願う。

目　次

基礎編

1章　概要 ～電気自動車のパワーユニットはこうなっている～

2章　バッテリから出力電圧を昇降圧するDC-DC変換器 ～昇圧できる仕組みと回路設計の流れを理解する～

3章　直流から交流を作りだす単相･三相インバータ(1) ～単相・三相インバータの原理と回路動作～

4章 直流から交流を作りだす単相·三相インバータ(2)
～インバータPWM動作による電圧コントロール～

5章 電気自動車に使われる永久磁石同期モータ(1)
～モータの動作原理と永久磁石同期モータの構造を理解する～

6章 永久磁石同期モータのベクトル制御
～2つのモータ軸を巧みに制御～

7章 電気自動車の車体
～軽量と低コスト化を指向する車体構造～

応用編

8章　電気自動車用パワーユニットの測定・評価
～実際の回路動作を確認～

9章　電気自動車用電気計測の留意点
～プロービング技術を考える～

10章　電気自動車電気系の計測器 ～製品の多角的解析～

11章　エネルギーを回収する回生 ～自動車の中のSDGs～

12章 バッテリマネージメント
～多段多並列のバッテリを管理～

13章 制御（フィードバック制御・スリップ制御）
～モータ制御と車体制御～

14章 電気自動車の研究開発に役立つシミュレーション技術
～技術開発の成否を分ける仮想設計，仮想実験，デジタルツイン～

基礎編

1章

概要

～電気自動車のパワーユニットはこうなっている～

地球温暖化が進み，もはや温暖化ではなく地球沸騰化とも言われている。環境に優しい対策が急務で，電気自動車あるいは電動化はそのキー技術である。電気自動車の燃費はエンジン車より1.5倍高く，さらに減速時の運動エネルギーを電気エネルギーに変える電力回生は電動化によってのみ得られる卓越技術である。環境問題の解決に向け，自動車の電動は避けて通れない緊急課題である。電動化された車には，ハイブリッド（HV），プラグイン（PHV），燃料電池車（FCV），電気自動車（BEV）があり，いずれもCO_2の放出量を大幅に削減できる。この章では，電気自動車の歴史と概要を述べ，概要との関連から本書の２～６章，11～14章の位置付けを説明する。

1．1　沸騰化する地球を救う電気自動車・電動化

地球温暖化が喫緊の課題であることは誰もが疑わないだろう。2023年の夏は特に暑く，国連のアントニオ・グテーレス事務総長は7月27日の記者会見で，「地球温暖化の時代は終わり，地球沸騰の時代が到来した」と警告した[1]。「地球沸騰化」という言葉は瞬く間に世界中に広まり，共感や驚きの声が上がった。多くの人々が，この問題がすでに温暖化では済まないという状況を感じていたためだろう。

図1.1は，西暦とその年の地球平均温度を1891年～2022年の間でプロットした図である。グラフは，1991年～2020年の30年間の平均値を基準（0℃）とし，産業革命以降の平均温度との差（偏差）で示してある[2]。また，2020年までで平均気温が高かった1位から3位も表記した。平均温度は，変動はしながらも徐々に上がっている。直線は全体のトレンドを示しており，100年で0.74℃の上昇となっている。2010年以降の平均温度はこの上昇トレンドを上回っており，さらに平均温度の上位は，2016年以降に集中している。2010年以降温暖化が加

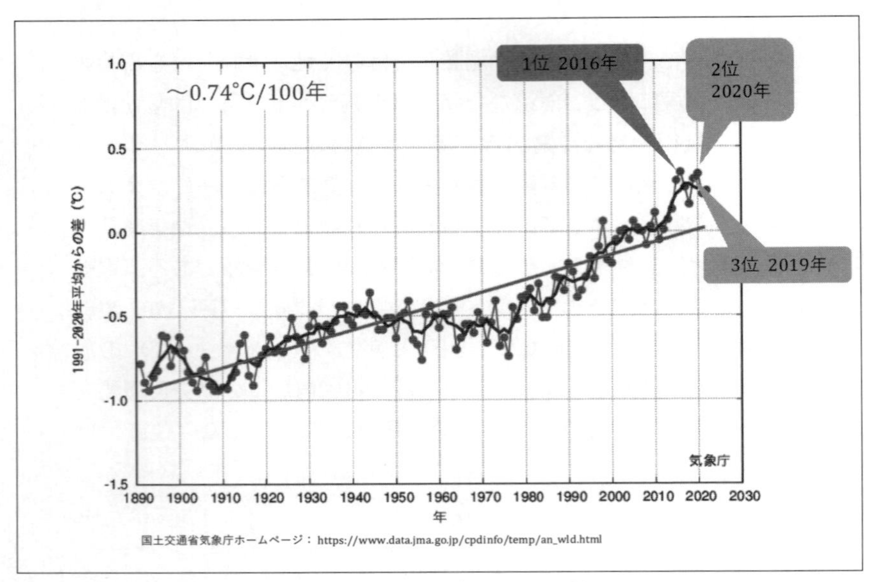

〔図 1.1〕 世界の平均気温[2]
（国土交通省気象庁の資料を基に作成）

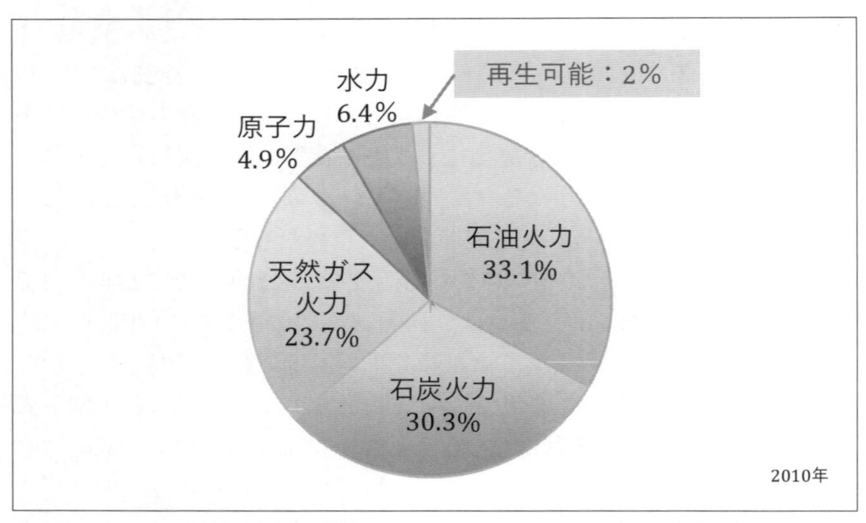

〔図 1.2〕 発電電力のエネルギー源（2010 年）
日本エネルギー研究所　第 410 回定例報告研究資料を基に作成[3]

速していると推察される。

その原因になっているのが，化石燃料の使用とそれにともなう CO_2 の濃度の増加である。図 1.2 に，2010 年に世界で供給された電力の発電方法を示している[3]。石油，石炭，天然ガスといった化石燃料が 80％以上を占めており，大量の CO_2 を放出している。

こうした状況に，図 1.3 に示されるように 2015 年にはパリ条約が発行され，①気温上昇の目標として産業革命前に比べ 2 度未満，② 21 世紀後半に温室効果ガス排出を実質ゼロとする，ことが決まった。②の実現は容易ではない。図 1.2 に示したように，現状 80％の化石燃料から脱却しなければならない。達成できなければ，異常気象，海面の上昇，食料危機など多くの問題に直面する。対策としては，エネルギー供給を再生可能エネルギーに変え，エネルギー消費を削減し，CO_2 を排出しないエネルギー利用に変えていく必要がある。もう一方のエネルギー消費では，CO_2 を排出せず，燃料効率が高い電気自動車への移行が極めて重要である。

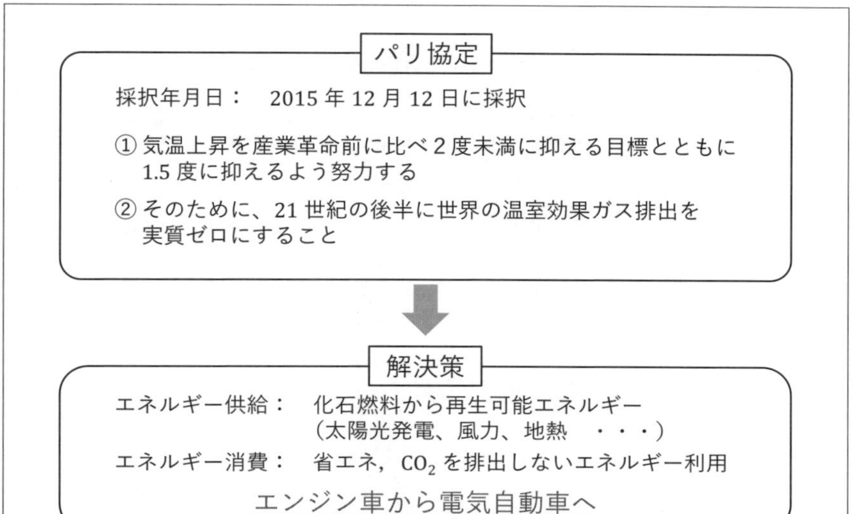

パリ協定

採択年月日：　2015 年 12 月 12 日に採択

① 気温上昇を産業革命前に比べ 2 度未満に抑える目標とともに 1.5 度に抑えるよう努力する

② そのために、21 世紀の後半に世界の温室効果ガス排出を実質ゼロにすること

解決策

エネルギー供給：　化石燃料から再生可能エネルギー（太陽光発電、風力、地熱　・・・）

エネルギー消費：　省エネ，CO_2 を排出しないエネルギー利用

エンジン車から電気自動車へ

〔図 1.3〕パリ協定と地球温暖化対策

1.2 電気自動車の歴史と技術革新

(1) 歴史[4][5]

電気自動車の技術的な概要について説明する前に，電気自動車の歴史を振り返ってみよう。表 1.1 は，電気自動車に関連する出来事をまとめた年表である。今では自動車といえばエンジン自動車という認識であるが，最初に開発された実用的な自動車は，1873 年にロバート・ダビッドソンが開発した電気自動車であった。電気自動車はモータと電池を組合せるという簡単な構造のため，実用化が早かった。1899 年には図 1.4 (a) に示す電気自動車のジャメ・コンタント号が，フランスのアシュレで時速 106 km を記録した。この頃の最高時速は全て電気自動車が記録し，1873 年から 1900 年の初めまでが電気自動車の全盛期であった。

これに対して，内燃機関の 1 つであるエンジンが完成したのは，1873 年から十年以上が経過した 1885 年である。自動車にエンジンを

〔表 1.1〕電気自動車に関する年表

1873 年	ロバート・ダビットソンが一次電池（鉄亜鉛電池）を使用した実用的な電気自動車の開発に成功
1885 年	内燃機関自動車の完成
1899 年	電気自動車のジャメ・コンタント号がフランスのアシュレで時速 106 km を記録
1908 年	ヘンリー・フォードが大量生産を実現 燃機関自動車の T 型フォード普及
	電気自動車が衰退
1997 年 12 月	世界初の量産型ハイブリッドカー プリウス（PRIUS）発売
2010 年 10 月	世界初の量産型 電気自動車 リーフ（LEAF）発売
2012 年 6 月	テスラ社から電気自動車 Model S の出荷が始まる

適用するには，燃料タンクからエンジンへの燃料供給，エンジン内での着火，冷却，減速機構など多くの技術課題があったためと考えられる。そして，1908 年にはヘンリー・フォードが流れ作業で自動車を生産する仕組みを作り，エンジン車の T 型フォードを量産した。電池を使っていた電気自動車は電池交換が頻繁に必要で，走行距離などで総合的に高性能なエンジン車が主流となっていった。

こうした状況の中，自動車がエンジン車という常識を打ち破ったのが，1997 年 12 月に発売されたハイブリッドカープリウス（図 1.4(b)は 2 代目プリウス）である。エンジンとモータを併用することで，それまで 15 km/L であった燃費を 30 km/L 以上に高めることができた。キャッチコピーは「21 世紀に間に合いました」で，21 世紀に通用する革新的技術という想いが込められていた。しかしながら，ハイブリッドカーという仕組みはすぐには受け入れられず，翌年の販売台数は年間で 15,000 台であった。現在，国内で販売されている売り上げ上位の車は

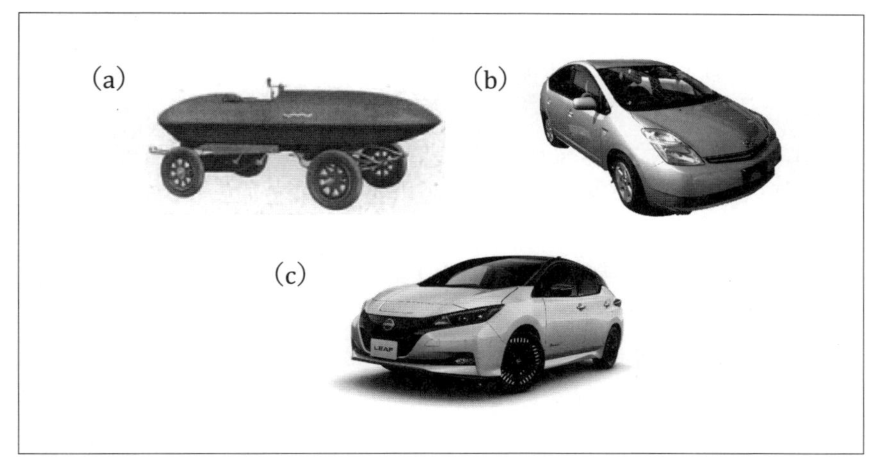

〔図 1.4〕 年表に関連する自動車
(a) ジャメ・コンタント号（画像提供：一般社団法人次世代自動車振興センター）
(b) 第 2 世代のプリウス
(c) 第 2 世代のリーフ（画像提供：日産自動車株式会社）

月に 10,000 台以上が売れており，年間で 15,000 台のセールスは寂しい結果であった。その後，大型のミニバンに採用されて効果が認識され，ハブリッドカーは広く普及した。

電動化技術をさらに発展させ，2010 年 10 月には世界初の量産型電気自動車リーフ（図 1.4(c)は 2 代目リーフ）が発売された。2012 年 6 月には，現在，電気自動車の販売で世界をリードするテスラ社から Model S の出荷が始まった。その後は，環境問題への意識の高まり，政府補助金制度などが功を奏して，電気自動車の普及が着実に進んでいる。

（2）技術革新

1900 年の初めに衰退した電気自動車が，21 世紀に入って復活したのは，1950 年以降に起きた電気電子工学分野の技術革新によるものである。表 1.2 は，電気自動車に関連する電気電子工学分野で起きた主要な技術革新をまとめた表である。バッテリ，モータ駆動回路，モータおよび車体の制御，モータといった電気自動車を構成する主要部品に関連する電気電子部品の分野で大きな技術革新が起きた。そういった意味では，半導体の発明を含め，20 世紀は電気電子工学にイノベーションが訪れた世紀と位置付けることができる。

表 1.2 で，バッテリは鉛蓄電池に対し，エネルギー密度 [Wh/kg] が 4～10 倍以上高い Li イオン蓄電池が実用化された。さらに，Li イオン蓄電池を 1000 個以上も直並列に接続し，それぞれの蓄電池を管理するバッテリマネージメント手法も確立された。これらの技術については，12 章で説明する。

次に，モータの駆動回路では，半導体の高性能化に伴い，大容量のエネルギーをパワーデバイスで扱えるようになった。1990 年代には直流モータの制御が抵抗制御からパワーデバイス制御に変更された。さらに，モータの回転数をインバータで自由にコントロールできるようになり，鉄道車両では直流モータが誘導モータに置き換えられた。現在では，多くの分野で直流モータか誘導モータに置き換わり，鉄道分野でも直流モータの車両は製造されていない。

〔表 1.2〕電気自動車の実用化をもたらした革新技術

項目	従来技術	革新技術	
バッテリ	鉛蓄電	ニッケル水素バッテリ Li イオンバッテリ バッテリマネージメント （12 章）	
モータ 駆動回路	LCR 回路	パワーデバイス回路 DC-DC 変換器 インバータ，回生 （2，3，4，11 章）	
モータ・車体 制御系	アナログ制御	デジタル制御 ベクトル制御 （13 章）	
モータ	直流モータ	誘導モータ 永久磁石同期モータ （5，6 章）	

電気自動車の分野では，三相交流を直流のように容易に扱えるベクトル制御が開発され，電気自動車では誘導モータより効率の良い永久磁石同期モータが使われるようになった。本書では，DC-DC 変換器，インバータを 2～4 章で，永久磁石同期モータは 5，6 章で取り上げる。また，駆動中のモータから電力を取り出す回生技術を 11 章，永久磁石同期モータを制御するベクトル制御は 13 章で説明する。また，表 1.2 には記載していないが，IT 技術の進展によるシミュレーション技術の発展もこうした革新技術に大きく貢献している。これについては，14 章で述べる。

1.3 電気自動車・電動化車

1.3.1 電気自動車・電動化車の種類

ここまで，電気自動車という言葉を使ってきたが，現在，国内で広く普及しているのは，エンジンとモータを併用したハイブリッドカー（HV hybrid vehicle）である。これに対して，エンジンを持たず，バッテリとモータのみの車もあり，厳格にはこのタイプのみが電気自動車（EV Electric vehicle）である。HV のようにエンジンにモータを併設するのは車の電動化であり，その車は電動化車などと呼ばれる。

図 1.5 及び図 1.6 は，主な電気自動車，電動化車をまとめた図である。電動化された車として，ハイブリッドカー（HV），プラグインハイブリッドカー（PHV Plug in hybrid vehicle），燃料電池車（FCV Fuel cell vehicle）がある。これらの車は，vehicle の前に electric を付けて，HEV（hybrid electric vehicle），PHEV（plug in electric vehicle），FCEV（Fuel cell electric vehicle）とも呼ばれている。本書では，HV，PHV，FCV と呼ぶ。

これに対して，図 1.6 の下段に示すようにモータとバッテリ以外の動力源が無い，いわゆる電気自動車がある。このタイプの車は，広く一般に使われている電気自動車という言葉との違いを明確にするため，バッテリの B を頭につけて BEV（Battery electric vehicle）と呼ばれる。

HV，PHV，FCV，BEV では，バッテリとモータの構成は共通しており，同じ技術が使われている。本書では，とくに断りの無い限り，電気自動車と電動化車を含めて電気自動車と呼ぶ。バッテリとモータのみから構成される電気自動車を記載するときは文中に断りを入れるか，電気自動車（BEV）と表記する。

以下，図 1.5 と図 1.6 を参照に HV，PHV，FCV，BEV について説明する。

（a）ハイブリッドカー（HV）

図 1.5(a)に示すようにエンジンとモータを併用して走行する。駆動

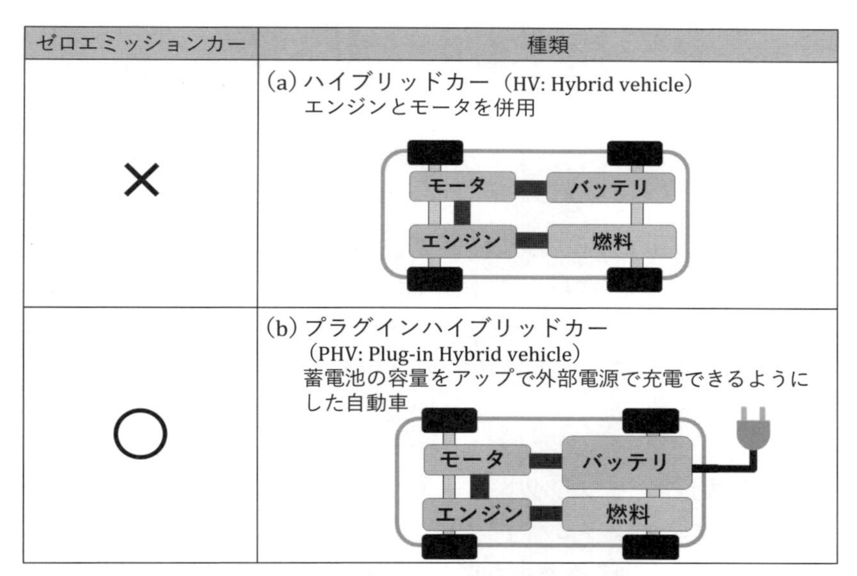

ゼロエミッションカー	種類
×	(a) ハイブリッドカー（HV: Hybrid vehicle） エンジンとモータを併用
○	(b) プラグインハイブリッドカー （PHV: Plug-in Hybrid vehicle） 蓄電池の容量をアップで外部電源で充電できるようにした自動車

〔図 1.5〕 電気自動車・電動化車の種類 (1)

ゼロエミッションカー	種類
○	(c) 燃料電池車（FCV: Fuel Cell Vehicle） 水素と空気（酸素）で発電してモータで走る自動車 空気 モータ 燃料電池 H_2O H_2 バッテリ 水素タンク
○	(d) 電気自動車（BEV: Battery electric vehicle） 他のエネルギーが無くバッテリとモータで構成される モータ バッテリ

〔図 1.6〕 電気自動車・電動化車の種類 (2)

源にエンジンとモータの両方があることからハイブリッドの名前が付けられている。外部からはバッテリを充電できないので，充電容量が不足すると，エンジンの回転を使って発電して充電される。

自動車の走行開始時には大きなトルクが必要となり，低速域でのエンジンの効率が低くなることから，この領域ではモータにより動作する。速度が一定値以上となるとエンジンが主体となって走行する。また，減速時にはモータを発電機として使用し，発電した回生電力をバッテリに蓄える（1.4 節(a)）。走行開始及び低速時にモータを使うことで，エンジン車のみの自動車に対して 2 倍を超えるようなエネルギー効率が得られている。

（b）プラグインハイブリッドカー（PHV）

図 1.5(b)に示すようにハイブリッドカーのバッテリを大型化し，外部からバッテリ充電できるようにしたのがプラグインハイブリッドカーである。バッテリによる走行距離は 50～100 km が一般的である。自動車の使われ方として，ショッピングや通勤などの日常走行では，100 km 未満がほとんどであり，バッテリとモータで走行する。日常用途では，エンジンによる CO_2 排出が無く，環境に優しい車である。

これに対して，100 km を超えるような遠距離の走行ではエンジンを使って走行する。遠方へのドライブでは，充電による時間ロスをなくすことができ，日常用途ではエコであり，長距ドライブで走行距離を気にしないで使用できる便利な車である。

（c）燃料電池車（FCV）

図 1.6(c)に示すように，水素を燃料として，空気中の酸素を反応させて発電し，この電力でモータを駆動して走行する車である。水に電気を加えて電気分解すると，式（1.1）で水素と酸素が発生する。

$$2H_2O \xrightarrow{\text{(電気エネルギー)}} 2H_2 + O_2 \qquad (1.1)$$

この逆反応で，水素と酸素から水が生成される時に発電が起き，反応を起こす装置は燃料電池と呼ばれている。自動車は水素タンク，燃料電池，モータ，小型のバッテリから構成されている。小型のバッテリは燃料電池のアシストするために使われる。燃料電池や水素タンクの安全確保設備などで高価格となっている。現状では，国内の水素ステーションが整っておらず，燃料となる水素の供給が課題である。

（d）電気自動車（BEV）

図 1.6(d)に示すように，他のエネルギーが無く，バッテリとモータのみで構成される。すべての走行はバッテリを使って行われるため，再生可能エネルギーで発電された電力を使えば，走行時の CO_2 排出はゼロとなる。また, 次節で述べるように原油による発電電力を使用しても，トータルなエネルギー利用効率は，エンジン車よりも 1.5 倍以上高く，省エネ効果が得られる。

一方で，長距離走行には大容量のバッテリが必要で，その分だけ車体が重くなり，エネルギー効率が低下する。自動車価格に占めるバッテリの割合は高く, 大容量化は車体コストの増加に繋がる。今後の普及には，バッテリ性能の向上とコスト低減，充電インフラの普及が重要である。

1．3．2　電気自動車のシェア

前節で説明した 4 種類の電気自動車について CO_2 排出と，実際の販売台数の点から比較する。電気自動車の中で，FCV，BEV は走行時に CO_2 を排出しない。また，PHV は遠距離走行する時以外の日常用途ではエンジンを使用しないので，CO_2 をほとんど排出しない。3 種類の電気自動車はほとんど CO_2 を排出しないことから，図 1.5 と図 1.6 の丸印で示したようにゼロ・エミッション・カー（ZEV Zero emission vehicle）と呼ばれている。これに対して，HV ではモータとエンジンが協調しながら走行するため，CO_2 を排出しながら走行する。このため，ZEV には位置づけられていない。

次に，世界の新車販売台数を図 1.7 に示す[6]。2022 年の値は販売実績で，2035 年の値は販売予測である。FCV の販売台数は，他の電気自動車に比べて極めて少なく，表記を省略している。2022 年の新車販売台数は，HV が 421 万台，PHV が 276 万台，BEV が 705 万台である。日本では HV が主流となっているが，世界レベルでは BEV の販売台数は HV の 1.7 倍となっている。2035 年の予測では，BEV が約 8 倍に増加し 5800 万台になると予想されている。しかしながらあくまでも予想であり，BEV の普及は，2010 年に最初の量産 BEV であるリーフが発売された時の予想より遅れているのが実情である。

また，現状（2024 年）では，予想以上に PHV の販売が伸びており，2035 年の段階では PHV と BEV の販売がほぼ同じとなる可能性もある。大容量のバッテリを搭載する BEV と，容量を減らしてエンジンを組込んだ PHV の価格は，ほぼ同じとなっている。BEV が本格的に普及するには，大容量で低コストな固体電池が実用化するなどの技術革新が期待される[7]。

新製品が普及する過程においては，新製品普及モデルが提案されてい

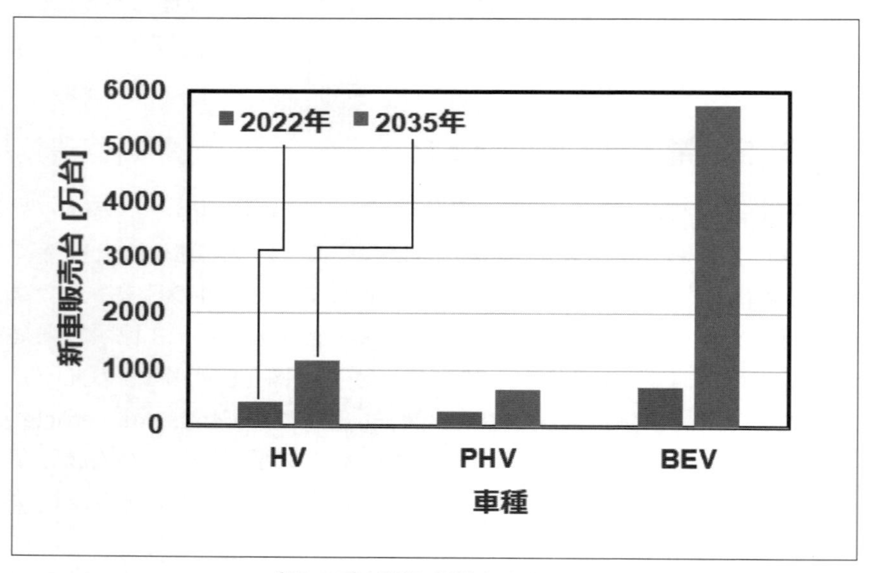

〔図 1.7〕電気自動車のシェア

る[8]。最初の 2.5％までは革新的採用者，13.5％までは少数採用者，さらに 50％までは前期多数採用者と呼ばれている。13.5％を超えると前期の多数採用者の領域に入り，普及が加速する。白熱電球から LED 照明，折りたたみ式の携帯電話からスマホなど，同じような傾向が得られている。2022 年に販売された BEV の台数は 705 万台であり，販売された自動車の約 9.8％である[6]。数年後には，13.5％を超えて普及が加速する可能性もある。

1.4 電気自動車（BEV）と メリット・ディメリット

1.4.1 電気自動車のメリット

電気自動車はCO_2を排出しないが，蓄電池の製造時には環境負荷が発生する。電気自動車の効率が高いといっても，発電まで含めれば，それほど変わらないという意見も聞かれる。この節では，電気自動車の特長がもっとも顕著となるバッテリとモータのみからなる電気自動車 BEV を取り上げ，エンジン車との比較でメリット・ディメリットについて検討する。

表 1.3 に電気自動車のメリット，ディメリットをまとめた。メリット①～⑥のうち，①と②は燃料（原油）から走行までのエネルギー利用効率（燃費）が，電気自動車の方が高い。③と④は電気自動車とエンジン車の性能の比較からのメリットである。電気自動車の方がモータの回転数領域が広く，低回転でのトルクが高い。

構造とメンテの点では，エンジンを動かすためには，噴霧状のガソリンをエンジンに供給し，着火する必要があり，エンジンの温度を持つた

〔表 1.3〕電気自動車のメリット・ディメリット

メリット	ディメリット
①エネルギー効率が高い エンジン：10 ～ 15% モータ：18 ～ 35% ②エネルギー回生が可能 ③低回転で高トルク ④回転数の領域が広い エンジン：1000 ～ 7000 rpm モータ：数 100 ～数万 rpm ⑤構造がシンプル エンジン：～ 1000 点 モータ：～ 400 点 ⑥メンテナンスフリー オイル交換や排気ガスのフィルタ交換のメンテナンスが不要	①走行距離が短い エンジン：400 ～ 600 km モータ：200 ～ 400 km ②バッテリの価格が高い ③バッテリ製造にともなう環境負荷 ④エネルギー供給に時間がかかる エンジン：ガソリン給油で数分 モータ：充電に 30 分以上 ⑤発熱を暖房に使えない エンジンの熱で車を暖房できる

め強力な冷却系が必要となる。また，エンジンのピストン運動を円滑にするためにエンジンオイルが使われる。さらに，エンジンからの排気ガスを，フィルタで正常化し，効率良く排出する必要がある。こうしたエンジンの周辺機器のため，⑤に示すように部品点数が多くなり，⑥に示すようなメンテナンスが定期的に行われる。これに対して，電気自動車ではバッテリ，駆動回路，制御系，モータから構成されており，エンジンのような周辺機器は少なくなる。このため，部品点数が減り，メンテナンス頻度も減少する。

以下，電気自動車の主要なメリットを，順に説明する。エネルギー利用効率を項目(a)で，回生についての項目(b)で取り上げる。低回転での高トルク特性を項目(c)で説明する。

（a）エネルギー利用効率

電気自動車とエンジン自動車で，走行時のエネルギー（利用）効率を比較する。図 1.8 は，平成 7 年の環境白書に報告された原油から走行までのエネルギー効率を示す図である[9]。電気自動車では，発電された電力が送電され，バッテリに充電され使用される。国内の発電効率は 39%，送電効率は 95%，バッテリに充電した電力から取り出せる効率が 70%となる。従って，原油を使って発電して充電するまでの効率は，39×95×70＝26％となる。ここで，加速時と定速時のモータ効率は 60%と 80%であることから，電気自動車の総合効率は加速時で 16%，定速時で 21%と見積られる。

一方，エンジン自動車では，原油がガソリンスタンドに供給されるまでの効率が 90%となる。これは，原油からガソリンを精製し，ガソリンスタンドに輸送するためにエネルギーが使われることによるものである。エンジンの加速時と定速時の効率は 10%と 15%であることからエンジン自動車の総合効率は，加速時で 9%，定速時で 14%となる。

以上の見積りから，エネルギー効率は，電気自動車のほうがエンジン自動車より，加速時で約 1.8 倍と定速時で約 1.5 倍高い。エネルギー効率については，他にもいくつかの報告例があるが，電気自動車の方が高

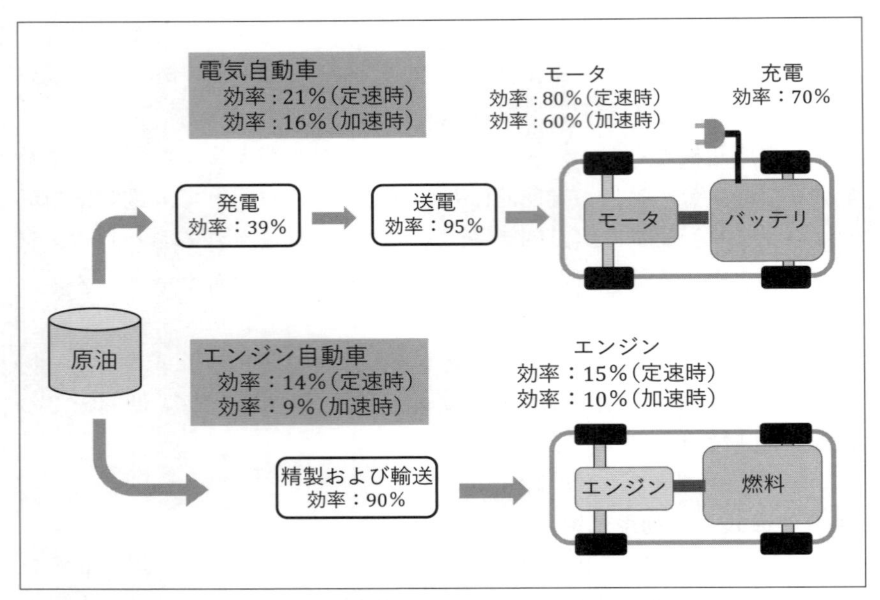

〔図 1.8〕電気自動車とエンジン車の効率
平成 7 年の環境白書をもとに作成[8]。

いという報告がほとんどである。このように，化石燃料である原油を使っても，電気自動車のエネルギー効率が高く，省エネ効果が得られる。図 1.3 に示したように，電気自動車のエネルギー供給を再生可能エネルギーに順次変更していくことで，カーボンニュートラルの実現を目指すことができる。

（b）電力回生

電気自動車がエンジン自動車と比べ，とくに優れているのが電力回生（Power regeneration）の技術である。これは，図 1.9 に示すように，減速時にモータを使って発電し，発電した電力（回生電力）をバッテリに戻して再利用する方法である。電力回生については電気自動車（電動化自動車）しかできない技術である。エネルギーの流れは，加速時には電気エネルギーが運動エネルギーに変換され，減速時には運動エネルギー

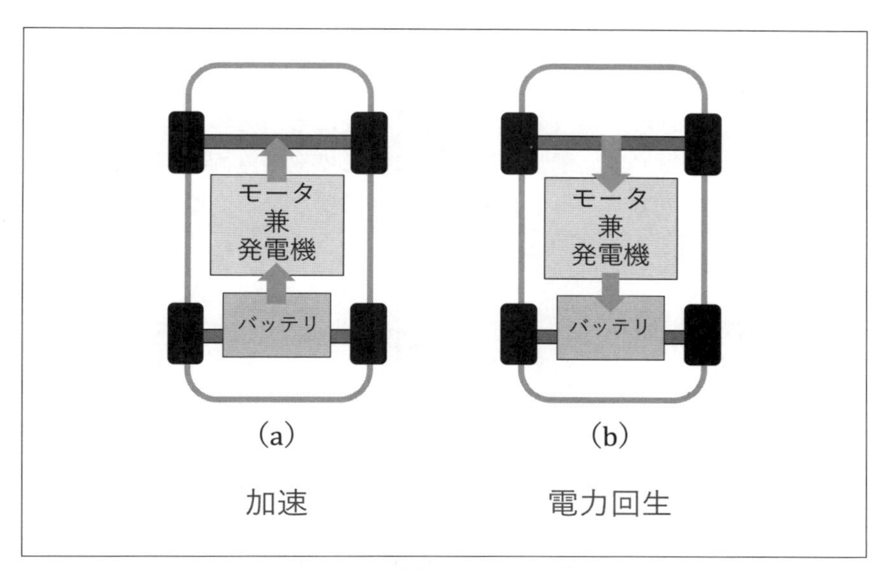

〔図 1.9〕電気自動車での電力回生　(a)加速，(b)電力回生

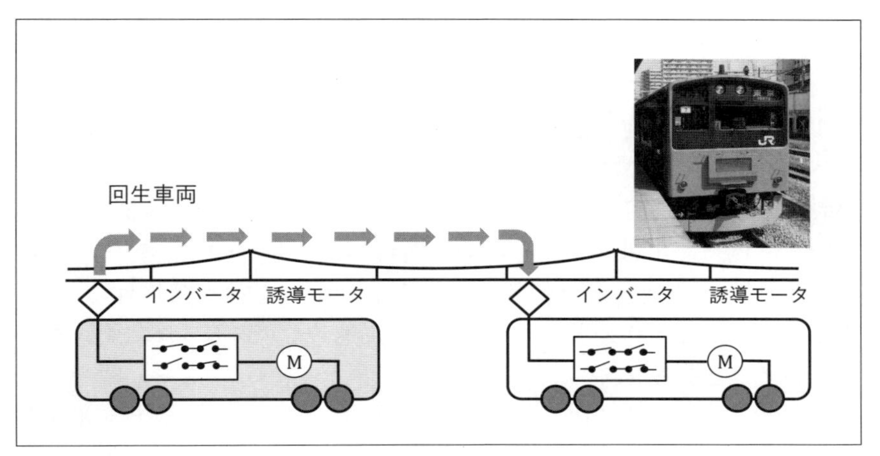

〔図 1.10〕鉄道の電力回生

が電気エネルギーに変換される。

電力回生は，他にも鉄道やエレベータなど，モータを使用する電気機器で利用されている。図 1.10 に示すように，鉄道では回生した電力は，

架線に戻され他の車両の加速・走行用の電力として利用されている。JR では 1980 年代から図 1.10 の写真に示す通勤車両（201 系）に電力回生技術が本格導入され，現在では新幹線を含むほとんどの電化区間で利用されている。鉄道では発電電力を架線に戻して他の車両で利用すればよいが，電気自動車ではバッテリへの充電が必要となる。電力回生については，11 章で詳しく説明する。

（c）回転数とトルク

電気自動車とエンジン自動車の走行特性で大きく異なるのが回転数とトルクの関係である。これは，動力源であるモータとエンジンの回転特性に起因する。この関係を述べる前に，トルクについて簡単に説明する。物体を持ち上げたり，摩擦を受けながら横方向に物を動かしたりする時の原動力は力 F［N］である。

これに対して半径 r［m］の回転の原動力となるのが，図 1.11 に示すトルク T［Nm］であり，式（1.2）で定義される。

$$T = r \cdot F \, (= r \cdot 9.8 \cdot F_k) \tag{1.2}$$

トルクは，半径×力で求められる。力が kg 単位の時は，括弧内に示すように 9.8 をかけてニュートン単位に換算する。F が小さくても半径 r が大きいと大きな回転力となる。回転の原動力がトルクであることを実感できる例としては，ネジを締める時の柄の太さ（r に相当）がある。太いドライバを使うと比較的小さな力 F でネジを強く締められること，よく経験することである。自動車では，加速時や坂を登る時に大きなトルクが必要となる。

図 1.12 は，電気自動車とエンジン自動車における回転数とトルクとの関係である。エンジンのトルクは回転数が変化しても，その大きさはほとんど変化しない。エンジンでは，吸気，圧縮，燃焼，排気の 4 つの工程が繰り返されてピストンが上下し，これが回転運動に変換される。ガソリンの供給量が増えると，単位時間当たりに繰り返される 4 工程の回数が増えて回転数が高くなる。4 工程自体の動きは，基本的には変

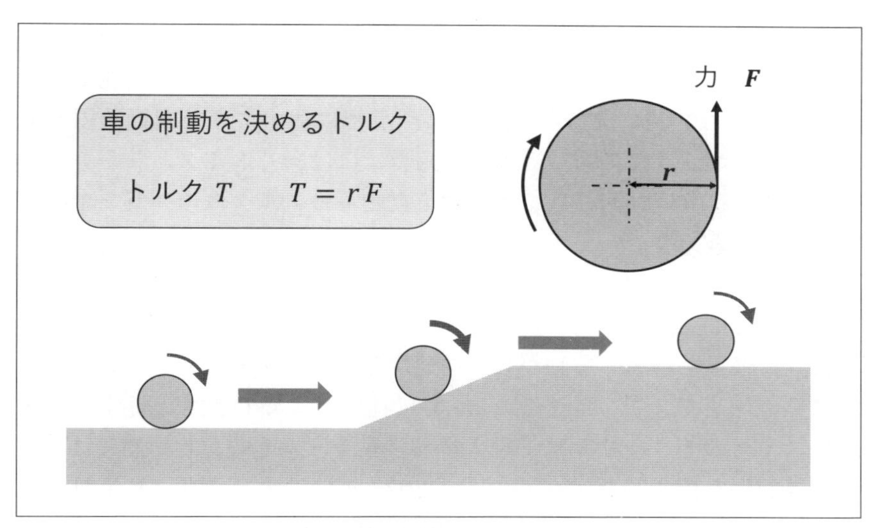

〔図 1.11〕車の制動を決めるトルク

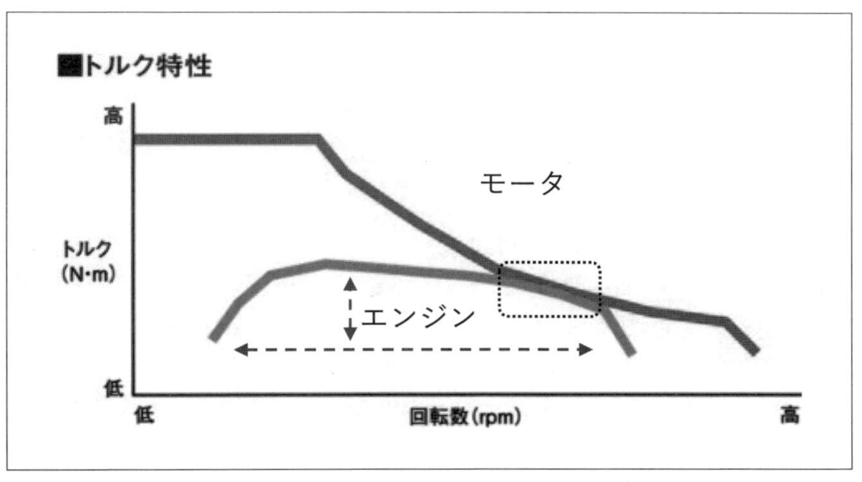

〔図 1.12〕モータとエンジンのトルク特性

化せず，繰り返し回数が増えるだけである。このため，回転数が変化してもトルクはさほど変化しない。

これに対して，電気自動車は回転数とともにトルクの値が大きく変化する。低回転域では回転数によらずほぼ一定で，低回転から中回転以上では，回転数に反比例してトルクが低下する。自動車の出力性能は，電気自動車もエンジン自動車も図 1.12 で点線に示すような回転数領域で決められている。この領域近傍では両者はほぼ同じトルクとなる。しかしながら，より低い回転数では，電気自動車のトルクはエンジン車のトルクより大きくなる。

大きなトルクが必要とされる走行開開始時の加速，図 1.11 で示した登坂走行では，電気自動車の大きなトルクが有益に作用する。この特性により，停止から車体を動かして加速する場合，電気自動車の方が圧倒的に早く加速できる。時速 100 km/h に達するまでの加速時間は，2016 年にスイスのチューリッヒ工科大学の学生チームが電気自動車で 1.5 秒の世界記録を達成した[10]。さらに，2023 年にはチューリッヒ工科大学とルツェルン応用科学芸術大学の学生が Mythen と名付けられた手づくりの電気自動車で 0.956 秒へと記録を更新した[11]。このように，低い回転数で大きなトルクが得られ，加速性に優れているのが電気自動車である。

１．４．２　電気自動車のディメリット

（ａ）課題が多い Li イオンバッテリ

次にディメリットであるが，これはバッテリ関連に集中している。現時点では，バッテリの性能は自動車に要求される性能とコストを満たすに至っていない。①の走行距離では，ガソリン車が 400 km 以上走行できるのに対し，電気自動車は 200 ～ 400 km が一般的である。技術的には車体を大きくして大きなバッテリを搭載すればよいが，バッテリで車体が重くなりエネルギー効率が低下し，②のように車体価格も高くなる。さらに，バッテリを製造するための Li 確保，電解液の製造・充填，バッテリケースの製造など，製造に対する環境負荷も発生する。

使用時においては，電気自動車は④に示すように急速充電装置を使っても充電には 30 分程度の時間が必要となる。これに対して，エンジン

車はガソリンを給油すればよく，10分もあれば完了する。また，⑤のように，エンジンは，常に発熱しているのでその熱を暖房に利用できるが，電気自動車ではエアコンを使って暖房する必要がある。このように，⑤以外はそのディメリットがバッテリに集中しており，バッテリ問題を解決できれば，電気自動車の普及が一挙に進むと考えられる。

(b) バッテリの課題を解決する全固体電池

こうしたバッテリの問題を根本的に解決する蓄電池として，固体電池が提案され，研究開発が精力的に行われている。Li イオン蓄電池はこれまでの鉛蓄電池とは異なり，主に Li イオンが正極と負極間で移動することにより充放電を行っている（12.2.2 参照）。Li イオンを移動させるために電界液が使われ，電界液および電解液を封止する構造が発火・燃焼の一因ともなっている。

そこで，電解質を固体にして Li イオンを移動させる全固体電池の研究開発が精力的に行われている。蓄電池を固体化することにより，発火を抑制でき，エネルギー密度を高めることができるからである。しかしながら，長年の全固体電池の研究開発に関わらず，実用化には至らなかった。その課題としては，固体電解質中での Li イオンの移動が液体電解質より遅いことがあった。

これに対し，2010 年代以降に，Li イオンの移動が液体電解質より早い固体電解質が報告され，その高出化も進んできた。全固体電池の実用化が，電気自動車の本格的普及に向けた変換点になるのは間違いないと考えらえる。

1.5 電気自動車のモータ駆動系

ここまで，電気自動車の概要として歴史，種類，メリット・ディメリットについて述べてきた。ここでは，電気自動車のモータ駆動系の回路構成と動作の概要について説明する。図 1.13 は電気自動車の主なモータ駆動回路である。駆動系は，モータと，モータに電力を駆動するバッテリと，バッテリからの電力供給をするコントローラで構成されている。また，コントローラは，バッテリからの電圧を昇圧あるいは降圧する DC-DC 変換器と，直流を交流に変換してモータを駆動する三相インバータで構成される。

図 1.14 は，主なモータ駆動回路のブロック図（中段）とその出力（上段）及び実際の装置の写真（下段）である。上段と中段の図で，バッテ

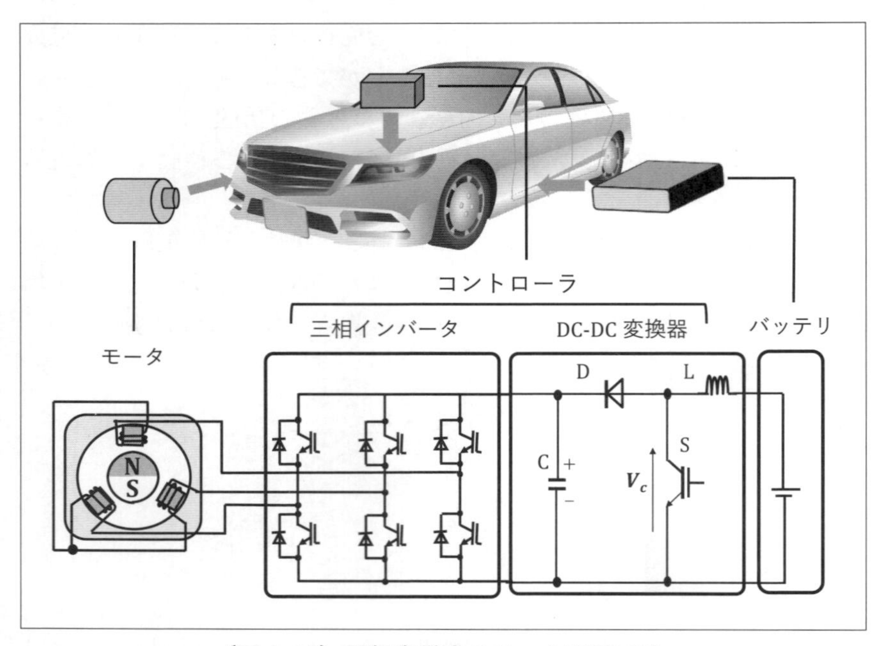

〔図 1.13〕電気自動車のモータ駆動回路

リの出力電圧は運転状況に応じてDC-DC変換器により昇圧され，三相インバータにより交流化されモータを駆動する。ここで，三相インバータの波形がパルス状になっているのはPWM（Pulse width modulation）と呼ばれる方法で，パルス幅を半周期の中で短く，長く，短く，変化させ，モータに流れる電流を正弦波の電流とするためのパルス波形である。

下段の写真で，バッテリは平板状のバッテリ（ラミネートセル）を複数個接続して構成されている。ここでは平板上のタイプを示したが，一般の乾電池のように円筒形あるいは直方体のバッテリを複数個接続した構成も用いられる。インバータでは，PWMを発生させるためのスイッチング素子としてパワーデバイスIGBT（Insulated gate bipolar transistor）が用いられる。また，モータにはエネルギー利用効率が高く，強いトルクを発生できる永久磁石同期モータが使われる。これらの回路構成は，駆動するモータの電力容量は異なるが，構成はHV，PHV，CFV，BEDでほぼ同じである。

本書では，バッテリおよびバッテリマネージメントを12章で，

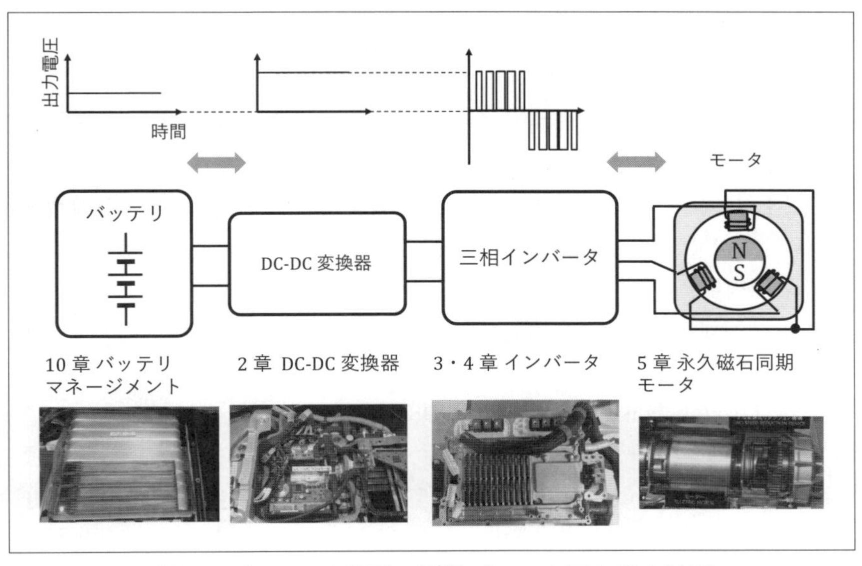

〔図 1.14〕モータ駆動の回路ブロック図と出力波形

DC-DC 変換器を 2 章で，インバータを 3，4 章，永久磁石同期モータを 5，6 章で説明する。

参考文献

［1］国連広報センターブログ（2023-08-25）：
https://blog.unic.or.jp/entry/2023/08/25/103926
［2］国土交通省気象庁ホームページ：
https://www.data.jma.go.jp/cpdinfo/temp/an_wld.html
［3］日本エネルギー研究所　第 410 回定例報告研究資料，付表 p.138（2012）
https://eneken.ieej.or.jp/data/4597.pdf
［4］一般社団法人　次世代自動車振興センター　ホームページ：
https://www.cev-pc.or.jp/kiso/history.html
［5］髙木茂行，長浜竜・服部文哉・今岡淳：” エンジニアの悩みを解決　パワーエレクトロニクス “，コロナ社，pp.130-132（2020）
［6］富士経済 ホームページ：
https://www.fuji-keizai.co.jp/file.html?dir=press&file=23083.pdf&nocache
［7］井上元：“電気自動車用リチウムイオン電池の進化”, 精密工学会誌, 88，pp.301-304（2022）
［8］山田昌考：“新製品普及モデル”，日本オペレーションズ・リサーチ学会，4 月号，pp.189–195（1994）.
［9］環境白書，ホームページ，平成 9 年度版（1997）：
https://www.env.go.jp/policy/hakusyo/h09/10295.html
［10］東洋経済 Online：
https://toyokeizai.net/articles/-/193469?display=b
［11］YAHOO ニュース：
https://news.yahoo.co.jp/articles/77852b6c907e13099734566bf72095f5fa7444d4

2章

バッテリから出力電圧を昇降圧するDC-DC変換器

～昇圧できる仕組みと回路設計の流れを理解する～

電気自動車でモータの回転数を安定的に変えるためには，インバータ周波数の変更と同時に，インバータ供給電圧を変える必要がある。しかしながら，バッテリ電圧は一定のため，インバータへの供給電圧を可変する仕組みが必要となる。これを実現するのがDC-DC変換器（回路）で，とくに重要なのがバッテリ電圧を高める昇圧チョッパと呼ばれる回路である。昇圧チョッパでは，インダクタを電流源として使い，電源電圧と負荷で決まる電流より，数倍高い電流を負荷に共有することで，負荷電圧を昇圧している。この章では，昇圧チョッパの回路構成から説明し，この現象についても等価回路を使って優しく解説する。さらに，昇圧チョッパ回路の設計方法についても具体例とともに紹介する。

2.1　DC-DC変換器

2.1.1　直流電源の電圧を変える

1.5節の図1.14で，電気自動車のモータ駆動について言及し，バッテリから電圧を高めるのがDC-DC変換器であると説明した。ここで，直流電源の電圧を変える方法を考えてみる。図2.1(a)に示すように，電源が交流であれば，電圧は変圧器（トランス）を使って簡単に変えられる。電源電圧に対する変圧器の出力は，1次側と2次側の巻線比に比例する。例えば，1次側の巻線数を10，2次側の巻線数を100とすれば，巻線比は10となる。1次側の電圧が20 Vなら2次側電圧は巻線比に比例して200 Vとなる。

次に，直流電源について考える。抵抗，インダクタ，コイルといった受動素子のみを使う限り，図2.1(b)のように負荷と直列に抵抗を挿入し，負荷に印加される電圧を下げるしかない。これに対して，半導体パワーデバイス（スイッチング素子）を組込んだDC-DC変換器を使うと，電

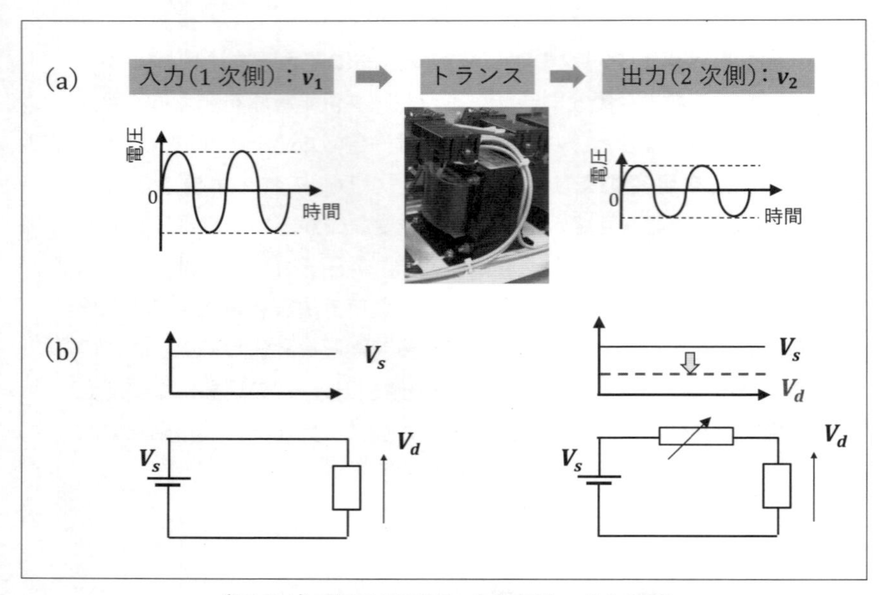

〔図 2.1〕電圧の調整　(a)交流，(b)直列

圧を下げる降圧も電圧を上げる昇圧も可能となる。ここでパワーデバイスには，ほとんどの場合，制御信号 On/Off に対応してパワーデバイスが On/Off する IGBT（Insulated gate bipolar transistor）あるいは MOSFET（Metal oxide semiconductor field effect）が用いられる。本書では回路の On/Off に使用するパワーデバイスをスイッチング素子と呼ぶ。

2．1．2　昇圧と降圧の仕組み

図 2.2 に示すように電源と負荷との間にスイッチング素子を加え，スイッチング素子を使って電流（電力）を調整する。調整方法と電圧の変化について表 2.1 にまとめた。

ここで，単純に電源電圧 V_s を負荷抵抗 R で割った電流を I_N とする。スイッチングデバイスを通して供給される平均電流（電力）I_{Cave} とすると，式（2.1）のように I_{Cave} が I_N より大きければ負荷電圧は昇圧，式（2.2）

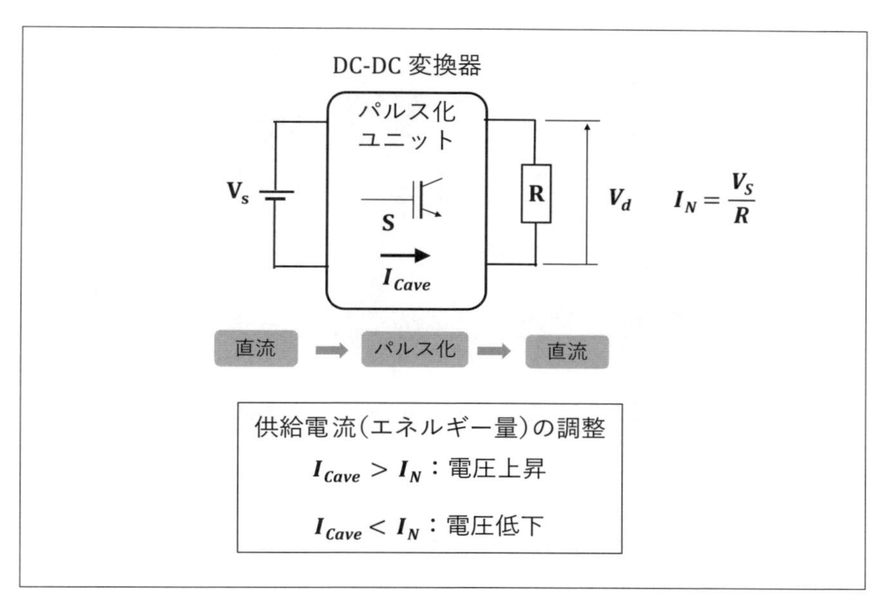

〔図 2.2〕DC-DC 変換器の電圧調整の仕組み

〔表 2.1〕DC-DC 変換器の昇圧・降圧動作

方式	原理	関係式	
昇圧	電流を蓄えて供給	$I_{Cave} > \frac{V_s}{R} = I_N$	(2.1)
降圧	電流を制限して供給	$I_{Cave} < \frac{V_s}{R} = I_N$	(2.2)

のようにI_{Cave}がI_Nより小さければ負荷電圧は降圧となる。電圧を昇圧する DC-DC 変換器は昇圧チョッパ，電圧を降圧する DC-DC 変換器は降圧チョッパと呼ばれている。

式（2.1），式（2.2）で電流（あるいは電力）調整できれば，負荷電圧を調整できることは直感的にも理解できる。また，降圧については，電源から負荷へのスイッチング素子により制限することで負荷電圧を低減できることも分かる。では，昇圧のために，“どうすればI_{Cave}を大きくすることが可能なのか？　どうすれば実現できるか？”実際の回路で

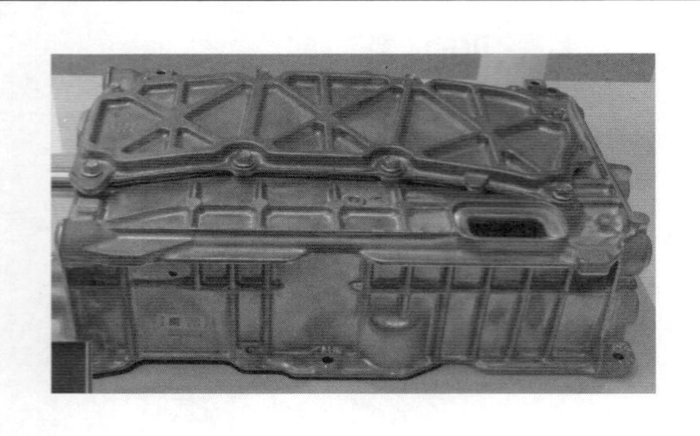

〔図 2.3〕電気自動車用 DC-DC 変換器

の実現方法は 2.5 節で詳しく説明するが，電源からの電流（電力）をスイッチング素子とインダクタを利用して蓄えておき，その後負荷に供給すれば良い。

DC-DC 変換器の具体的なイメージが浮かばないという場合には，次項の図 2.4 をみていただきたい。また，実際の回路については図 2.3 の電気自動車用に開発された DC-DC 変換器の一例が参考になる。（株）デンソーが 2023 年に開催された東京モビリティ・ショーに出展した製品で，サイズはお弁当箱を 2 段に重ねて，一回り大きくしたぐらいである。自動車の衝突で破壊されないよう，また，DC-DC 変換器が外部からのノイズで誤動作しないため，さらには DC-DC 変換器のノイズが外部に漏れないよう，回路は金属ケースで覆われている。このように，DC-DC 変換器は，電気自動車の電気回路を構成する重要な回路コンポーネンツとなっている。

2.1.3 DC-DC 変換器の概要

2.1.1 項で説明した直流電圧を変化させる動きをする実際の回路を図 2.4 に示す。(a)が電源電圧に対し負荷電圧（出力電圧）を高める回路で昇圧チョッパ，(b)が負荷電圧を高める降圧チョッパである。従って，

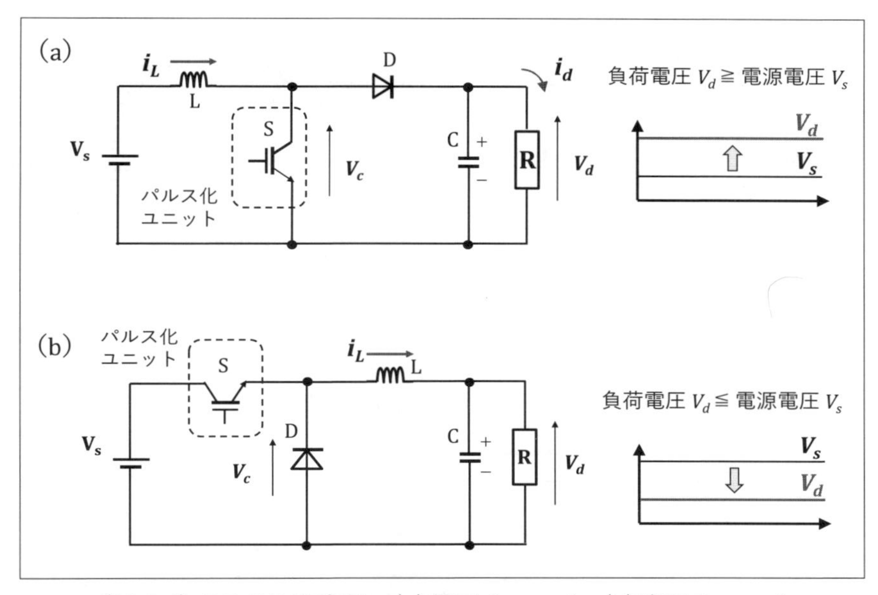

〔図 2.4〕DC-DC 変換器 (a)昇圧チョッパ，(b)降圧チョッパ

電源電圧と負荷電圧の関係は回路図の右に示す関係となる。それぞれの図において点線で囲んだスイッチング素子が，2.1.1 項で説明した直流のパルス化を行う。スイッチング素子としては，2.1.1 項で述べたように IGBT，MOSFET が主に使われる。

次に，DC-DC 変換器の動作において重要な 2 つのパラメータであるデューティ D と電圧変換率 M_c について，図 2.5 で説明する。これまで説明してきたように DC-DC 変換器では電圧を変換するために，図 2.4 の左下のように直流をパルス化する。ここで，パルス化の周期を T とし，この周期内でスイッチング素子が On している時間を T_{On} とする。T に対する T_{On} の比，すなわち 1 周期の中でスイッチング素子が On している割合 D をデューティと定義する。D は式（2.3）で表される。

$$D = \frac{T_{ON}}{T} \tag{2.3}$$

もう一つのパラメータ M_c は，電源電圧 V_s に対する負荷電圧の平均電

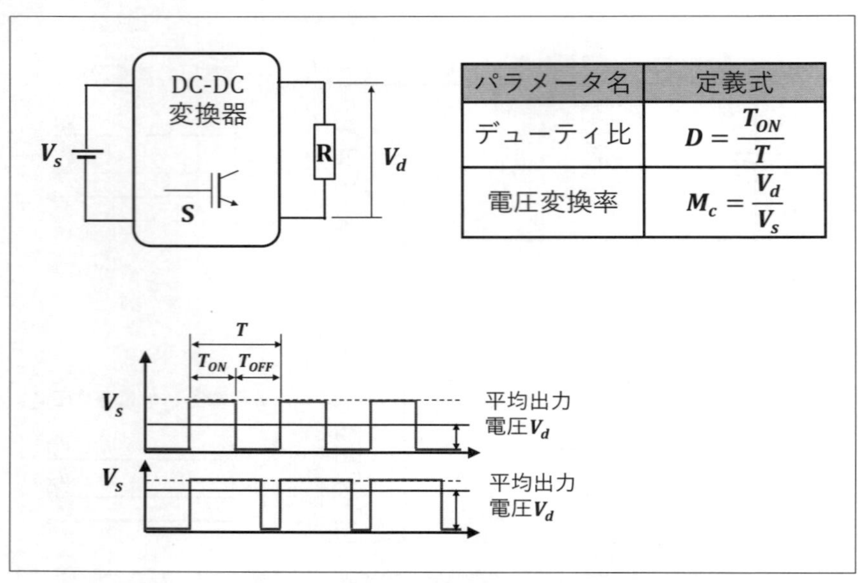

パラメータ名	定義式
デューティ比	$D = \frac{T_{ON}}{T}$
電圧変換率	$M_c = \frac{V_d}{V_s}$

〔図 2.5〕DC-DC 変換器の動作特性を決めるパラメータ

圧 V_d との比で，式（2.4）で定義される。

降圧チョッパでは $M_c \leqq 1$，昇圧チョッパでは $M_c \geqq 1$ となる。

$$M_c = \frac{V_d}{V_s} \tag{2.4}$$

2.2　昇圧チョッパ回路

2.2.1　回路構成とOn/Off動作

2.1節で概要を説明した昇圧チョッパの回路構成と動作について説明する。図2.6(a)は昇圧チョッパの回路構成，(b)は昇圧チョッパの回路動作を示す波形である。(b)でV_cはスイッチング素子Sの両端電圧，V_dは負荷電圧，i_Lはインダクタに流れる電流である。

スイッチング素子がOnしている時，大部分の電流は，図2.6(a)の一点鎖線のように電源→インダクタ→スイッチング素子→電源と流れる。

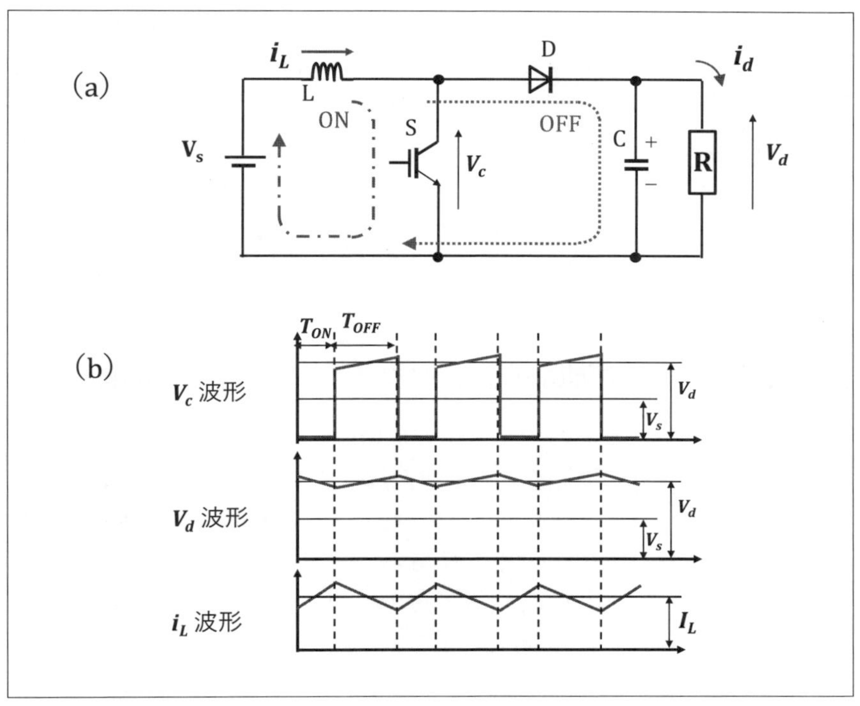

〔図2.6〕昇圧チョッパ回路　(a)回路図，(b)動作波形

スイッチング素子のオン抵抗が例えば 0.1 Ω 以下と小さく，これに対して負荷抵抗は数 Ω 以上と大きいためである。スイッチング素子が On している間，インダクタに流れる電流が増加する。次に，スイッチング素子が Off すると，図 2.6(a)の点線のように電源・インダクタ→ダイオード→負荷抵抗→電源と流れる。

On/Off 動作での V_c 電圧，V_d 電圧，i_L 電流を示したのが，図 2.6(b)である。V_c 電圧で，スイッチング素子が On すると素子は導通状態となり電圧はほぼ 0 となる。一方，スイッチング素子が Off すると，素子には電流が流れずにオープンとなるため，負荷電圧 V_d に相当する電圧が発生する。

次に，i_L 電流電流では，スイッチング素子が On している時は，上述した On 時の電流ループで電源が流れる。この電流ループでスイッチング素子のオン抵抗は小さいので，On している時間に電流は増加する。スイッチング素子が Off すると，インダクタに流れていた i_L 電流は負荷側に流れ，負荷での電力消費により低下する。

スイッチング素子が On では電源からの電流の大分が電源→インダクタ→スイッチング素子→電源と流れ，負荷への供給が減少して負荷電圧 V_d は低下する。スイッチング素子が Off すると，電源・インダクタからの電流が負荷側に供給され負荷電圧 V_d が上昇する。

2.2.2　昇圧原理はインダクタの電流源としての動作

2.1 節で，昇圧チョッパで昇圧できるのは，スイッチングユニットに流れる電流 I_{Cave} が，電源電圧 V_s と負荷抵抗 R で決まる $I_N = V_s/R$ より大きくなるためであると説明した。ここでは，図 2.5 に示す具体的な昇圧チョッパ回路で，昇圧の原理を説明する。電流を大きくするために使われるのインダクタに対して，(a)でその電気的特性を述べ，(b)ではスイッチング素子との組み合わせによる昇圧動作を説明する。

（a）電流をエネルギーとして蓄えるインダクタ

電気回路で使われる受動素子は，抵抗R，コンデンサC，インダクタLである。このうち，電子回路でよく使われるのは，RとCである。インダクタLは，磁性材料のコアに電線を巻いて形成される。コンパクトサイズに作ろうとしても限界がある。小型化を求められる電子回路ではあまり使わない部品となっている。例えばフィルタはLとR，CとRの両組み合わせで形成することができるが，ほとんどの場合CとRで形成される。

これに対して，電力を扱う回路では，電子回路ほどの小型化は要求されず，インダクタLが多用される。インダクタLの両端電圧 V_L は式(2.5)で表される。

$$V_L = L\frac{di}{dt} \tag{2.5}$$

ここで L は自己インダクタンス，i はインダクタに流れる電流である。式（2.5）で，電流が変化するとインダクタの両端電圧 V_L が変化する。インダクタの電流変化は両端電圧 V_L の変化をもたらすため，インダクタは現在流れている電流値を保持しようとする。別の言い方をすれば，現在の電流を保持する電流源として動作する。また，インダクタでは，式（2.6）に示されるように電流の形で電力 P_L を蓄えている。

$$P_L = Li^2 \tag{2.6}$$

ここまでの説明をまとめると，以下のようになる。

①インダクタLは流れている電流量を保持しようとする特性を持っている。

②①の性質からインダクタLは電流源として動作する。

③インダクタには，$P_L = Li^2$ の電力が蓄えられている。

（b）インダクタが電流源として動作し昇圧作用をもたらす

(a)で述べたインダクタの機能を考慮して，昇圧チョッパの昇圧原理を，図2.7の等価回路で考える。(a)はスイッチング素子がOn状態での

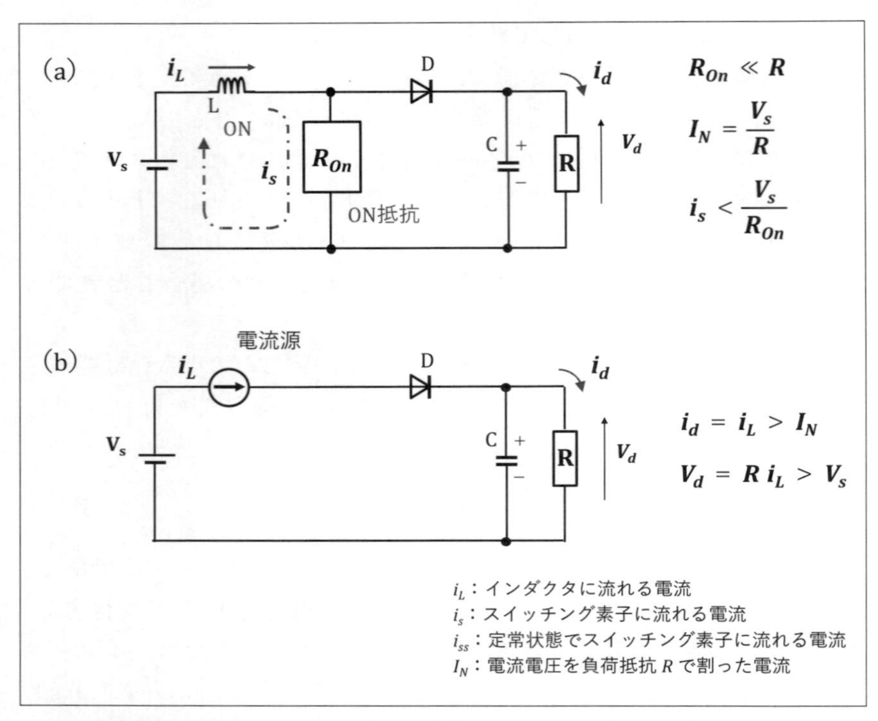

〔図 2.7〕昇圧チョッパ回路の等価回路　(a) On 状態，(b) Off 状態

等価回路，(b) は Off 状態での等価回路である。

等価回路 (a) で，インダクタに流れる電流 i_L はスイッチング素子と負荷に分流して流れる。ここで，スイッチングデバイスの On 抵抗は高くても 1 Ω 以下，デバイスによっては数 mΩ と小さい。これに対して負荷抵抗は少なくても数 Ω であり，$R_{On} \ll R$ となり，ほとんどの電流は電源→インダクタ→スイッチング素子→電源のループで流れる。このループに流れる電流を i_s とすると定常状態では，$i_{ss} V_s/R_{On}$ となる。"=" とならないのは，一部の電流が負荷 R に流れるためである。

昇圧チョッパではスイッチング動作を行っているので，スイッチング素子が On している場合の i_s は定常状態の i_{ss} に向かって R_{On} と L で決まる時定数で増加していく。これにより，図 2.6 (b) の下段のように On の

タイミングで i_s 電流ともに i_L 電流も増加する。また，この時の i_L 電流は，スイッチング素子のデューティにもよるが，$R_{On} \ll R$ であることから i_L は式（2.7）に示すように，電源電圧と負荷抵抗で決まる I_N より大きくなる。

$$i_L \ > \ I_N = \frac{V_s}{R} \tag{2.7}$$

スイッチング素子が Off すると，スイッチング素子でつながっていた上側のラインと下側のラインは切り離される。また，(a)の①，②で述べたようにインダクタ L の電流はすぐには変化せず，現在の電流を維持しようとし，電流源として動作する。これらを考慮すると，等価回路は，図 2.7(b)のようになり，インダクタを電流源として，ダイオード，コンデンサ，負荷が接続された回路となる。

我々の身の周りの電源は，ほとんどが電圧源で，日常的に電圧源の特性に慣れている。電圧源での回路動作は，以下の(A)のようになる。すなわち電源電圧があり，負荷抵抗があり，電流が決まる。

（A）電圧源：電圧源の電圧→負荷抵抗→負荷抵抗に流れる電流
（B）電流源：電流源の電流→負荷抵抗→負荷抵抗の両端電圧

これに対して，電流源では(B)に示すように電流が先に決まり，（電流）×(負荷抵抗）で電圧が決まる。i_L 電流は式（2.7）に示すように，単純に電源電圧 V_s を負荷抵抗 R で割った電流 I_N より大きいので式（2.8）に示すように，V_d 電圧は電源電圧 V_s より大きくなる。

$$V_d = R\, i_L > V_s \tag{2.8}$$

これが，昇圧回路で負荷電圧 V_d を電源電圧 V_s より高くできる仕組みである。また，エネルギー的には，スイッチング素子が Off している間は，主に式（2.6）に示されるインダクタに蓄えられたエネルギーが負荷に供給される。

2．3　昇圧チョッパの動作特性を表す5つの式と動作特性

2．3．1　動作特性を表す５つの式

図 2.6(a)に示した昇圧チョッパ回路の動作特性を定量的に示すため，図 2.8 に示す電流に関する特性を 2 つのパラメータに導入する。1 つは電流に関する値で，i_L 電流の変動幅を示すピークリプル Δi_L である。実際の波形では，式（2.9）に示すように i_L 電流の最大値 i_{LMax} と最小値 i_{LMin} の差を 2 で割った値となる。また，i_L 電流の平均値を I_L とし，平均電流 I_L とピークリプル Δi_L の比 $\Delta \mathrm{i}_L/I_L$ を電流変動率 ΔI_{Lrate} とする。なお，式（2.9）で i_L の最大値と最小値の差を 1/2 しないで変動幅をピークリプルとし，この値と I_L の比を電流変動率と定義することもあるので，どちらを使っているのか注意が必要である。

$$\Delta i_L = \frac{1}{2}(i_{LMax} - i_{Lmin}) \tag{2.9}$$

ここまでで導入した電流に関するパラメータを使うと，昇圧チョッパの回路特性を記述する関係式は，表 2.2 の式（2.10）～（2.11）となる。

これまで説明してきたように L，R は昇圧チョッパのインダクタと抵抗, D はデューティ, T は周期である。表中の式(2.10)～(2.12), 式(2.14)の導出は，次項 2.3.2 で詳しく説明する。また，式（2.13）は電流変動率の定義である。

式（2.10）は，電源電圧と負荷電圧の関係を示す電圧変換率の式で，例えば D=0.5 とすると 2 となる。電源電圧が 100 V で, D=0.5 であれば，負荷電圧は 200 V となる。式（2.10）で求まるデューティと電圧の関係を図 2.9 に示す。この図には参考のため 2.4 節で述べる降圧チョッパの特性も示してある。

図 2.9 では，デューティの設定によっては 10 を超えるような大きな電圧変換率 M_c が得られるが示されている。しかしながら，デューティが 0.8 を超えるあたりから，D のわずかな変化により変換率が大きく変

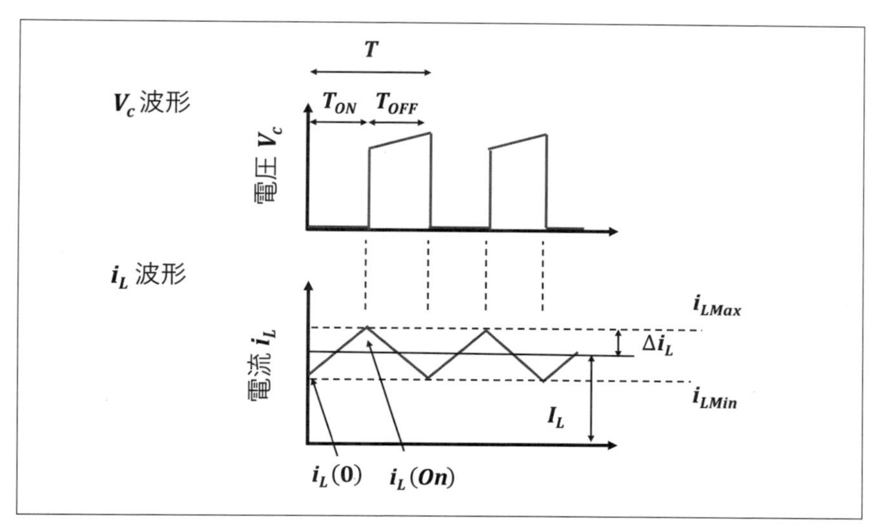

〔図 2.8〕V_C 波形と i_L 波形

〔表 2.2〕昇圧チョッパの特性を示す 5 つの式

特性項目	式	
電圧変動率 M_C	$M_C = \frac{V_d}{V_S} = \frac{1}{1-D}$	(2.10)
ピークリプル Δi_L	$\Delta i_L = \frac{1}{2L} V_S DT$	(2.11)
平均電流 I_L	$I_L = \frac{V_d^2}{V_S R}$	(2.12)
電流変動率 ΔI_{Lrate}	$\Delta I_{Lrate} = \frac{\Delta i_L}{I_L}$	(2.13)
継続電流（連続モード）の条件	$L > \frac{R}{2}(1-D)^2 DT$	(2.14)

化し，回路動作が不安定になる。またインダクタ L を挟んで低い電源電圧と高い負荷電圧が回路内に混在することになり，動作不安定の一因となる。このため，6 倍程度までの昇圧比で使われるのが一般的である。

昇圧チョッパは，直流をパルス化して直流に直している。このため，昇圧後の直流にも変動成分が残る。電流の変動成分に着目したのが，式

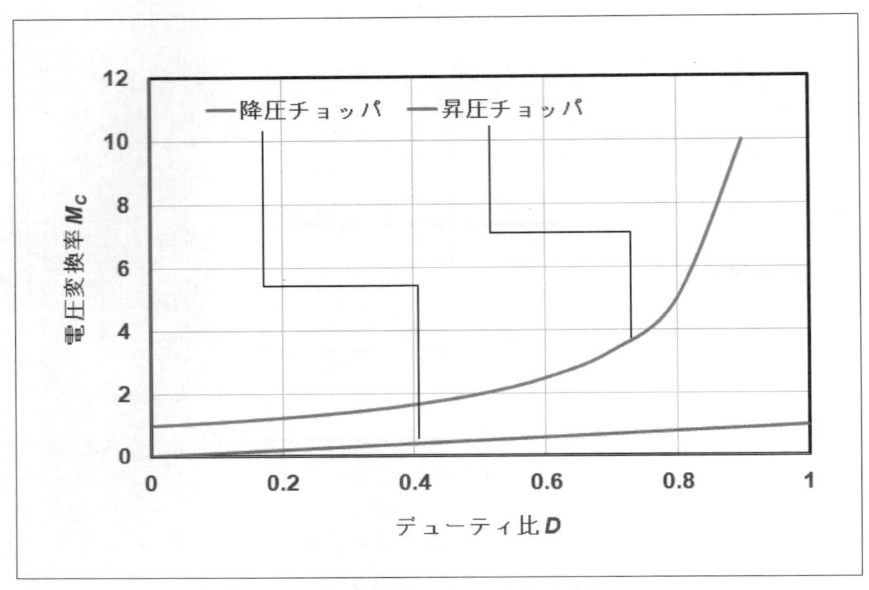

〔図 2.9〕デューティと電圧変換率

(2.11) に示される電流リプル Δi_L, 式 (2.13) の電流変動率 ΔI_{Lrate} である。式 (2.11) から Δi_L を小さくして電流変動率 ΔI_{Lrate} を小さくするには，L を大きくして周期 T を小さくする（周波数を高く）すれば良いことがわかる。

式 (2.14) は，昇圧チョッパで電圧変換率が式 (2.10) に従って上昇するために，インダクタ L が満たす条件である。2.2.1 項で Off 時にはインダクタ L からの電流が負荷に供給されることを説明した。ここで，L の値が小さいと，次に電流が供給されるまでに電流が途切れてしまうので（不連続モード），L は一定以上の大きさであることが要求される。エネルギー的にみれば，スイッチング素子が On してインダクタに蓄えられる式 (2.6) のエネルギーが，Off 時に負荷で消費されるエネルギーより大きくなる条件を示している。

2.3.2　特性を示す式の導出

（a）電圧変動率 Mc とピークリプル及び平均電流

表 2.2 の式（2.10）～式（2.12），式（2.14）を導出する。特性式を使った設計を知りたいとい読者はこの項を飛ばして 2.5 節「昇圧チョッパの設計」に進んでもらっても良い。ここでは，細かい計算までは記載しないで，式導出の流れを示す。降圧チョッパも含め，より詳しい導出を知りたい読者は参考文献［1］，［2］を参照されたい。

まず，図 2.8 の i_L 電流波形と図 2.6(a)の昇圧チョッパ回路図を参考に表 2.2 の関係式を導く。そのため，図 2.6(a)の定常状態では，

(On 状態での電流の増加)＝(Off 状態での電流の減少)

となる関係を使う。スイッチング素子が On している状態での電流増加と考える。回路図 2.6 で On 時の電流のほとんどは，電流→インダクタ→スイッチング素子と流れる。ここで，スイッチング素子のオン抵抗 R_{on} は十分に小さいと仮定すると，電源電圧 V_s とインダクタの電圧が釣り合っているので，回路方程式は，式（2.15）となる。

$$L\frac{di_L}{dt} = V_s \tag{2.15}$$

これを変数分離で積分する。また，図 2.8 に示すように電流の増加が始まる $t=0$ での電流を $i_L(0)(=i_{LMin})$ とすると，式（2.16）の解が得られる。

$$i_L(t) = \frac{V_s}{L}t + i_L(0) \tag{2.16}$$

ここで，今求めているのが増加量なので式（2.16）で，電流増加開始の $i_L(0)$ を 0 とすると，式（2.17）が得られる。

$$i_L(t) = \frac{V_s}{L}t \tag{2.17}$$

回路方程式の式（2.15）から変数分離法で解を求めてきたが，結論としては式（2.17）で電流 i_L の増加は V_s/L を係数として時間に比例するということである。従って時間 0 から T_{on} の終わりまでの増加量は式(2.18)となる。

$$i_L(T_{On}) = \frac{V_s}{L}(T_{On}) \tag{2.18}$$

同様にスイッチング素子がOffしている状態では，電流は電源→インダクタ→負荷抵抗→電源と流れる。負荷抵抗の電圧V_dと電源電圧V_sの差が，インダクタの電圧とバランスしており，回路方程式は式（2.19）となる。

$$L\frac{di_L}{dt} = -(V_d - V_s) \tag{2.19}$$

式（2.15）を変数分離法で解くと，電流の減少量は$-(V_d - V_s)/L$を係数として時間に比例する。減少の時間幅はT_{off}なので，減少量は式（2.20）となる。

$$i_L(T_{Off}) = -\frac{V_d - V_s}{L}(T_{Off}) \tag{2.20}$$

電流増加量の式（2.18）と電流減少量の式（2.20）は等しくなるので式（2.21）が成り立つ。ここで，増加量と減少量に着目しているので，式（2.20）で電流の減少を示すマイナス符号は考慮しない。

$$\frac{V_s}{L}(T_{On}) = \frac{V_d - V_s}{L}(T_{Off}) \tag{2.21}$$

両辺にLを掛けて整理すると式（2.22）となる。

$$V_s\,(T_{On} + T_{Off}) = V_d\,T_{Off} \tag{2.22}$$

$T_{on} + T_{Off} = T$，$T_{Off} = T - T_{On} = (T - TD) = T(1-D)$の関係を代入すると式（2.23）となる。両辺を$T$で割って変形し，式（2.24）が得られる。ここで$D = T_{on}/T$より$T_{on} = TD$の関係を用いた。

$$V_s\,T = V_d\,(1 - D)T \tag{2.23}$$

$$M_C = \frac{V_s}{V_d} = \frac{1}{1 - D} \tag{2.24}$$

よって，表2.2に示した電圧変換率の式（2.10）が得られる。

次に，電流変動率について考える。式（2.18）では電流の増加量を求めており，式（2.25）に示すように，この増量に1/2を掛けた値がピークリプル Δi_L となる。さらに，$D=T_{on}/T$ より $T_{on}=TD$ の関係を加えた。

$$\Delta i_L=\frac{1}{2}i_L(T_{On})=\frac{1}{2}\frac{V_s}{L}T_{On}=\frac{1}{2}\frac{V_s}{L}DT \qquad (2.25)$$

式（2.25）が表2.2の式（2.11）である。

次に，電流についてのもう一つ特性式である平均電流 I_L を導く。I_L が求まれば，Δi_L と I_L の比から，電流変動率も求まる。I_L 電流を導くための回路内の特性は，

（供給電力 P_{Sup}）=（消費電力 P_{Com}）

である。

1回のスイッチングで電源からの供給電力 P_{Sup} は，インダクタに流れる平均電流 I_L，電源電圧 V_s，周期 T を使って，式（2.26）で表される。

$$P_{Sup}=V_sI_LT \qquad (2.26)$$

ここで，電流 I_L はスイッチングOn/Offに関わらず供給されるので供給電力には周期 T がかかる。

一方，1回のスイッチングにおいて負荷で消費される電力 P_{Com} は，負荷電圧 V_d，負荷抵抗 R，周期 T を使って式（2.27）で表される。

$$P_{Com}=\frac{V_d^2}{R}T \qquad (2.27)$$

$P_{Sup}=P_{Com}$ 関係から式（2.26）と式（2.27）の右辺が等しいとし，I_L について解くと式（2.28）が得られる。これが表2.2の式（2.12）である。

$$I_L=\frac{V_d^2}{V_S\,R} \qquad (2.28)\quad 式\quad (2.12)再掲$$

（b）インダクタンスの条件

昇圧チョッパ回路では，インダクタは電源から電力供給を受けて電力を蓄えるとともに，負荷に向けて電力を放出する。インダクタの値が低いと蓄えられる電力が小さく，次に電力が供給されるまでに供給する電力が無くなり，電流が途切れてしまう。

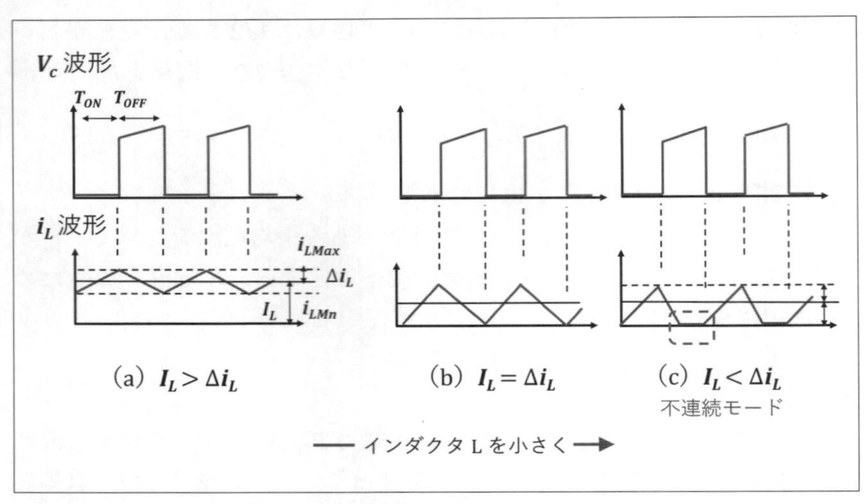

〔図2.10〕連続モードと不連続モード
(a)連続モード，(b)境界条件，(c)不連続モード

図2.10にインダクタの値を低下させた時のインダクタ電流の変化を示す。(a)ではインダクタが大きく，i_L 電流は途切れることなく流れる。この状態が連続モードである。インダクタを小さくすると，(b)のように i_L 電流の最小値 i_{LMin} が0となる。さらに L を小さくすると，図2.10(c)のように電流が0になる時間が発生する。この状態が不連続モードである。

(a)と(c)の境界が(b)でこの時の L より，L が大きければ連続モードとなる。図2.10(b)の境界条件では，式（2.28）の平均電流 I_L と式（2.25）のピークリプルが等しくなり，式（2.29）となる。

$$(I_L =)\ \frac{V_d^2}{V_S\,R} = \frac{1}{2}\frac{V_s}{L}DT\ (= \Delta i_L) \tag{2.29}$$

ここで，両辺に R，L，V_s をかけると，式（2.30）となる。

$$L\,V_d^2 = \frac{R\,V_s^2}{2}DT \tag{2.30}$$

両辺を，$V_d{}^2$ で割ると式（2.31）となる。

$$L = \frac{R}{2}\frac{V_s^2}{V_d^2}DT = \frac{R}{2}\left(\frac{V_s}{V_d}\right)^2 DT \tag{2.31}$$

ここで，V_s/V_d は，式（2.10）または式（2.24）で示した電圧変換率 M_c の逆数 $1/M_c = 1-D$ である。この関係を代入し，L は境界条件より大きいことが必要とされることから，等号を不等号に置き換え，式（2.32）が得られる。

$$L > \frac{R}{2}(1-D)^2 DT \tag{2.32}$$

これが，電流が連続モードとなる条件である。周期が長く，抵抗が大きいほど，大きな L が必要となることを示している。

以上，ここまでで，表 2.2 に示した 5 つの関係式を導いてきた。これらの式は，2.5 節で説明する昇圧チョッパを設計するのに重要な関係式である。

2.4 降圧チョッパ

降圧チョッパの説明をもとに，回路動作，回路動作を特徴付ける 5 つの式について説明する。ここでは，回路動作，式の導出などは省略するので，昇圧チョッパの説明をもとに導出する，あるいは参考文献 [1]，[2] を参照されたい。

2.4.1 降圧チョッパの回路動作

図 2.11(a) に降圧チョッパの回路図，(b) に動作波形を示す。降圧チョッパは，スイッチング素子 S，ダイオード D，インダクタ L，コンデンサ C，負荷抵抗 R から構成されており，回路を構成する回路部品は同じである。昇圧チョッパのインダクタ L がスイッチング素子に，スイッチング素子がダイオード D に，ダイオードがインダクタ L に置き換えられている。

この回路の動作は理解しやすい。左側の電源と，ダイオードからの右側の間にスイッチング素子が挿入されており，ダイオードから右側回路への電源供給を制限している。図 2.11(a) で，スイッチング素子が On している状態では，電流は一点鎖線で示されるように電源→インダクタ→負荷→電源と流れ，電源から負荷に電力が供給される。一方，スイッチング素子が Off すると，電源からの供給が無くなり，インダクタ L に蓄えられていた電流が負荷に供給される。インダクタのこの動作は，2.2.2 項 (a) の①～③で説明した電流を継続して流す機能を利用している。昇圧チョッパの回路動作で重要なのダイオード D である。スイッチング素子が Off した時に，点線で示すような電流の流れるループを構成する。スイッチング素子が On の場合は，スイッチング電源の電圧が高く，ダイオードは導通せず上側と下側の回路を切り離している。

一連の動作を，図 2.11(b) の電圧・電流波形で確認する。回路の中央部でダイオード D の両端電圧を V_c，負荷電圧を V_d，インダクタ L に流

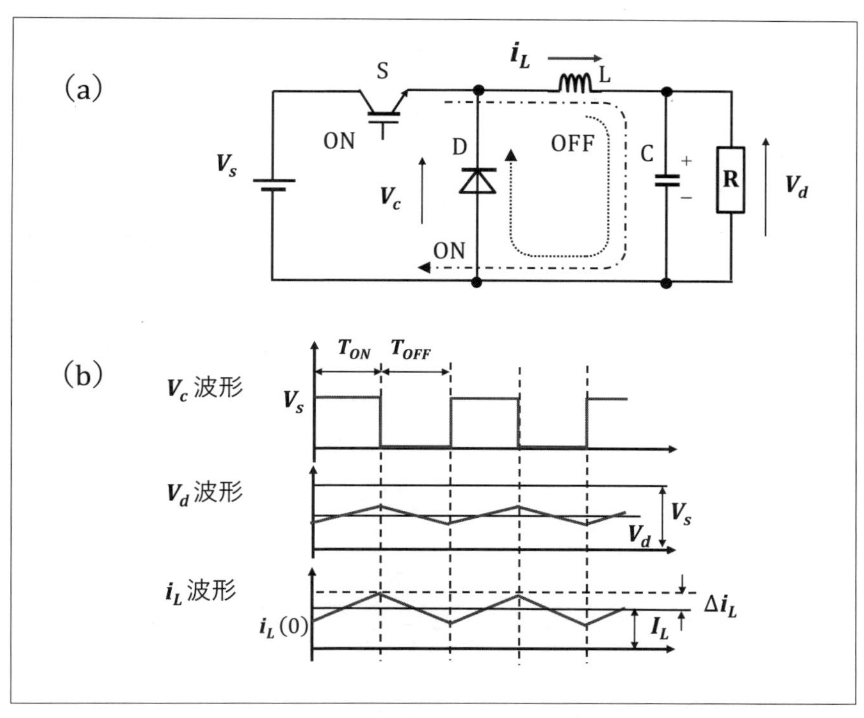

〔図 2.11〕降圧チョッパ　(a)降圧チョッパ回路,(b)動作波形

れる電流を I_L とする。スイッチング素子が On すると電源と負荷側回路が接続され，ダイオードの両端に電圧 V_s が印加される。一方，スイッチング素子が Off すると電源が切り離される。この時，ダイオードは図 2.11(a)の点線で示されるように電流が流れて導通状態となり，ダイオードに両端電圧が発生せず，V_c 電圧は 0 V となる。スイッチング素子が On 時には電源から電力が供給されるので，インダクタ電流 i_L が増加し，負荷電圧 V_d も上昇する。これに対して，Off 時には電源からの電力が供給されず，I_L 電圧と V_d 電圧が低下する。

降圧チョッパは，基本的には電源と負荷側をスイッチング素子で接続し，この間を On/Off する回路なので，昇圧チョッパに比べ，その動作は理解しやすい。

2．4．2 降圧チョッパの動作特性を表す５つの式

降圧チョッパ回路の動作特性を示す 5 つの式を表 2.3 に示す。式の詳しい導出は，参考文献 [1]，[2] を参照されたい。

式（2.33）で，降圧チョッパの電圧変換 M_c は，デューティ D に比例する。例えば，電源電圧 V_s が 100 V，デューティ D が 0.5 の場合，負荷電圧は 50 V となる。従って，デューティと電圧変換率 M_c との関係は 2.3.1 項の図 2.9 に示す結果となる。昇圧チョッパでは，スイッチング素子が Off すると電力が供給されなくなる。従って 1 周期の間に電源電圧から供給される電力 P_{Sup} は，$P_{Sup} = V_s I_L T_{On}$ となる（昇圧チョッパでは，式（2.26）に示すように $V_s I_L T$ となることに注意）。一方，負荷で消費される電力 P_{Com} は，$P_{Com} = V_s^2 T/R$ となることから式（2.35）が導かれる。

〔表 2.3〕降圧チョッパの特性を示す５つの式

特性項目	式	
電圧変換率 M_C	$M_C = \frac{V_d}{V_s} = D$	(2.33)
ピークリプル Δi_L	$\Delta i_L = \frac{1}{2L} V_S (1-D) DT$	(2.34)
平均電流 I_L	$I_L = \frac{V_d^2\, T}{V_S\, R\, T_{ON}}$	(2.35)
電流変動率 ΔI_{Lrate}	$\Delta I_{Lrate} = \frac{\Delta i_L}{I_L}$	(2.36)
継続電流（連続モード）の条件	$L > \frac{R}{2}(1-D)T$	(2.37)

2.5 昇圧チョッパの設計

2.5.1 設計の流れ

昇圧チョッパ回路を設計する流れを図 2.12 に示す。また，これに対応する設計パラメータを表 2.4 に示す。図 2.12 では電圧→負荷→デューティと決めているが，先にデューティが決まったり，現有している回路部品を活用するため，先に回路の値が決まったりすることもある。この図は設計の一例として説明し，各自の事例にアレンジして活用していただきたい。なお，モータ特性から，昇圧チョッパ，インバータの仕様を決めて回路を設計する流れは，参考文献［3］で説明しているので参考にされたい。

図 2.12 で設定と書いているのは，装置の制約や所望の特性を得るためにパラメータの値を決めることで，算出というのは表 2.4 の式から決まる値である。また，表 2.4 で下線を引いたパラメータが式から求められる値である。設計では，表 2.4 のパラメータ値を，図 2.12 の流れに従って決めていく。

（a）V_s，V_d，M_c，D の設定・算出

電気自動車の場合，使用するバッテリの容量や許容サイズからバッテリの出力電圧 V_s が，モータに許容される電圧範囲 V_d が決まる。V_s と V_d から電圧変換率 M_c が計算され，この電圧変換率を得るための D を求めることができる。

（b）f，T，T_{On} の設定・算出

式（2.11），式（2.14）から周波数を高く（周期 T を小さく）することで，ピークリプル，連続モードに必要なインダクタを小さくできる。一般には高めに設定されるが，パワーデバイスでは On から Off，Off から On に遷移する時間が必要となる。パワーデバイスの性能を考慮して

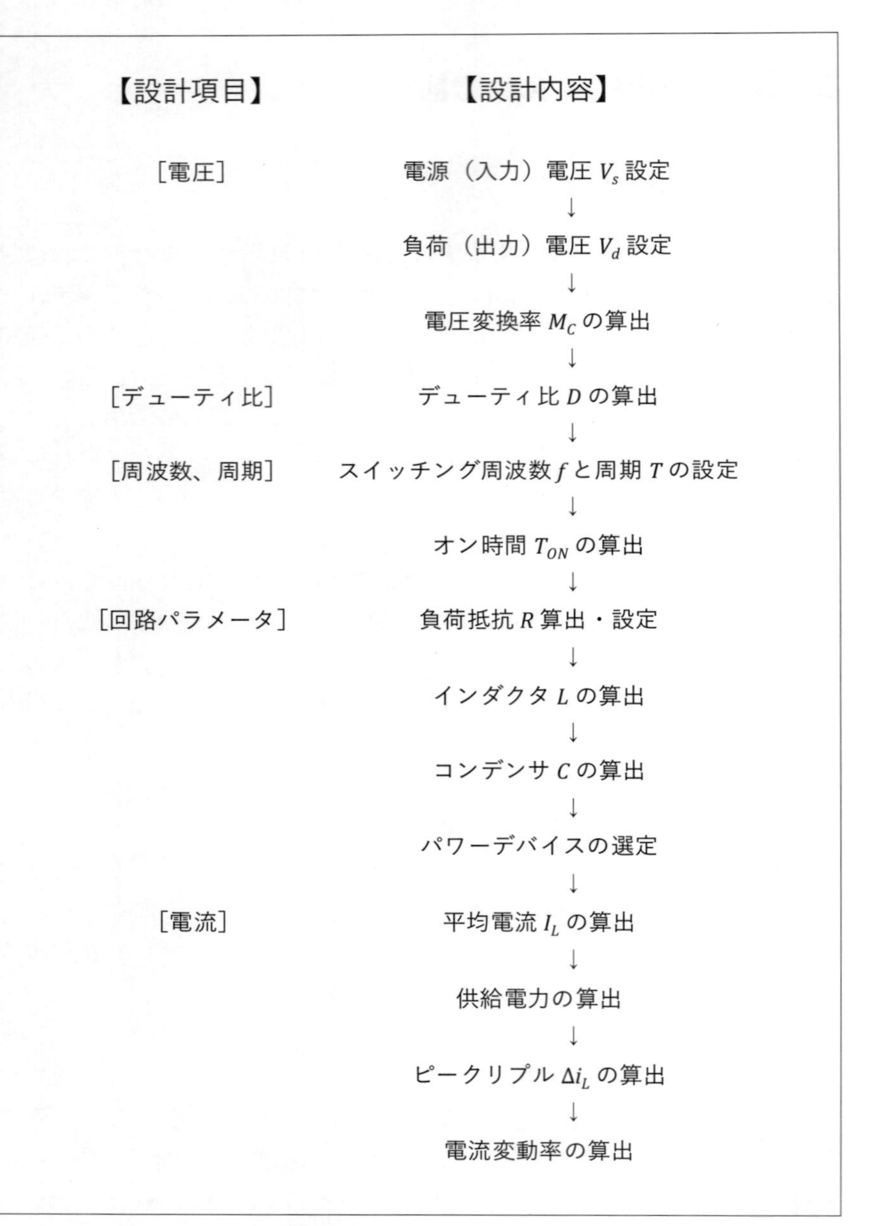

〔図 2.12〕昇圧チョッパ設計の流れ

〔表 2.4〕昇圧チョッパの設計項目・パラメータ

大項目	詳細項目	パラメータ・関係
［電圧］	電源（入力）電圧	V_s
	負荷（出力）電圧	V_d
	電圧変換率	$\underline{M_s} = \frac{V_d}{V_s} = \underline{\frac{1}{1-D}}$
［デューティ］	デューティ	D
［周波数］	スイッチング周波数	f
	周期	$T = 1/f$
	オン時間	$D = \underline{T_{ON}}/T$
［回路パラメータ］	負荷抵抗	R
	インダクタ （連続モード）	$\underline{L} > \frac{R}{2}(1-D)^2\,D\,T$
	インダクタ （電流リプル）	$L \ > \frac{1}{2\Delta i_L} V_s D\,T$
	コンデンサ	$CR \gg T$
［電流］	平均電流	$\underline{I_L} = \frac{1}{R}\frac{{V_d}^2}{V_s}$
	供給電力	$\underline{P_{Sup}} = V_s I_L$
	ピークリプル	$\underline{\Delta i_L} = \frac{1}{2}\frac{V_s}{L} D\,T$
	電流変動率	$\underline{\Delta I_{Lrate}} = \Delta i_L / I_L$

周波数を決める。電気自動車のように大容量の場合は 10～100 kHz 程度である。f と T が決まれば，デューティとの関係から T_{On} を算出できる。

（c）L，C の算出とスイッチングデバイスの選定

回路パラメータを決めるため，最初に設定するのは動作させる負荷の抵抗，すなわち負荷抵抗である。(a)～(b)で算出してきたパラメータ値を実現するための L と C の値を決める。式（2.14）は，連続モードとなるためのインダクタの最低限の条件である。この時は，$\Delta i_L = 1/2 I_L$ と

なるため，大きな電流変動となる。通常は，より小さな電流リプルあるいは電流変動率となるように決められる。

コンデンサ C は，負荷電圧を安定させるために挿入されており，C が小さいと負荷電圧の変動が大きくなる。C を決める 1 つの目安が時定数で，昇圧チョッパの周期 T の間，電圧を維持できれば良い。そこで，C と負荷抵抗 R の積で決まる時定数 CR が，周期より大きくなればよい。

スイッチング素子の選定については，4.4 節(2)で簡単に説明しているが，詳しくは参考文献 [4]，[5] を参考にしていただきたい。ここでは，概要を簡潔に説明する。選定で指標となるのは，印加される電圧，電流である。スイッチングに使われるパワーデバイスは，一回のスイッチングでもデバイス仕様を超えると破損する可能性がある。回路ノイズや誤動作などで定常状態より高い電圧，電流が発生する。回路動作で予想される電圧，電流の 2 倍の耐圧，2 倍の許容電流を持つパワーデバイスを選択するのが一つの方法である。また，安定動作させるためには，昇圧チョッパの周期 T が立上り時間と立下り時間の合計の数倍以上となるスイッチング素子を選定する。

(d) I_L，Δi_L，ΔI_{Lrate} の設定・算出

(c)で回路パラメータを決めたので，平均電流 I_L，ピークリプル Δi_L，電圧変動率など電流に関するパラメータが，表 2.4 の式を使って求まる。また，平均電流 I_L と電源電圧 V_s の積から供給電力が求まり，所望の電力を供給できるかが確認できる。

2.5.2 昇圧チョッパ設計の具体例

(a) 設計検討

ここまでの説明をもとに，昇圧チョッパを設計し，その性能を評価してみる。扱うのは電子回路用電源を想定し，ワットクラスの昇圧チョッパであるが，自動車用昇圧チョッパの設計もまったく同じである。

昇圧チョッパの基本的なパラメータは，以下に設定した。

〔表 2.5〕昇圧チョッパの設計結果

項目			設計値	実測値
[電圧]	電源電圧 [V]		5.0	5.0
	負荷電圧 [V]	負荷抵抗：大	10.0	10.0（100kΩ）
		負荷抵抗：実負荷		8.2(35Ω)
	電圧変換率	負荷抵抗：大	2.0	2.0（100kΩ）
		負荷抵抗：実負荷		1.7（35Ω）
[デューティ]	デューティ		0.5	0.5
[周波数・周期]	周波数 [kHz]		10.0	10.0
	周期 [ms]		0.1	0.1
[回路パラメータ]	負荷抵抗 [Ω]		35.0	35.0
	インダクタ [mH]	連続モード条件	> 0.22	−
		電流変動率条件	> 0.65*	0.80
	キャパシタ [μF]	キャパシタ(時定数)	> 2.86**	−
		変動低減条件	−	440.0
[電流]	平均電流 [mA]		386.1	399.0
	ピークリプル [mA]		≦193.1	177.0
	電流変動率		≦0.5	0.44

＊インダクタ 0.8 mHでの電流変動率見積り：156.3 mA
電流変動率の見積り：40.5%
＊コンデンサ440 μFでの時定数CR＝0.0156 s（> 0.0001 s）

電源（入力）電圧：5 V
負荷（出力）電圧：10 V
負荷抵抗：35.0 Ω
周波数：10 kHz （周期：0.1 ms）
電流変動率：＜50%

基本的な設計方針としては，電源 5 V を 10 V に昇圧して供給する昇圧チョッパで，スイッチング周波数は 10 kHz とした。また，平均電流に対する電流リプルで定義される電流変動が 50% 以下となることを設計条件とした。

図 2.12 の流れと表 2.4 の式に従い設計した結果を表 2.5 の設計値にまとめた。電源電圧が 5 V で負荷電圧が 10 V であることから，電圧変換率が 2 となり，デューティは 0.5 となる。電流が途切れない連続モード

となる L は，式（2.14）から 0.22 mH と求まる。また，表 2.5 のコンデンサ C と負荷抵抗 R の時定数がスイッチング周波数より大きくなる条件から $C>2.86$ μF となる。

この条件での平均電流は式（2.12）から 386.1 mA と求まり，電流変動率を ＜50% とするためにはピークリプルを ＜156.3 mA とする必要がある。このピークリプルを得るためのインダクタ L は式(2.11)から 0.65 mH となる。

(a)での設計検討から，電流変動率 ≦50％を満たすためのインダクタは 0.65 mH より大きくする必要がある。インダクタンスを大きくすれば電流の変動は小さくなるが，変動を理解するため，L を小さめにしている。また，コンデンサ C は 2.86 μF より十分に大きくする必要がある。そこで，インダクタとコンデンサの値を以下にように設定した。

インダクタ： 0.8 mH（＞0.65 mH）

コンデンサ： 440 μF（＞2.85 μF）

インダクタ 0.8 mH で予想されるピークリプルは 156.3 mA で，平均電流の見積り 386.1 mA に対して 40.5% と計算される。コンデンサの時定数は，0.015 s と計算され，スイッチングの周期 0.1 ms に比べ十分に大きな値である。

（b）昇圧チョッパの試作と評価

(a)で設計した $L=0.8$ mH，コンデンサ $C=440$ μF の回路を試作して特性値を測定し，設計値との比較を行った。図 2.13 に設計・試作した昇圧チョッパ回路とその特性の測定装置である。パルス発振器で周波数 10 kHz，デューティ可変の信号を発生させ，パワーデバイス MOSFET を駆動するゲート信号とした。電圧を 5 V に設定した直流電源を電源(入力）電圧としている。35 Ω に調整した可変抵抗を負荷抵抗とし，その両端電圧を負荷（出力）電圧として，デジタルオシロスコープで測定した。i_L 電流はクランプ式電流プローブ（9.2.2 項参照）をデジタルオシロスコープに入力して想定した。

図 2.14 にデュ―ティ比と出力電圧との測定結果を示す。昇圧チョッ

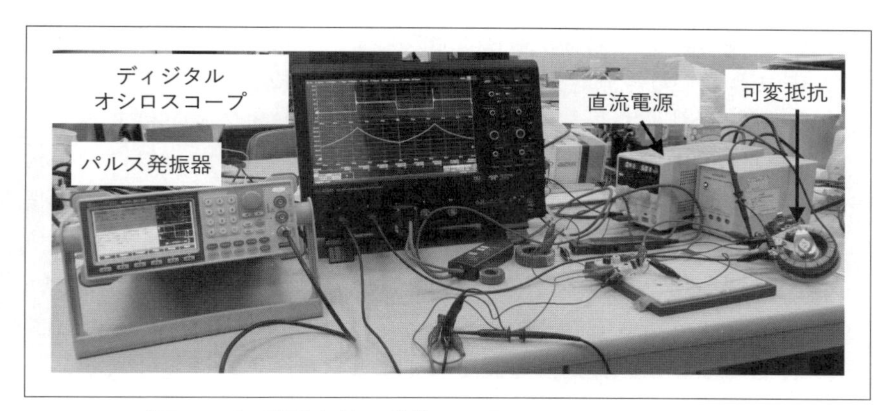

〔図 2.13〕設計を基に試作した昇圧チョッパと測定装置

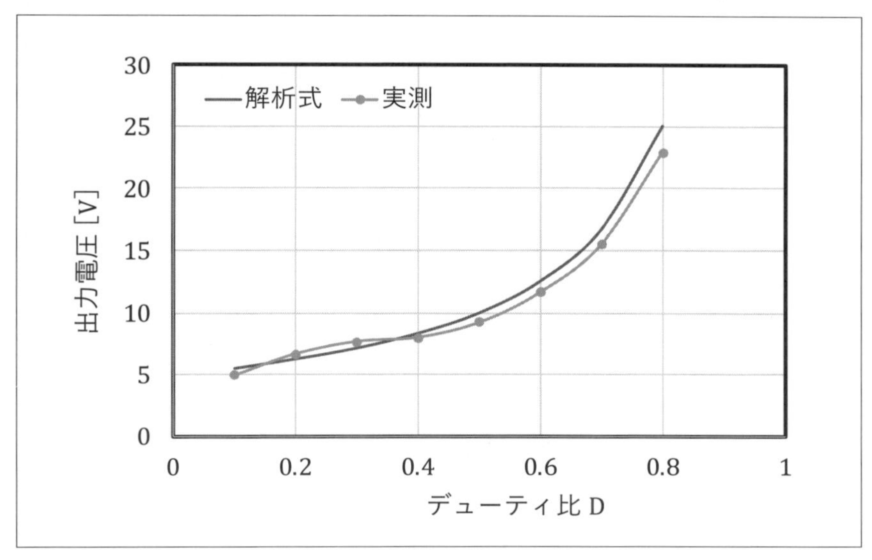

〔図 2.14〕試作したチョッパ回路の出力電圧

パによる昇圧は，負荷電流を流すと幾分低下する。理想的な昇圧動作となるよう，負荷抵抗を 100 kΩ として測定した。式（2.10）から求まるデューティと負荷（出力）電圧の関係と，実測値が一致することが分かる。

昇圧チョッパの昇圧動作が確認できたので，負荷抵抗を設計時に設定した 35 Ω として電流測定を行った。図 2.15 の下段にインダクタ L を流れる電流波形の測定結果を示す。上段はパワーデバイス MOSFET のソースとドレイン間の電圧（図 2.6 の V_c 電圧）である。パワーデバイスが On すると導通状態のほぼ 0 V となり，Off するとパワーデバイスの両端に電圧が電源電圧の 5 V が印加される。パワーデバイスが On でインダクタ電流 i_L が増加し，Off でインダクタ電流 i_L は増加する。この時の負荷電圧は 8.2 V で電圧変換率は 1.7 倍となった。式（2.10）から D=0.5 では 2.0 倍となるが，負荷に電流を流すことで昇圧電圧は幾分低くなった。

インダクタ電流 i_L の電流をオシロスコープで読むと，平均値は 399 mA，電流値の最小値は 273 mA，最大値は 626 mA となった。最大と最大値からピークリプルは 177 mA で，電流変動率は 44.0% となる。一方，設計では，平均電流が 386.1 mA，ピークリプルが 156.7 mA，電流変動率が 40.5% である。平均電流，ピークリプル，電流変動率ともに，実測の方が幾分大きくなったが，ほぼ近い値となった。

最後に設計で予想された値と，実測が異なった時の対処について述べる。今回の試作回路では電流値はほぼ一致したが，負荷抵抗 35 Ω での電圧変換率が式（2.10）より低くなった。対処法としては，①デューティを高める，②回路部品でとくにインダクタについて再検討する，の 2 つがあげられる。昇圧チョッパの目的が，単に電源電圧を 2 倍にするのであり，他の回路動作に影響がなければ，デューティを高くすればよい。

次に，②の回路部品のインダクタについては次のようになる。昇圧チョッパでは，インダクタ L が回路動作において重要な役割をはたしており，対策としてはインダクタの再測定・交換が有効である。インダクタには抵抗成分があり，これにより所望の昇圧比が得られなくなる。負荷抵抗が大きいと i_L 電流がほとんど流れる影響は小さいが，負荷抵抗が小さくなると電流が流れインダクタの抵抗が影響して昇圧比下がる可能性がある。より小さい抵抗のインダクタに変更することが有効である。

このように，表 2.4 の式を使い，図 2.12 の設計の流れに従って，設

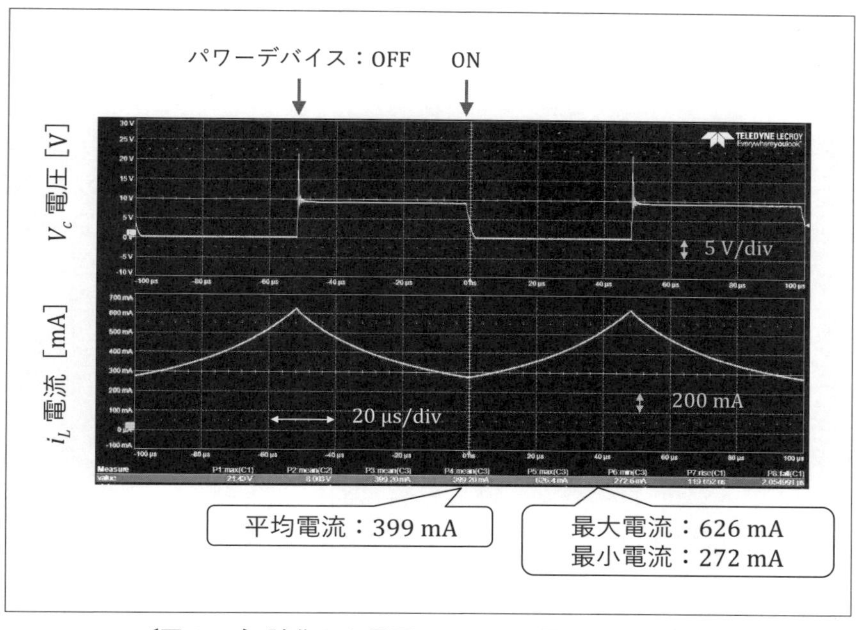

〔図 2.15〕試作した昇圧チョッパの電圧・電流波形

計項目の値を決めれば，昇圧チョッパを設計できる。

参考文献

[1] 高木茂行，長浜竜：“これでなっとく　パワーエレクトロニクス”，コロナ社，初版 4 刷，pp.53～73（2023）

[2] 小山純，伊藤良三，花本剛士，山田洋明：“最新パワーエレクトロニクス入門”，初版 5 刷，pp.20～49（2017）

[3] 岩室憲幸 監修：“パワーエレクトロニクス技術の進展”，シーエムシー出版，pp.234–235（2024）

[4] 高木茂行 編著：“エンジニアの悩みを解決　パワーエレクトロニクス”，コロナ社，初版 2 刷，pp.99～129（2024）

[5] 谷内利明 編著，松本寿彰 編著：“実践パワーエレクトロニクス入門　パワー半導体デバイス”，pp.199～206（2016）

3章

直流から交流を作りだす 単相・三相インバータ（1）

～単相・三相インバータの原理と回路動作～

直流を交流に換え，その周波数を変えてモータの回転速度を可変したいという要望は古くからあった。その回路構成も分かっていたが，実用化には高性能なパワーデバイスが必要だった。1980年代の前半にIGBT（insulated gate bipolar transistor）が製品化され，kWを超えるスイッチングが可能となり，直流を交流に変換するインバータの実用化が始まった。インバータは回転数を可変するモータの駆動回路として発展し，電気自動車用モータの可変速回路として必須の回路となっている。この章では，インバータの原理，回路動作について，単相インバータと三相インバータを取り上げて説明する。

3.1 インバータの原理

交流と直流を交互に変換することを考えた時，交流を直流に換えるには図3.1(a)に示すようにダイオードを使えば良い。この図の回路で交流のダイオード側のプラスになった時だけ電流が流れ，負荷の上側に常に正の電圧が印加される。このままでは電圧が変動するが，インダクタやコンデンサを使えば，負荷に一定電圧を印加する直流となる。こうした回路は，今では整流回路と呼ばれるのが一般的である。開発当初はダイオードでなく，水銀整流器と呼ばれる真空管が使われ，順変換（コンバータ）と呼ばれていた。

直流を交流に変換するためには，図3.1(b)に示すように負荷の周囲に4個のスイッチを配置し，これを交互に切り換えれば良い。こうした回路は順変換（コンバータ）と逆の動きをするの逆変換（インバータ）と呼ばれ，今ではインバータが一般的に使われている。

図3.1(b)を使ってインバータの動作原理を図3.2で説明する。図3.1(b)の回路で，S_1とS_4をオンしてS_2とS_3をオフする。S_2とS_3はオフなので，その等価回路は図3.2上段の左側の回路となる。負荷の左側が

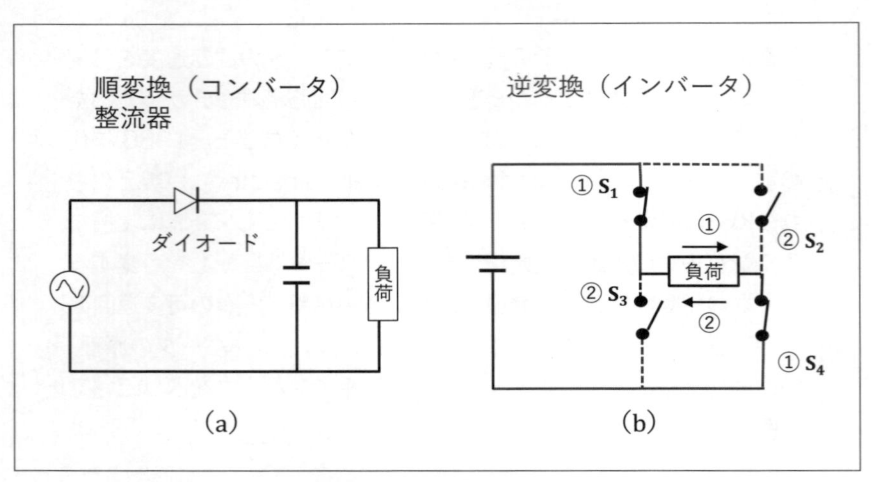

〔図 3.1〕電力変換器
(a)順変換（コンバータ），(b)逆変換（インバータ）

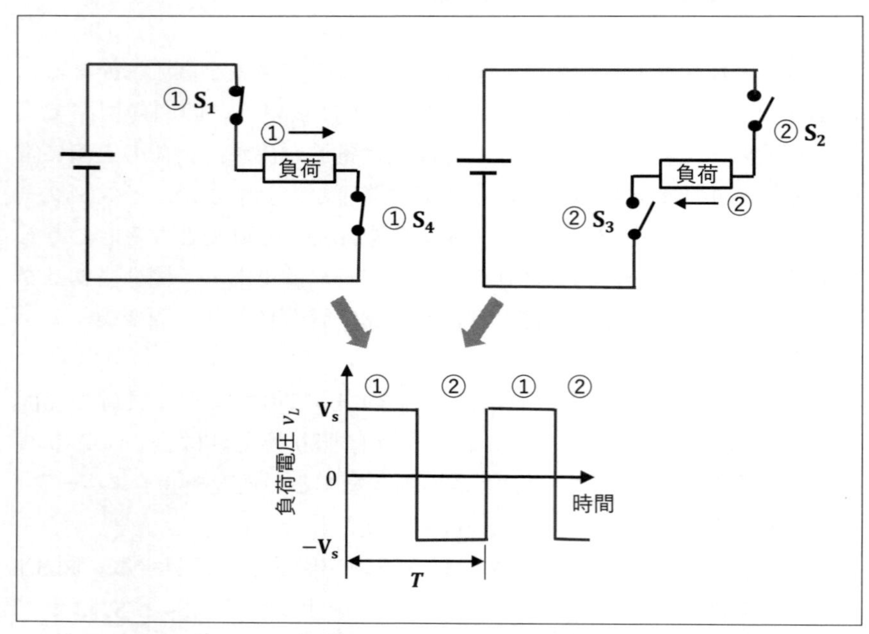

〔図 3.2〕インバータの原理

正電圧となり，電流は負荷の左から右に流れる。次に，S_1 と S_4 をオフし，S_2 と S_3 をオンする。この時の等価回路は図 3.2 上段右側となり，電圧の左側が負極となり電流は負荷の右から左へと流れる。負荷の左側が正電圧となる時を正電圧とすれば，電圧波形は図 3.2 下段のようになり，負荷には正電圧，負電圧が交互に印加されて交流となる。この回路で負荷は単相なので，単相インバータと呼ばれている。

3.2 単相インバータ

3.2.1 単相インバータの基本動作

(a) 回路構成

前節では，最も単純化して単相インバータの動作原理を説明したが，実際にインバータとして使用するためには，いくつかの工夫が必要となる。とくに重要なのは，スイッチング素子（以下，回路内でOn/Offするパワーデバイスをスイッチング素子と呼ぶ）が切り替わった後に継続して流れる電流の処理である。

この対策として用いられる回路要素が，図3.3に示すアームである。アームでは，スイッチング素子が流す電流と逆方向のダイオードが，スイッチング素子に並列接続されている。図3.3でスイッチング素子にはIGBT（Insulated Gate Bipolar Transistor）が使われているが，MOSFET

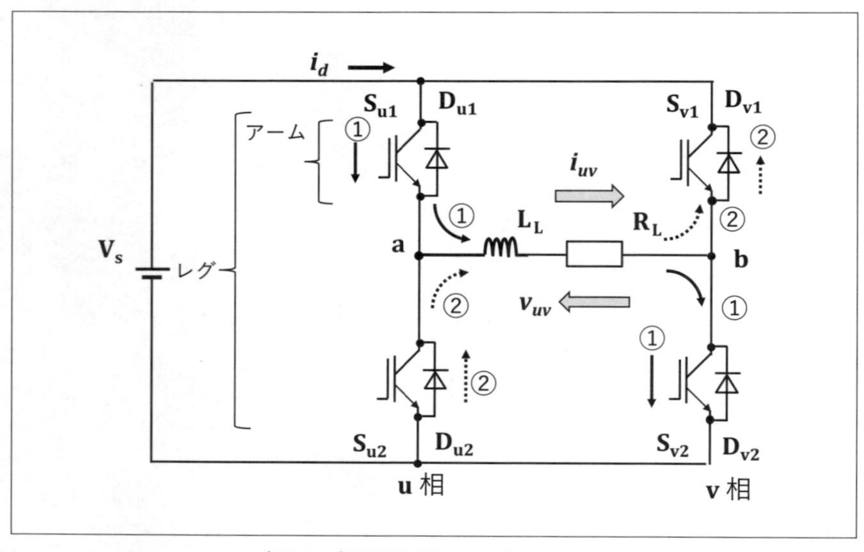

〔図3.3〕単相型インバータ回路

（Metal oxide semiconductor field effect transistor）でも良い。インバータとして動作させるため，すべてのスイッチング素子は，図 3.3 の回路で電流が下向きに流れるように接続される。これに対して，並列接続されるダイオードは電流が下から上に流れるように接続される。ここで，アームを 2 つ直列接続した回路をレグという。

アームによる継続電流の処理について説明する前に，図 3.3 の素子，回路名について定義しておく。この単相インバータは，次節で三相インバータに拡張するので，レグの一方を u 相，もう一方を v 相とする。スイッチング素子，ダイオードともに上側を 1，下側を 2 とする。スイッチング素子を記号 S で表し，S の添え字に相名と上下の番号をつける。各位置のスイッチング素子とダイオードは，図 3.3 に示すように左上が S_{u1}，D_{u1}，左下が S_{u2}，D_{u2} というように命名できる。負荷はモータを想定し，インダクタ L_L と抵抗 R_L とした。電圧は v 相側を基準として線間電圧 v_{uv}，負荷に流れる負荷電流を i_{uv} とする。線間電圧 v_{uv} は u 相が高い時が正，負荷電流 i_{uv} は u 相から v 相に流れる時を正とする。

（b）継続電流と帰還ダイオード

インバータを動作させる上で問題となるインダクタから継続的に流れる電流と，それを電源に戻す帰還ダイオードについて説明する。インバータの動作として，S_{u1} と S_{v2} がオンする（前節の S_1 と S_4）と，v_{uv} はプラスとなって電流は図 3.3 ①と実線が示すように流れる。すなわち，$S_{u1} \rightarrow L_L \rightarrow R_L \rightarrow S_{v2}$ の順で，電流 i_{uv} は負荷の左から右に流れる。

次に，S_{u1} と S_{v2} をオフし，S_{v1} と S_{u2} をオン（前節の S_2 と S_3）し，負荷に v_{uv} がマイナスとなる電圧を印加する。これにより，負荷の右から左へと向かう逆方向の電流が流れ始める。しかしながら，負荷がインダクタには，左から右への電流を流し続けようとする（便宜的にこの電流を継続電流と呼ぶ)。この電流を流すパスがないと，継続電流はスイッチング素子 S_{u1}，S_{v2}，S_{v1}，S_{u2} を流れようとしていずれかの素子を破壊する。しかしながら，インダクタからの継続電流は，ダイオード D_{v1}，D_{u2} を介して流すことができる。すなわち，図 3.3 ②と点線が示すように，

ダイオード D_{u2} → L_L → R_L → D_{v1} のパスで流れる。このように継続電流を流すダイオードは，帰還ダイオードと呼ばれている。

3．2．2　回路動作の説明

（a）スイッチング素子のみの単独動作

3.2.1 項(b)で説明した内容を，図 3.4 の回路（左側）と波形（右側）で再確認する。右側の図は，上段はスイッチング素子の動作，中段は線間電圧 v_{uv}，負荷電流 i_{uv}，電源電流 i_d の電圧波形，下段はダイオードの動作である。上段のスイッチング素子では，u 相と v 相で動作している素子を示している。下段のダイオードでは，動作しているダイオードをハッチングで表示している。

3.2.1 項(b)の前半で説明した S_{u1} と S_{v2} のみが動作している状態は，図 3.4 では t_1 と t_2 の時間領域に相当する。この時間領域では，S_{u1} と S_{v2} が動作するので，右側上段の u 相では S_{u1} が動作し，v 相では S_{v2} が

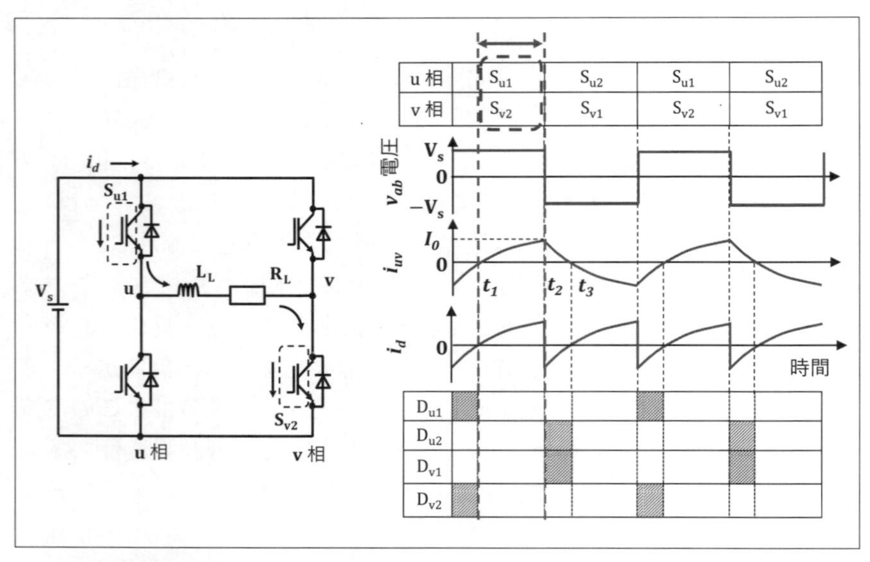

〔図 3.4〕単相型インバータの動作（スイッチング素子のみ動作）

動作するスイッチング素子となる。負荷電流は0からI_0に増加していく。電流は電源から供給されるので，負荷電流i_{uv}と電源電流i_dは一致する。この時間領域では，ダイオードは動作しないので，下段のダイオードのハッチングは無しとなる。

(b) スイッチング素子とダイオード（継続電流）の同時動作

次に3.2.1項(b)の後半の動作を図3.5に示す。この動作はt_2からt_3の時間領域となり，以下の2種類の電流が同時に流れる。

(1)インダクタからD_{u2}とD_{v1}を介して負荷を左から右に流れる電流（継続電流）で，図3.5左側回路の点線で示した流れ

(2)電源からS_{u1}とS_{v2}を介して負荷を右から左に流れる電流で，図3.5左側回路の実線で示した流れ

右側の動作状態では，上段でu相はS_{u2}が，v相はS_{v1}がオンする。下段では，ダイオードD_{u2}とD_{v1}が動作するので，この2つがハッチン

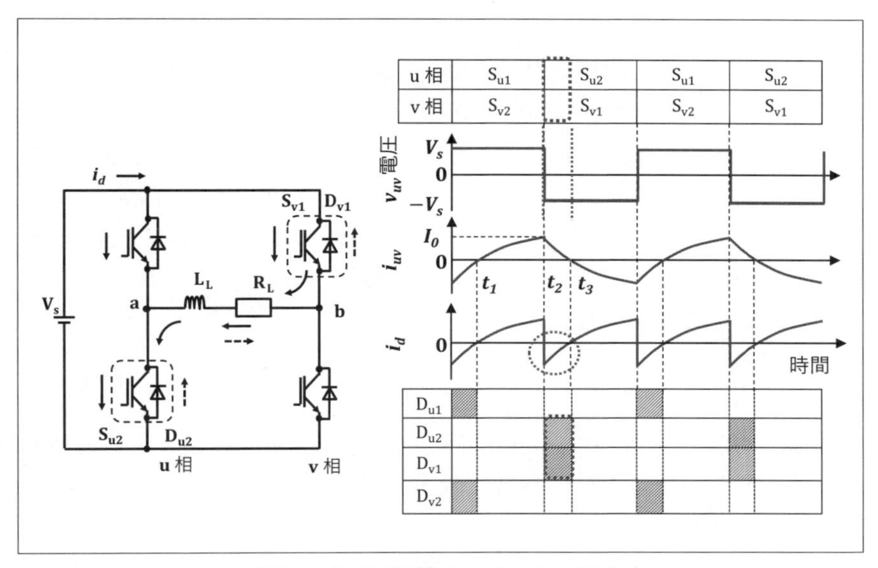

〔図3.5〕単相型インバータの動作
（スイッチング素子とダイオードの同時動作）

グされている。電流は重ね合わせの定理[1]が成り立つので，外部からは両方の合計が観察され，負荷電流 i_{uv} は切り替わった時点では I_0 であるが次第に減少する。切り替わった時点から，(2)の電流は徐々に増加し，(1)が主に流れて帰還ダイオード $\mathrm{D_{u2}}$ と $\mathrm{D_{v1}}$ を介して電源に戻る。このため，電源電流 i_d はマイナス，すなわち電流が電源に戻る。

一定時間が経過すると継続電流はゼロとなり，t_3 以降はスイッチング素子 $\mathrm{S_{u2}}$ と $\mathrm{S_{v1}}$ を介した電流のみとなる。この動作は3.2.1項(b)の前半で説明したスイッチング素子のみの動作と同じである。インバータ回路の動作は，スイッチング素子のみがオンする動作と，スイッチング素子とダイオードが同時にオンする動作が交互に繰り返される。

3.2.3 単相インバータの基本式

(a) スイッチング素子のみの単独動作時

スイッチング素子のみで動作する場合の電圧と電流の関係式を導く。この場合の等価回路と電圧・電流波形を図3.6(a)に示す。スイッチング素子 $\mathrm{S_{u1}}$ と $\mathrm{S_{v2}}$ がオンしているので，等価回路としては電源 $\mathrm{V_s}$ に負荷 $\mathrm{L_L}$ と $\mathrm{R_L}$ が直列接続された回路となる。以下，回路方程式を立てて，微分方程式を解いて解を求めるが，要はインダクタ $\mathrm{L_L}$ と抵抗 $\mathrm{R_L}$ が直列接続された回路の動作を求めるだけである。電源が接続されると，インダクタにより徐々に電流が流れ，定常状態では電源 $\mathrm{V_s}$ に負荷抵抗 $\mathrm{R_L}$ が接続された回路となる。これを数学的に求める。

図3.6(a)での回路方程式は式（3.1）となる。

$$L_L\frac{\mathrm{d}i_{uv}}{\mathrm{d}t} + R_L i_{uv} = V_s \tag{3.1}$$

この微分方程式を解いて，$t=0$ で $i_{uv}=0$ の初期条件を代入すると解が求まる。詳しい解き方は，参考文献［2］を参考にして欲しい。ここで，解き方の流れを紹介する。

この微分方程式は，このままでは解けないので $V_s=0$ として変数分離し，式（3.2）で両辺を積分する。

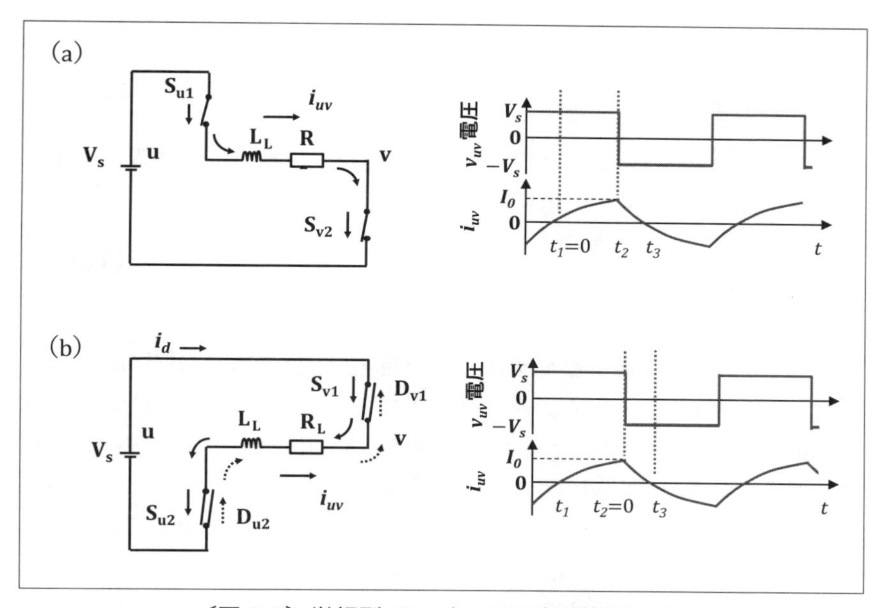

〔図 3.6〕単相型インバータ回路の等価回路
(a)スイッチング素子のみ動作,(b)スイッチング素子とダイオードの同時動作

$$\int \frac{1}{i_{uv}} di = \int -\frac{R_L}{L_L} dt \tag{3.2}$$

左辺は，$1/i_{uv}$ の積分なので対数関数，右辺は単純な乗数の積分なので1次関数となり，積分した結果は式（3.3）となる。

$$\ln i_{uv} = -\frac{R_L}{L_L} t + C \tag{3.3}$$

ここで C は積分定数である。式 (3.3) を指数関数で表記すると，式 (3.4) となる。

$$i_{uv} = \mathrm{A} e^{-\frac{R_L}{L_L} t}, \qquad (A = e^C) \tag{3.4}$$

図 3.6(a)の回路では，定常状態では電流変化が無くなり，インダクタの電圧は 0 となり，電源と抵抗 $\mathrm{R_L}$ のみの回路となる。従って定常状態の電流は，V_s/R_L となる。この解を加え，式（3.1）の一般解は式（3.5）

となる。

$$i_{uv} = \mathrm{A}e^{-\frac{R_L}{L_L}t} + \frac{V_s}{R_L} \tag{3.5}$$

式（3.5）に $t=0$ で，$i=0$ の初期条件を代入して A を決定すると，インバータ電流の式（3.6）が得られる。

$$i_{uv} = \frac{V_s}{R_L}\left(1 - e^{-\frac{R_L}{L_L}t}\right) \tag{3.6}$$

（b）スイッチング素子とダイオード（継続電流）の同時動作時

次に図 3.6(b)で，スイッチング素子で電源から電流を供給すると同時に継続電流を還流ダイオードで電源に戻す動作での電流と電圧の関係式を求める。等価回路は図 3.6(b)の左側となり，スイッチング素子による電流（実線矢印）と還流ダイオードによる電流（点線矢印）が同時に流れる。負荷を流れる電流 i_{uv} はこの合計となる。回路方程式は，回路方程式から式(3.7)となる。電流の流れる向きが逆なので $-V_s$ となる。

$$L_L\frac{\mathrm{d}i_{uv}}{\mathrm{d}t} + R_L i_{uv} = -V_s \tag{3.7}$$

$-V_s=0$ として式（3.7）を解くと，式（3.4）となる。図 3.6(b)の回路の定常状態では，電流は $-V_s/R_L$ となるので，これを式（3.4）に加えて，一般解は式（3.8）となる。

$$i_{uv} = \mathrm{A}e^{-\frac{R_L}{L_L}t} + \frac{V_s}{R_L} \tag{3.8}$$

$t=0$ での電流が I_0 の初期条件を，式（3.8）に代入して A を決定すると，式（3.9）が求まる。

$$i_{uv} = I_0 e^{-\frac{R_L}{L_L}t} - \frac{V_s}{R_L}\left(1 - e^{-\frac{R_L}{L_L}t}\right) \tag{3.9}$$

式（3.9）で，係数 I_0 の項は還流ダイオード $\mathrm{D_{v1}}$ と $\mathrm{D_{u2}}$ を介して電源に戻る電流，係数 $-V_s/R_L$ の項はスイッチング素子 $\mathrm{S_{v1}}$ と $\mathrm{S_{u2}}$ を介して電源から供給される電流である。

このように，単相インバータでは，インダクタを介した電流の増加と減少が繰り返される。スイッチング素子が切り替わると，それまでに流れていた電流が帰還ダイオードを介して電源に戻ると同時に，それまでとは逆方向の電流がスイッチング素子を介して流れる。

3.3　三相インバータ

3.3.1　単相インバータから三相インバータ

単相インバータに 1 個のレグを並列に追加し，それぞれのレグのアームとアームの中間から出力を取り出すのが，図 3.7 に示す三相インバータ回路である。三相の各相を，u 相，v 相，w 相とし，上側のアームを 1，下側のアームを 2 とする。例えば，上側のスイッチング素子は，S_{u1}，S_{v1}，S_{w1} となり，下側のスイッチング素子も同様に命名できる。還流ダイオードも同様の添え字をつけ，上側のダイオードは D_{u1}，D_{v1}，D_{w1} となり，下側も同様な添え字の付け方で命名できる。

電流は，インバータの各相から負荷に流れる電流を i_u，i_v，i_w とし，インバータから負荷に流れる電流を正方向とする。また，負荷側の中点を基準に負荷側各相の電圧を相電圧 v_u，v_v，v_w とし，中点より負荷側が高い場合を，正とする。負荷側の相と相の電圧を相電圧とし，基準となる相を添え字の後ろに書いて示す。例えば，v 相に対する（基準とした）

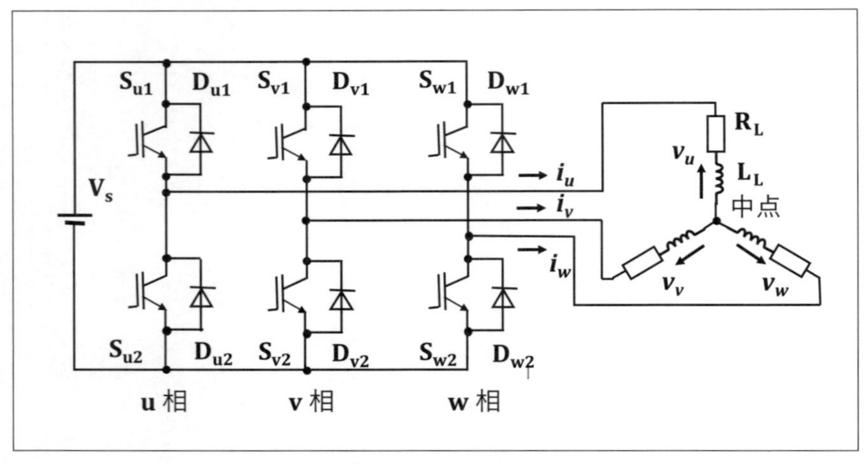

〔図 3.7〕三相インバータ回路

u 相の線間電圧は V_{uv} となり，v 相に対して u 相の電圧が高い時が正となる。

実際の三相インバータの写真を図 3.8 に示す。(a)は市販のインバータで，内部には整流回路，三相インバータが組み込まれている。交流を入力すると, 直流に変換後, 正負に反転する交流が出力される。インバータ出力の周波数の調整つまみと周波数表示が取り付けられている。出力の 3 端子に誘導モータを接続し，周波数つまみを廻してインバータ周波数を変えるとモータの回転数を容易に可変することができる。図 3.8 (b)は実験用のインバータ基板で，インバータ回路の 6 個のスイッチング素子に対応したスイッチング素子（MOSFET）が並んでいる。2 個のスイッチング素子が 1 組となって u，v，w 相を構成し，その中点に各相への出力線が接続されているのが分かる。

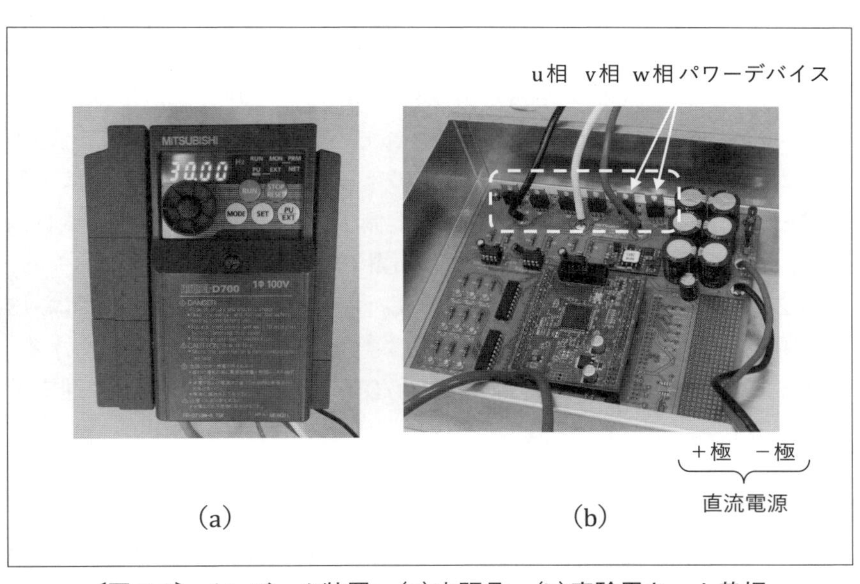

〔図 3.8〕インバータ装置　(a)市販品，(b)実験用キット基板

3.3.2 三相インバータを等価回路で理解する

(a) 120°通電と180°通電

三相インバータ回路の動作を等価回路で考える。インバータでは直列接続されたアームを同時にオンすると電源が短絡されてしまう。上下アームの同時オンが起きないように動作させる必要がある。この原則を守って動作させる方法としては，2相を同時にオンさせる120°通電と，3相を同時にオンさせる180°通電がある。

120°通電では一方を上側アーム，他方を異なる相の下側アームとして同時にオンする。例えば，S_{u1}とS_{v2}を同時にオンし，w相のS_{w1}，S_{w2}はともに動作させない方法である。スイッチング素子がOnしている相の負荷，この例ではu相とv相に電力が供給され，w相には供給されない。単相インバータが順番に動いていくのと同じ動作である。1つの素子のオンとオフが120°で切り替わるので，120°通電と呼ばれている。120°通電では，制御が簡単であるが，電力が供給されている相と供給されていない相がアンバランスで，モータ駆動では振動が大きいとされている。

それに対して，3相を使った方法は180°通電と呼ばれ，電気自動車のインバータでは180°通電が採用されている。この方法では，上側のアーム2つと上側アームと異なる相の下側アーム1つ，あるいは下側のアーム2つと下側とは異なる相の上側アーム1つを動作させる。例えば，図3.9では，上側のアームではu相のS_{u1}とw相のS_{w1}がオンし，この2つの相とは異なるv相の下側S_{v2}がオンする。180°通電では，3相が同時に動作するので，120°通電よりモータの振動が少なくなる。各スイッチング素子は180°周期でOn/Offを繰り返すので180°通電と呼ばれる。

(b) 相電圧，線間電圧，負荷電流

180°通電で，等価回路を使って，相電圧，線間電圧を求める[3]。1つの動作状態の例として(a)で説明した図3.9の状態，すなわち，上側アー

ムでは S_{u1} と S_{w1} がオン，下側アームでは S_{v2} がオンの状態を考える。また，単純化のため，スイッチング素子と並列に接続された帰還ダイオードは動作していない状態を想定する。

この回路で，オフ状態のスイッチング素子，S_{v1}，S_{u2}，S_{w2} は動作しておらず，回路動作に影響を与えないので，これらのスイッチング素子を含んだアームを切り離すこと（等価回路から削除）ができる。動作していないアームを削除し，負荷側の中点を真ん中に持っていき，等価回路を書くと図 3.10 となる。

回路としては，u 相と w 相の上側アームが並列に接続され，そこに v 相が直列接続された構成となっている。u 相と w 相が並列であることから，その抵抗は v 相の半分になる。したがって，V_s 電圧は u 相と w 相の並列回路が $V_s/3$，v 相側が $2/3V_s$ となる。ここで，各相の相電圧は中点を基準にしており，中点より負荷端が高い時が正となるので，u 相と w 相の相電圧は，ともに $1/3V_s$ となる。一方，v 相は電源 V_s に接続されており，負荷側の電圧が低くなっており，v 相の相電圧は $-2/3V_s$ となる。これをグラフで示すと図 3.10 左側上段の相電圧となり，$V_u=V_w=1/3V_s$，$V_v=-2/3V_s$ となる。

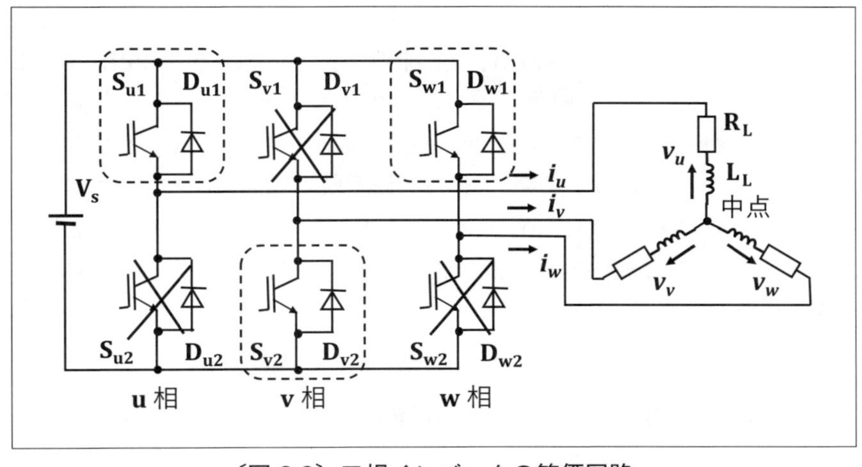

〔図 3.9〕三相インバータの等価回路

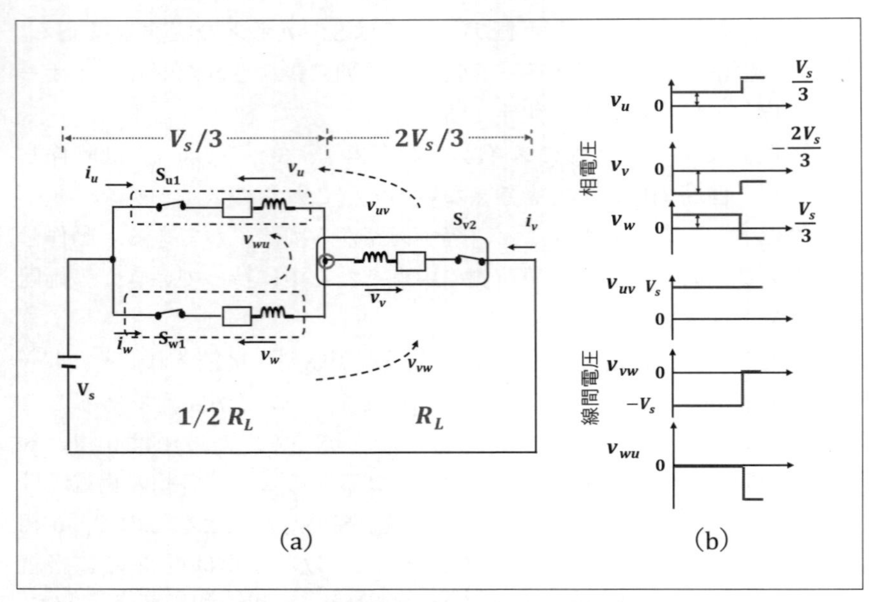

〔図 3.10〕三相インバータの動作解析
(a) 等価回路，(b) 相電圧，線間電圧

つぎに線間電圧について考える。線間電圧は後ろの添え字の相を基準にした時の前の添え字の相との電圧差となる。v_{uv} が，v 相に対する u 相の電圧である。v 相が $-2/3V_s$ で u 相が $+1/3V_s$ なので，v 相から u 相は V_s ボルト高くなる。同様に V_{vw} は $-V_s$ ボルトとなる。V_{wu} は w 相と u 相がつながっていることから同じ電位となり，$V_{wu}=0$〔V〕となる。これらの波形をまとめると，図 3.10 の右側下段の線間電圧波形となる。

以上をまとめると，相電圧はいずれかの 1 相が $2/3V_s$，残りの 2 相が $1/3V_s$で，1 相と 2 相の極性は逆極性となる。また，線間電圧は $-V_s$，0，$+V_s$となる。

3.3.3 三相インバータの駆動（180° 通電）

3.3.2 項では，180° 通電の 1 つのモードで相電圧，線間電圧の挙動を確認した。実際の回路では，駆動モードが順番に入れ替わって，モータが駆動される。この駆動モードを示す図が，図 3.11 である。(a)がスイッチングパターン，(b)が相電圧と線間電圧の波形を示す。

図 3.11(a)で通電モードは 1 周期で 6 つのモードをとり，1 周期は電気角度の 360° であることから，60° で通電モードが切り替わる。S_{u1} ではモード①～③がオン，モード④～⑥がオフで，180° オンとオフが切り替わっている。他のすべてのスイッチング素子も 180° でオン，オフが切り替わっている（180° 通電の名前の由来)。

図 3.11(b)で，相電圧 v_u はモード 1 で $2/3V_s$，v_v はモード④で $2/3V_s$，v_w はモード⑥で $2/3V_s$ となり，v 相に対して u 相は 120°，w 相は 120° 遅れている。同様に，線間電圧 v_{uv} では $+V_s$ の開始がモード①，v_{uw} での $+V_s$ 開始はモード③，v_{wu} での $+V_s$ 開始はモード⑤となり，線間電圧 v_{uv} に対して v_{uw} は 120°，v_{wu} は 240° 遅れている。位相が 120°，240° 遅れるという特性は，三相交流の特性と同じである。従って，三相インバータにより三相交流と同様な電力を供給できることが分かる。

これらのスイッチングの組み合わせは，図 3.12 に示す電圧ベクトル図を使うと理解しやすい[4][5]。この図で，点線で示す矢印が，u，v，w 相を示している。実線の細い矢印が各相のスイッチングを示し，太い矢印が合成電圧（ベクトル）を示している。各相の中心は，ベクトルの中心であるが，負荷側の中点に相当すると考えると理解しやすい。図では，点線の矢印，細い実線の矢印，太い矢印が重ならないように，ずらして表記してある。

図 3.12(a)～(f)が，それぞれ，図 3.11 のモード①～⑥に対応している。相電圧は，図 3.10，3.11 に示すように，絶対値では 1 相が $2/3V_s$，残りの 2 相が $1/3V_s$ である。長く細い実線の矢印は $2/3V_s$，小さく細い実線の矢印は $1/3V_s$ を示している。また，矢印の方向で，上側のアームがオンする時，相電圧は中点より負荷端の電圧が高いので中点から外側に向かう方向とする。これに対して，下側のアームがオンする時の矢印の方向は，負荷端より中点の電圧が高いので，中点に向かう方向とする。

この表記法に従うと，(a)のモード①では，u 相と w 相の上側アーム

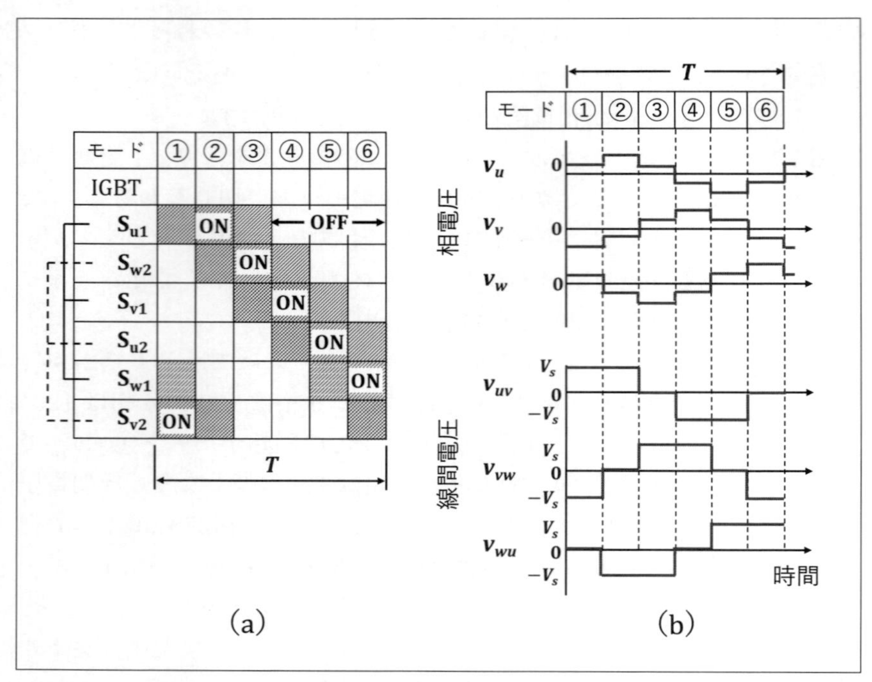

〔図 3.11〕三相インバータの動作モード
(a)スイッチングモード，(b)スイッチングモードと電圧波形

がオンしてその電圧は $1/3V_s$ なので，短くて細く，中点から外側に向かうベクトルが u 相と w 相に表記される。また，v 相は下側アームが動作するので，長くて細く，外側から中点に向かうベクトルが v 相に表記される。u，v，w 相の 3 つのベクトルを合成すると太い実線矢印の V_1 ベクトルとなる。

同様に，(b)のモード②では，u 相の上側アームがオンで $+2/3V_s$，v 相と w 相の下側アームがオンで $-1/3V_s$ となる。u 相に長くて細く外側に向かうベクトル，v 相と w 相に短くて細く中点に向かうベクトルが表記される。合成ベクトルは太くて長い V_2 ベクトルとなり，V_1 に対し左に 60° 回転している。同様に(c)～(f)までの合成ベクトル V_3～V_6 が 60° ずつ回転しているのが分かる。

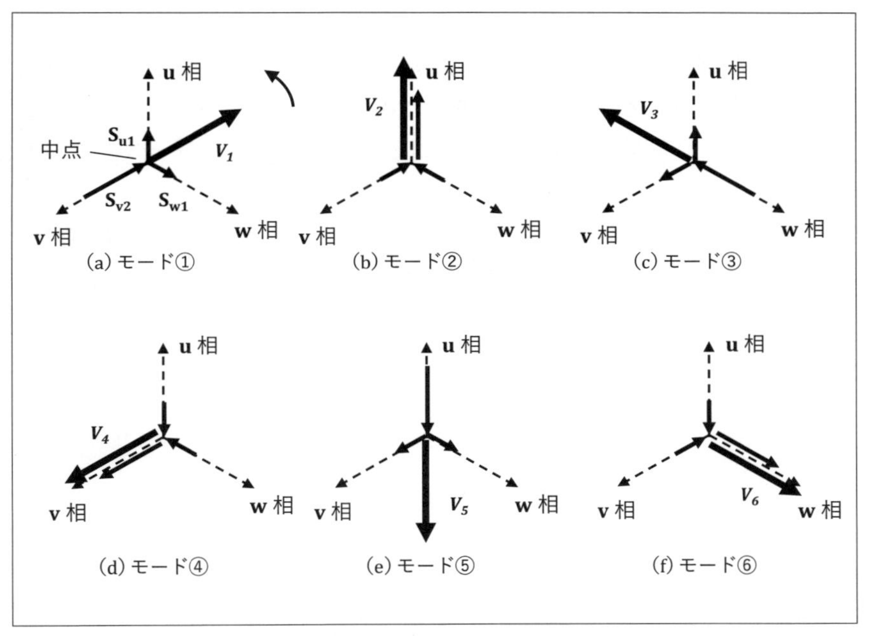

〔図 3.12〕電圧ベクトルとスイッチングモード

今回は，ベクトル表記を説明するため，インバータの動作状態から合成ベクトルを説明した。逆に 60° で回転してする合成ベクトルを考え，それを各アームのベクトルに振り分けることで，図 3.11 に示すスイッチング素子のオン，オフ表を作成し，動作モードを決定することができる。

以上，単相インバータから三相インバータまでを説明してきた。三相インバータで三相交流が作り出せることを，是非，理解して欲しい。

参考文献

[1] 庄善之：“テキスト　電気回路”，共立出版，初版 3 刷，pp.179～181（2017）
[2] 高木茂行，美井野優：“これなら解ける　電気数学”，コロナ社，初

版 1 刷，pp.103～116（2022）
［3］髙木茂行，長浜竜：“これでなっとく　パワーエレクトロニクス”，コロナ社，初版 4 刷，pp.74～89（2023）
［4］小山純，伊藤良三，花本剛士，山田洋明：“最新パワーエレクトロニクス入門”，初版 5 刷，pp.67～71（2017）
［5］西方正司：“基本からわかるパワーエレクトロニクス”，講義ノート，初版 1 刷，pp.155～160（2014）

4章

直流から交流を作りだす 単相・三相インバータ（2）

～インバータ PWM 動作による電圧コントロール～

３章では単相・三相インバータの動作原理について説明した。実際のインバータ回路の多くは，PWM（Pulse width modulation）というパルス波形で使用される。電圧一定のパルス幅を可変することで負荷に正弦波に近い電圧を負荷に印加でき，PWM を生成するためのゲート信号を調整することで平均電圧を可変できる。この章では PWM の原理，発生方法，PWM による電力調整について説明する。また，PWM を使った電圧調整として，実際のハイブリッドカーでの実例を紹介する。

4．1　インバータの PWM 動作

4．1．1　インバータの PMW 動作

インバータでモータを駆動することを考える。前節の三相インバータで説明したような，オン／オフを繰り返す波形で駆動すると，モータには突然大きな電圧が印加される。また，オフした後は逆方向の電圧が印加されるので，モータには大きな電圧変化が印加される。これは，モータコイルの絶縁性能を早く劣化させる原因となる。電圧を印加する時は，徐々に印加電圧を上げ，その後，徐々に低下させ，反転させるのが好ましい。

これを実現する一つの方法として，インバータのオンと共に直流電源の電圧を上げ，オフに向けて電圧を下げる方法が考えられる。しかしながら，モータの回転数は用途によって変わり，時間とともに変わる。直流電源の電力容量が大きくなると，電圧指定に対する遅れ時間が発生し，電源電圧をインバータ周波数に同期して変化させるためには複雑な制御が必要である。

パワーエレクトロニクスの基本技術は，パルス時間幅を変えることによる電力制御である。そこで，図 4.1(a)，(b)のような電圧パルス波形

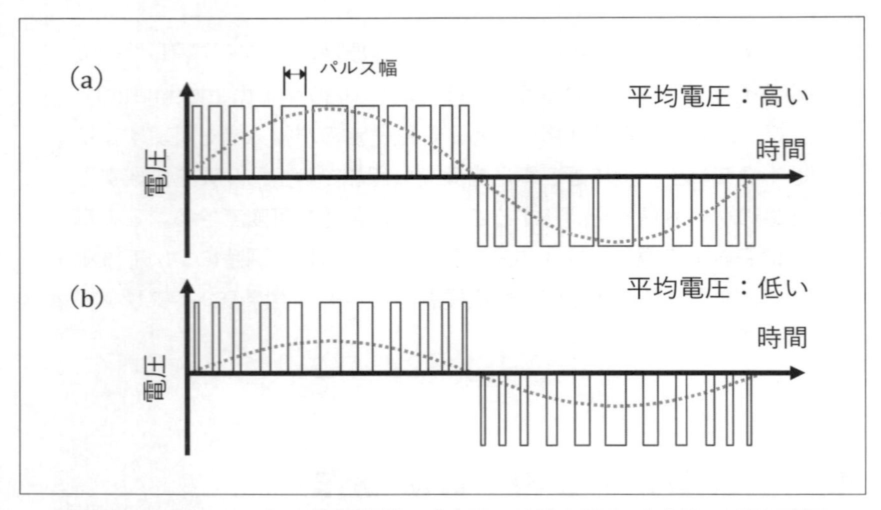

〔図 4.1〕PWM による電圧調整　(a)高い平均電圧，(b)低い平均電圧

を考える。この波形では，オン直後のパルス時間幅は短く，次第に長くなり，再び短くなる。単位時間での電圧の平均値をざっと見積もると，点線の正弦波のようになると推定できる。直流電源の電圧を一定にしたまま，平均電圧を徐々に高めて低下させて極性を反転させ，モータへの電圧ストレスを小さくできる。

また，平均電圧を全体的に下げる時は，図 4.1(b)に示すように波形全体でパルス幅を短くすればよい。このように，パルス幅を変化させる波形は，パルス変調 PWM（Pulse width modulation）と呼ばれ，多くのインバータに採用されている。

4．1．2　PWM 波形の発生

前述した PWM を発生させるためには，3 章で説明した $+V_s$ と $-V_s$（V_s は電源電圧）を繰り返すインバータ動作に加え，以下に述べる新たな 2 つの手法を加える必要がある。(1)電圧を 0 と $\pm V_s$ 電圧で変化させる方法と，(2)時間可変のパルス列を発生させて，スイッチング素子のイン

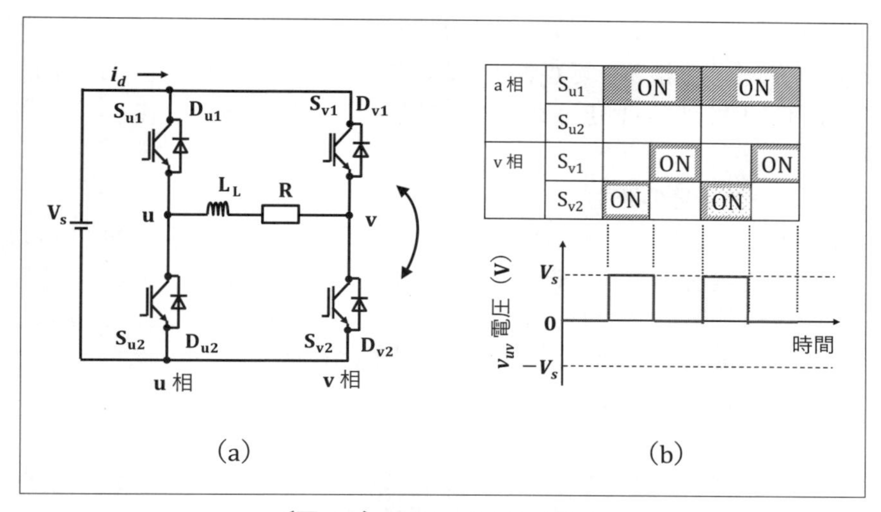

〔図 4.2〕PWM パルスの発生
(a) インバータ回路，(b) スイッチング方法

バータに供給する方法である。

（1）印加電圧のパルス化

3 章では，$+V_s$ と $-V_s$ の極性の異なる電圧に交互に変化する動作モードについて説明した。電圧をパルス化するために，0 電圧での動作が必要となる。これを，図 4.2(a)の回路で考える。スイッチング素子 S_{u1} と S_{v2} をオンすると，3 章で説明したように負荷には $-V_s$ が印加される。

次に，図 4.2(b)の動作モードに示すように S_{u1} をオンしたまま S_{v2} をオフして S_{v1} をオンする(オンしている素子を S_{v2} から S_{v1} に切り換える)。負荷は S_{u1} と S_{v1} を介して電源 V_s の正極側に接続されるので，負荷に印加される電圧は 0 となる。この方法とれば，負荷に流れる電流を止めることなく，負荷への印加電圧を 0 V にできる。さらに，S_{u1} をオンしたまま，オンしてる素子を S_{v1} から S_{v2} に切り換えると，負荷には $+V_s$ が印加される。

一方，$-V_s$ のパルス波形を生成するためには，S_{u2} をオンしたまま，オンしているスイッチング素子を S_{v1} と S_{v2} で切り換えればよい。この場合，S_{u2} と S_{v2} がオンで 0 V となる。これらの方法を繰り返せば，$+V_s$ と 0 のパルス列，$-V_s$ と 0 のパルス列を発生することができる。

（2）ゲート信号の発生

PWM を生成するためには，時間幅が徐々に長くなり，再び短くなるゲート信号を発生させ，それをスイッチング素子に加える必要がある。こうした波形の生成には，オペアンプという IC が使われる。まずは，オペアンプの動作について説明する。図 4.3(a)はオペアンプの回路シンボルで，図 4.3(b)はその動作を示す波形である。

図 4.3(a)でオペアンプには，プラス（+）とマイナス（−）に入力があり，+ の入力信号が − の入力信号より高い時間に矩形波が出力される。図 4.3(b)のように + 入力に一定電圧 A，− 入力に三角波 B を入力すると，オペアンプの動作により，入力 A の一定電圧が入力 B の三角波の電圧より高い時間に矩形波信号が出力される。ここで，入力 A の一定電圧

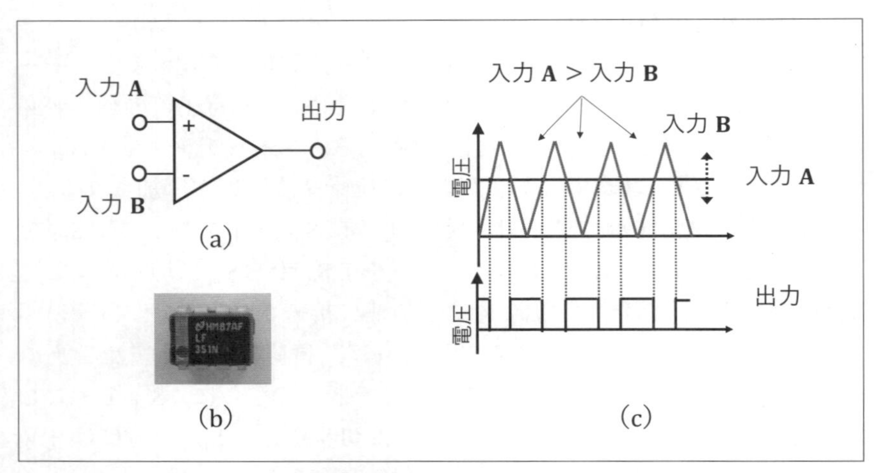

〔図 4.3〕 比較器による PWM 駆動パルス発生　(a)比較器（オペアンプ）の回路記号，(b)オペアンプ IC，(c)比較器からの出力

を高くすると，矩形波の出力時間が長くなり，入力 A の電圧を低くすると出力時間が短くなる。

PWM 信号を発生するためには，比較器のこの性質を利用する。図 4.4(b)の左側で変調波と呼ばれる正弦波を比較器の + 側に，搬送波と呼ばれる三角波を − 側に入力する。ここで，三角波の周期は変調波の周期より短くする(通常は 10 倍以上)。上述した比較器の動作から，図 4.4(b)の右側に示されるように，変調波が搬送波より高い条件で矩形波が出力される。出力信号をインバータのゲート信号として使えば，インバータのスイッチング素子は，信号に対応してオン／オフする。インバータから図 4.4(a)の左側に示すような PWM 出力が得られる。

図 4.4(b)で，単純に変調波と搬送波を比較器に入力して得られる出力信号だけでは，図 4.4(b)に示すようなパルス数が少なく，パルス幅の変化が少ない波形となり，図 4.4(a)あるいは図 4.1(a)，(b)に示すような理想的な PWM 波形とならない。そこで，正弦波と逆極性の正弦波

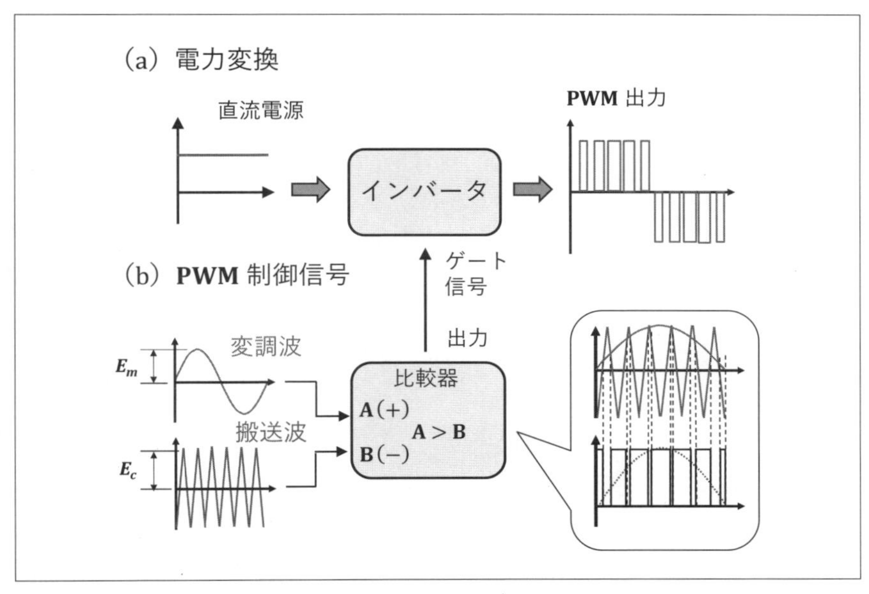

〔図 4.4〕変調波と搬送波による PWM スイッチング動作

を同時に発生させ，逆極性波形と搬送波のマイナス側でも比較器に入力して出力信号を得る。正極性側の出力と逆極性側の出力の信号のアンド信号をトリガー信号として使ってインバータを駆動する。これにより，図 4.4(a)の右側あるいは図 4.1(a)，(b)に示すような理想的な PWM 波形が得られる[1][2]。

4.2　インバータによる電圧調整

前節では，負荷への負担が小さい PWM 動作とその発生方法について説明した。ここでは, PWM による平均電圧の調整方法について説明する。その基礎となるのが変調率である。4.2.1 項で変調率について説明し，これを使った電圧調整について，4.2.2 項で説明する。

4.2.1　変調率

図 4.4(b)で搬送波の振幅を E_c とし，変調波の振幅を E_m とする。この時，E_c に対する E_m の比を変調率 a_m とすると，a_m は式（4.1）で定義される。

$$a_m = \frac{E_m}{E_c} \tag{4.1}$$

次に，変調率とインバータ出力との関係を考える。図 4.5 は，変調率と PWM 波形について示した図で，(A)は搬送波と変調波の関係を示している。(B)，(C)は変調波に対する PWM 出力を示している。(A)では，一点鎖線の変調波(a)，実線の変調波(b)，点線の変調波(c)を示しており，その変調率の大きさは(a)>(b)>(c)である。

ここで，変調波(a)は一部の連続する時間領域で，変調波の方が搬送波より大きくなる（(A)の波形の上の鍵括弧の部分)。比較器では，＋信号が－より常に高い状態となり，この間はゲートを駆動する信号が連続して出力される。こうした状態は過変調と呼ばれる。従って，過変調とならない条件 a_m が 1 以下で式（4.2）となる。

$$a_m \leq 1 \tag{4.2}$$

この状態は完全 PWM とも呼ばれ，また，変調率の大・小に対応して，変調率が高い・低いと呼ばれる。

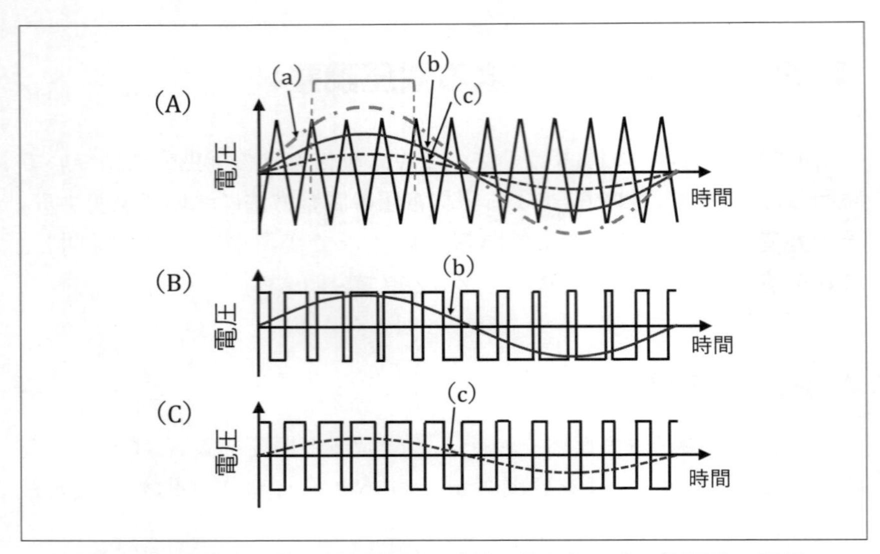

〔図 4.5〕 変調波・搬送波と PWM 波形　(A)変調波と搬送波の関係，
(B)変調率：大，(C)変調率：小

4.2.2　電圧調整方法

(1) 変調率と平均出力に比例関係

図 4.5(A)で変調波が(b)と(c)では変調波と搬送波が交わり，変調波＞搬送波 の条件でゲート信号となる矩形波が出力される。ここで，(b)の E_m は(c)の E_m より大きいので，(b)の方が矩形波の出力時間が長くなる。従って，図 4.5(B)の PWM 波形は(C)の PWM 波形より，個々のパルス幅が長くなり，トータルの出力電圧が高くなる。このように，PWM の出力電圧は，過変調とならない範囲では，変調波の振幅 E_m すなわち変調率に比例する。同様に，三相インバータの場合も過変調とならない範囲では，変調率とインバータ出力は，式（4.3）の比例関係が成り立つ[1]。

$$V_L = \frac{\sqrt{3}}{2} V_{in} \frac{E_m}{E_C} = \frac{\sqrt{3}}{2} V_{in}\, a_m = 0.866 V_{in}\, a_m \tag{4.3}$$

〔表 4.1〕PWM の変調方法と平均出力

変調方式	出力変換電圧	波形
完全 **PWM**	$V_f \leqq 0.866\ V_{in}$ V_f：線間出力電圧 V_{in}：入力電圧	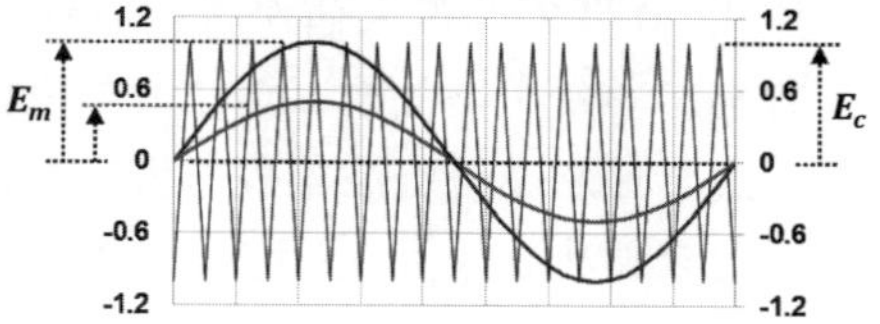
三倍高調波 重畳方式	$V_f \leqq 1.00\ V_{in}$	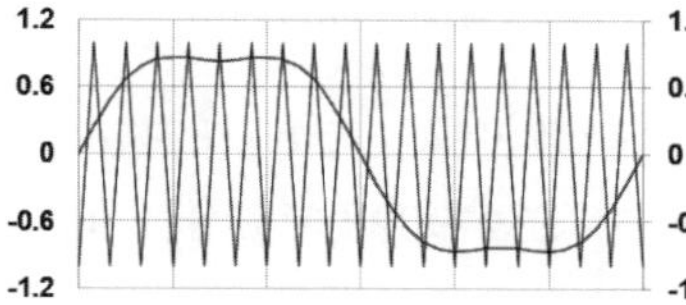
過変調～ 1 パルス動作	$V_f \leqq 1.10\ V_{in}$	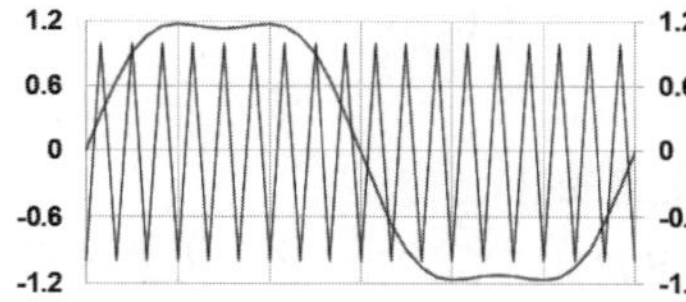

ここで，V_L はインバータから出力される PWM 電圧の平均電圧，V_{in} はインバータに電力を供給する直流電源の電圧である。

（2）平均出力を高める方法

(1)で述べたよう過変調にならないためには，式（4.2）である必要があり，$a_m=1$ の場合の出力電圧は式（4.3）から $V_L=0.866V_{in}$ となる。もとの直流電圧の V_{in} に対して 0.866 倍の電圧しか出力できないのは効率が良くない。そこで，出力電圧を高める方法として，①三倍高調波を重畳する方法，②過変調波を使う方法などが提案されている。これらの方法とその最大出力電圧を，表 4.1 にまとめた。

① 三倍高調波重畳方式

出力電圧が V_{in} の 0.866 倍は，変調波である三角波の最大値によって決まっている。出力電圧を高めるためには，変調波の最大値を低くすればよい。考え方の参考となるのはフーリエ級数で，正弦波から矩形波を発生させる方法である。正弦波に 3 倍高調波，5 倍高調波と加えていくと，位相 90 度での最大値が緩和されて矩形波となる。フーリエ級数の考え方を参考に，正弦波に正弦波の三倍波を加える。この方式を三倍波重畳方式と呼ぶ。三倍波重畳方式において，変調波を搬送波の振幅で規格化した変調波 $a_{m3}(\omega t)$ は式（4.4）となる。

$$a_{m3}(\omega t) = a_m \sin \omega t + \frac{1}{6} \sin 3\omega t \tag{4.4}$$

フーリエ級数と異なり，$\sin 3\omega t$ の係数は 1/3 でなく 1/6 である。これは 1/3 とすると 90 度での値が低くなりすぎるためである。三倍波重畳方式を用いた場合，変調率に対して線形的に増減でき，さらに，電圧のピークは表 4.1 に示すように $1.00V_{in}$ まで高めることができる。

② 過変調動作

完全 PWM や三倍波重畳方式を使用するのは，変調率と線形関係で電圧を制御するためである。線形性を超えて，さらに高い電圧の印加を必用とする場合は，過変調で駆動する方法が考えられる。この方法では，表 4.1 に示すように極性の変化前後での波形以外は連続した電圧の波形となる。出力電圧は，$1.10V_{in}$ となる。

4．3　電動化自動車のインバータ回路の実例

2 章から 4 章にかけて，電気自動車に使われる回路として，昇圧回路とインバータ回路を説明してきた。2 つの回路の理解を深めるため，実際の自動車の回路と動作特性を紹介する。調査したのは，図 4.6(a)に示すハイブリッドカー HV（Hybrid electric vehicle）のプリウスである。電気自動車 BEV（Battery electric vehicle）ではないが，バッテリ容量以外の電気でモータを駆動する回路，動作モードはほぼ同じである。

図 4.6(a)の HV はいわゆる 2 代目のプリウスで，2006 年に登録され，廃車された 2019 年までの走行距離 76,768 km である。図 4.6(b)は，車のボンネットを開けた状態である。左側にある四角の部分がエンジンの上部であり，右側にありエンジンとほぼ同じ面積を占めているの電気コントロール ECU（Electric control unit）である。この部分に 2 章で説明した昇圧チョッパ，インバータ回路が内蔵されている。

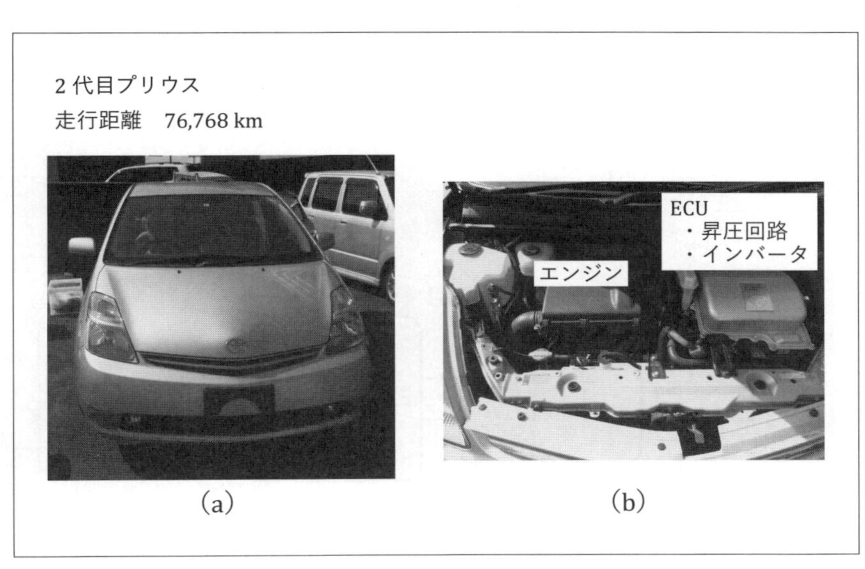

〔図 4.6〕HV カープリウス：(a)車体，(b)ボンネット内の ECU

4．3．1　電動化自動車のコントロール回路

図 4.6(b)の ECU について説明する前に，図 4.7 でバッテリからモータ駆動までの電気の流れを整理しておく。下段が電気回路のブロック図で，上側のそれぞれの回路ブロックから出力される電圧波形である。バッテリの電圧は，昇圧チョッパによってモータの回転数の上昇とともに出力電圧が高められる。昇圧チョッパからの出力は三相インバータでスイッチングされ三相の PWM 波形として出力される。

（1）受動素子ユニット

図 4.8(a)は，図 4.6 の ECU の蓋を開けた状態の写真である。ECU ユニットは 2 段構成になっており，上段にはキャパシタなどの受動素子，下段には主にインバータを構成するスイッチング素子が収納されている。上段の回路素子は空冷，下段のスイッチング素子は水冷されている。ここでは，便宜的に上段を受動素子ユニット，下段をパワーデバイスユニットと呼ぶ。

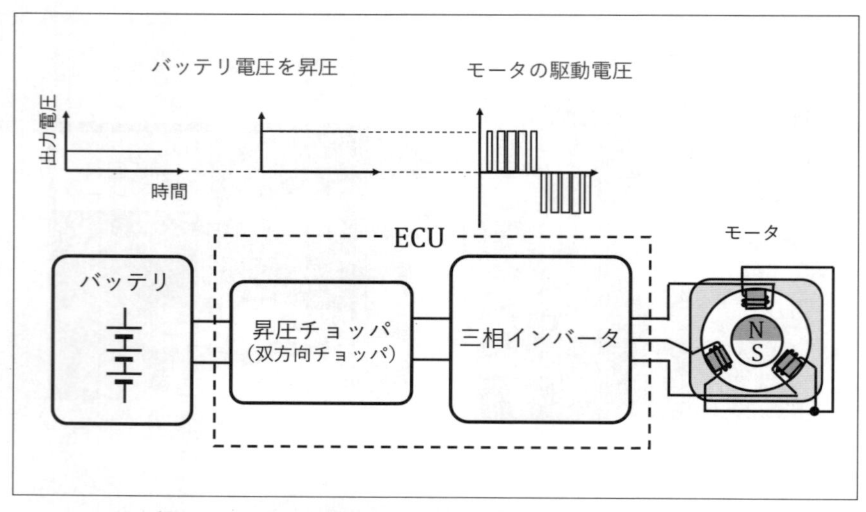

〔図 4.7〕電動化自動車のモータ駆動回路ブロック図

図 4.8(b)は図 4.7 の回路ブロックを回路図で示した図である。この回路図で，電気部品がどの回路素子に対応するかを，図 4.8(a)，(b)に示す。図 4.8(a)の上方で右側のコネクタはバッテリと接続するためのコネクタである。左側の 3 端子は三相インバータで形成された PWM 波形をモータに供給する出力端子である（右上の拡大写真を参照)。HV や電気自動車ではモータを駆動するため，100 A を超える電流を流す必要があり，このような大電流を通常の電線で流すと損失が大きくなるため，一定幅の銅板が使われバスバーと呼ばれている[2]。

図 4.8(a)の大部分の占める四角の部品は，キャパシタである。このキャパシタは，600 V で 1180 μF，600 V で 282 μF，750V で 0.1 μF の 3 種類のキャパシタがパッケージングされている。直流電源の安定化用キャパシタとしては，一般にはその静電容量が大きい電界コンデンサが用いられる。しかしながら，電界コンデンサには電解液が用いられており，

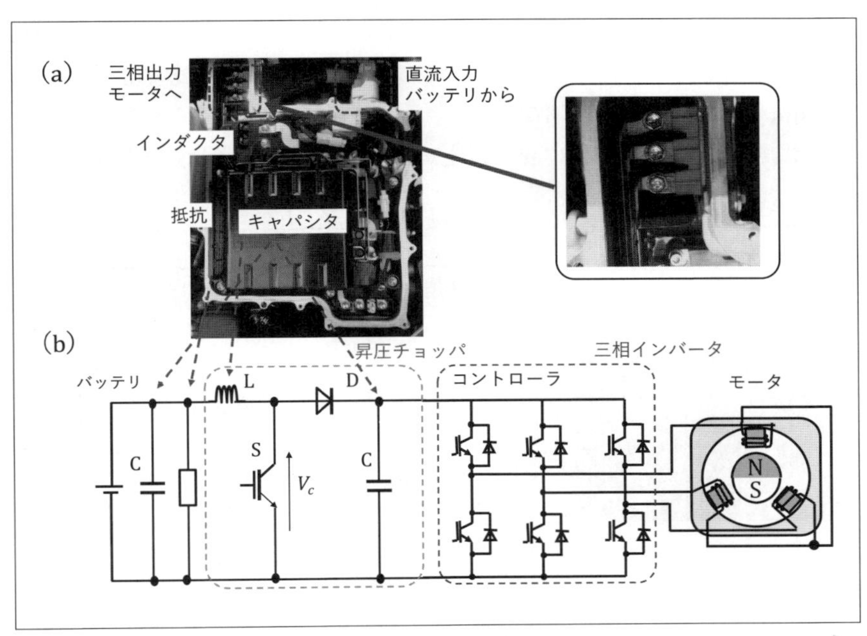

〔図 4.8〕 ECU ユニット　(a)ECU 写真，(b)ECU の回路図

室外の高温環境下で動作させると電界液が気化して破裂する可能性があり，電気自動車ではフィルムコンデンサが用いられる[2]。上記 3 種類のキャパシタはいずれもフィルムコンデンサである。

3 種類のキャパシタの中で容量が一番大きい 1180 μF は，下段の回路図で電源安定用のキャパシタとして使われる。また，次に容量が大きい 282 μF のキャパシタは，昇圧チョッパの出力側のキャパシタとして用いられている。キャパシタの左側には小型の抵抗が実装された基板が設置されている。これは，1180 μF のキャパシタに蓄えられた電荷を放電するための抵抗である[3]。ECU の保守・修理をする時，抵抗が無いとキャパシタに電荷が溜まったままとなり，作業員が感電する恐れがある。これを避けるための抵抗である。

3 端子の下側にあるのがインダクタで，図 4.8(b)の回路で昇圧チョッパのインダクタ[4]として使用される。インダクタの特性を調べるため図 4.9(a)に示す測定装置に接続し，インピーダンスアナライザ（10.3 節(b)）で周波数特性を測定した。図 4.9(b)周波数 50 ～ 500,000（500 kHz）Hz の範囲でのインダクタンスの測定結果である。1,000 ～ 300,000 Hz の間で最大で 10％程度低下するが，周波数 50 ～ 500,000 Hz の広い周波数領域で，0.37 mH 以上のインダクタが確保されている。

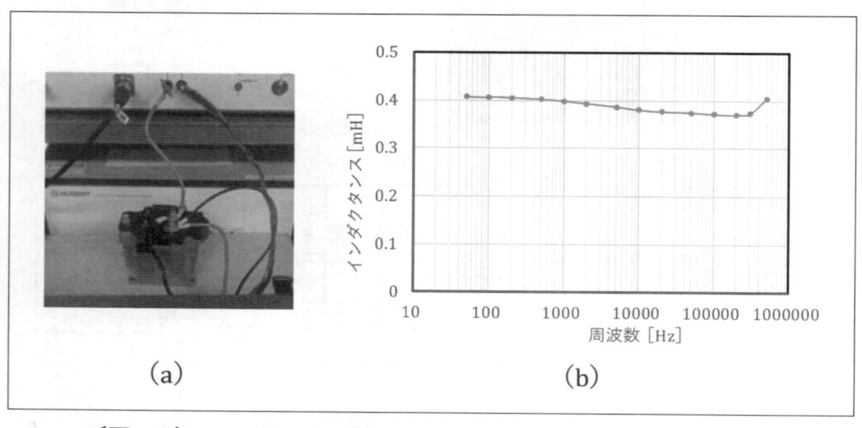

〔図 4.9〕インダクタ　(a)インダクタの測定，(b)周波数特性

（2）パワーデバイスユニット

下段のパワーデバイスユニットの写真を図 4.10(a)に示す。この写真は，図 4.6(a)に示す 2 代目でなく 4 代目のプリウスのパワーデバイスユニットであるが，構成はほぼ同じである。中央付近から左側に向かって並んでいるのが冷却板とパワーデバイスである。HV や電気自動車のスイッチングには，電圧駆動が可能でスイッチング容量が大きい IGBT（Insulated gate bipolar transistor）が使われている。図 4.10(a)に示す冷却板にはさまれた複数のスイッチング素子で，三相インバータが構成されている。

図 4.10(a)のパワーデバイスユニットで使用される IGBT は冷却効率を高めるため，両面冷却のデバイスとなっている。一般に使用されている IGBT は，図 4.10(b)のそれぞれの図で左側の小型素子のように片面が金属の冷却面，片面は樹脂モールドとなっており，冷却性能が低い（熱抵抗が大きい）。これに対して，図 4.10(b)の右側の大型スイッチング

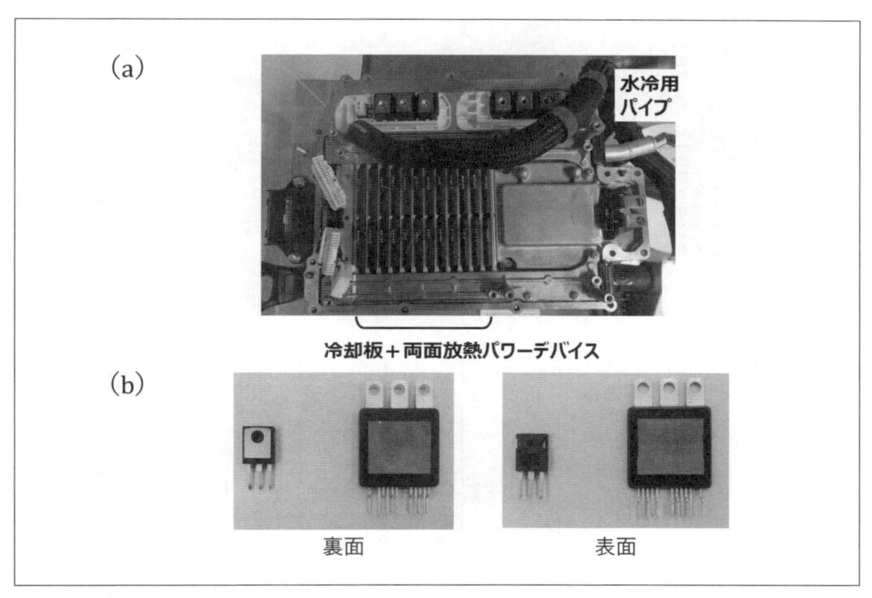

〔図 4.10〕(a)パワーデバイスユニット，(b)片面と両面デバイス

素子では両面が金属面となっており，高い冷却性能が得られる（熱抵抗が低い）[5]。HV や電気自動車のスイッチング素子には，図 4.10 に示すようにこうした両面冷却のパワーデバイスが用いられている。

4．3．2　電動化自動車の電圧コントロールの実際

図 4.11 は，図 4.6(b)の ECU で，線間電圧，相電流を測定した結果である。線間電圧は下段の回路でインバータの線間の電圧を，差動プローブ（9.3.2 項参照）により測定している。相電流，インバータから出力される三相の内の 1 相分を，クランプ式電流プローブ（9.2.2 項参照）で測定している[6][7]。

電圧波形は，4.2 節で説明した PWM となっており，正負の極性が変わった直後のパルス幅は短く，次第に長くなり，極性が反転する直前で再び

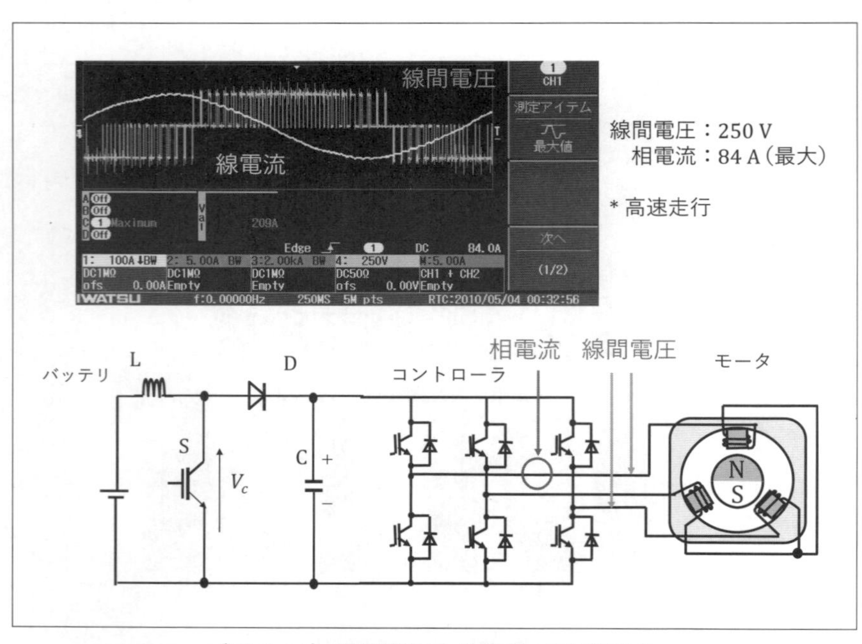

〔図 4.11〕線間電圧と相電流の波形測定

パルス幅が短くなる。PWM の電圧は 250 V 一定となっている。電流は，ほぼ正弦波となっており，その振幅は 84 A である。100 A 近い大電流のため，その配線には 4.3.1 項(1)で述べたようにバスバーが用いられている。

図 4.12 は，プリウスの速度を定速(a)，中速(b)，高速(c)と高めた時の相間電圧と相電流の波形変化である。電圧波形の測定レンジは，(a)～(c)でいずれも同じ 250 V/div レンジであり，電流は(a)が 10 A/div，(b)と(c)が 100 A/div である。

測定結果において，低速(a)から中速(b)に速度が高くなるのに対応して，電圧が約 1.5 倍となっている。これに対して PWM 波形はほぼ同じであり, この領域では昇圧チョッパによる電圧上昇で速度を高めている。電圧上昇により，電流波形(a)と(b)のオシロスコープ上の電流ピークは同じであるの対し，測定レンジは 10 倍となっていることから電流ピー

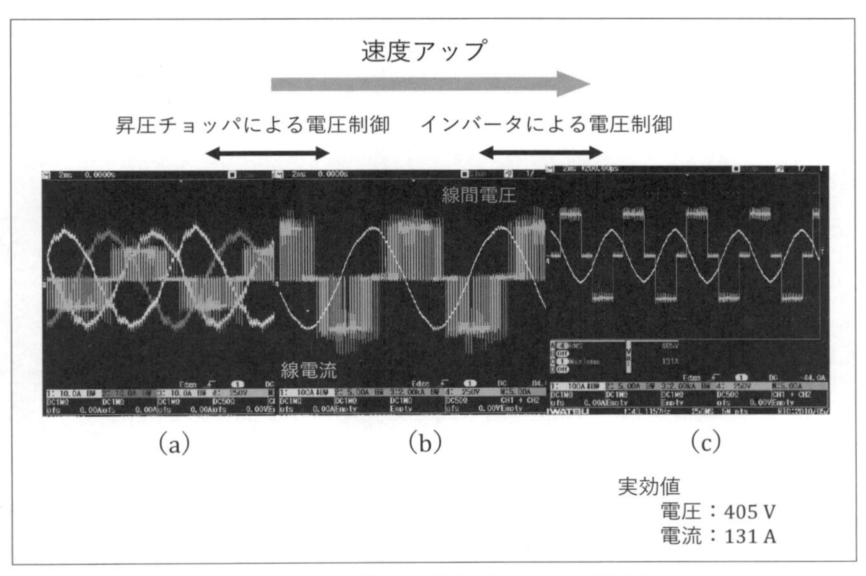

〔図 4.12〕 HV カー速度と線間電圧および相電流波形
(a)低速 10 A/div，(b)中速：100 A/div，(c)高速：100 A/div
電圧：(a)，(b)，(c)とも 250 V/div

クは約 10 倍に高まっている。

中速(b)から高速(c)では，直流電源の電圧（PWM の波高値）は変化していないのに対し，インバータ波形は(b)の完全 PWM から(c)の過変調へと変化している。モータ動作における電圧と回転数との関係については，5 章の 5.1.2 項(1)で詳しく説明するが，基本的に回転数は印加電圧に比例する。インバータの周波数を高めるだけでは，高い回転数での安定回転ができない。このため，図 4.12(a)の低速から(b)の中速では昇圧チョッパにより電圧を高め，(b)の中速から(c)の高速まではインバータの変調率を変えて平均電圧を高め, モータの回転数を高めている。

モータのトルクと電流との関係については，5.1.2 項(2)で詳しく説明するが, 基本的にトルクはモータコイルに流れる電流に比例する。図 4.12(b)では，車体を加速するため大きなトルクが必要となり，大電流が流れている。(c)では加速が終わり，小さなトルクで惰性走行しており，電流は小さくなっている。

4.4　インバータの設計

最後にインバータの設計するにあたり，最小限検討すべ項目につて述べる。表 4.2 にモータ特性とインバータの設計項目についてまとめた。以下，モータ特性の回転数，電圧，電力に着目して，設計項目とその検討について説明する。

（1）モータ周波数を考慮する設計項目

モータの回転数を n，モータの極数 p（電力の P と区別するため小文字を使用），インバータの変調波の周波数を f_M とすると，式（4.5）の関係となる（詳細は 5 章の 5.2.1 項を参照）。

$$n = \frac{120\, f_M}{p} \tag{4.5}$$

式（4.5）を変形して，式（4.6）が得られる。

$$f_M = \frac{n\, p}{120} \tag{4.6}$$

式（4.6）がモータの回転数に対して必要とされるインバータの変調波周波数である。モータ回転数の範囲に対応させて，式（4.6）から変調波の周波数 f_M の範囲が決まる。4.1.2 項(2)で述べたように，搬送波周波数 f_C は PWM 波を多く発生させるため，変調波周波数の少なくとも 10 倍以上は必要となり，式（4.7）となる。

$$f_C \gg 10 \times f_M \tag{4.7}$$

インバータの周波数について，もう一つで考慮すべきこととして，デッドタイムがある。インバータに使われるスイッチング素子は，周波数 f_C あるいは f_M で On/Off 動作を繰り返す。これに対してスイッチング素子では，Off から On，On から Off になるまでに一定の時間を要し，それぞれ，ターンオン時間，ターンオフ時間と呼ばれている。PWM のパルス間隔が狭まり，スイッチング素子が Off する前に On 動作が始まると，

〔表 4.2〕インバータの主要設計項目

モータ動作	インバータ設計項目	検討内容
モータ回転数 n［rpm］	変調周波数［f_M］	$f_M = \frac{np}{120}$　　p 極数
	搬送波周波数［f_C］	$f_C > 10 \times f_M$
	デッドタイム［τ］	τ： （スイッチング素子の立下時間）×数倍
モータ電圧 V_M［V］	平均出力電圧［V_L］	・出力電圧の調整範囲 ・インバータ入力電圧 完全 PWM：$V_L = 0.866 V_{in}\, a_m$ 3 倍高調波：$V_L \leq V_{in}$ 過変調：$V_L \leq 1.10 \times V_{in}$
	変調方法（トリガ発生）	デジタル制御／アナログ（比較器）
モータ電力 P［kW］	平均負荷電流［I_L］	$I_L = \frac{P}{3V_P} = \frac{P}{\sqrt{3}V_L}$
	スイッチング素子の選択	IGBT（電圧，電流，動作温度・・・）
	冷却方式	空冷／水冷 両面冷却，片面冷却

導通状態が連続して動作温度が仕様値を超え，熱暴走が始まる。このため，On/Off の切り替わりには一定の時間を設ける必要があり，デッドタイムと呼ばれている。スイッチング素子の動作時間変動も含め，デッドタイムを考慮しターンオン時間とターンオフ時間の合計の数倍以上確保するのが望ましい。

（2）モータ電圧を考慮する設計項目

4.3.2 項で述べたようにモータはその特性上，回転数と平均電圧が比例する関係にある。電気自動車のパワーユニットでは，この電圧調整を昇圧チョッパとインバータにより行っている。図 4.12 に示すように低速から中速までは，インバータの PWM 波形をあまり変化させず，昇圧チョッパを使って平均電圧を上げる。

一方，昇圧チョッパの最大電圧から，モータ回転数が最大となるまでの平均電圧領域では，主にインバータの PWM 波形で平均電圧を調整する。この電圧調整では，式（4.3）を使って変調率を変化させるのが基本的な方法となる。さらに，変調率の可変に加え，三倍高調波，過変調のオプションを加えれば良い。例えば昇圧チョッパの電圧（V_{in}）が 200 V の場合は，完全 PWM での最大の平均電圧（V_L）は式（3.4）で $a_m=1$ として 173.2 V となる。すなわちこのインバータでは平均電圧を 0～173.2 V まで調整できることになる。さらに，三倍高調波あるいは過変調を加えることで，200 V と 220 V まで調整することができるようになる。

このような PWM 波形を発生させるためには，スイッチング素子にトリガー信号を加える必要がある。4.1.2 項(2)では，最も単純な方法として，変調波と搬送波を比較器に入力させてトリガー波形をアナログ的に発生させる方法を紹介した。しかしながら，トリガー信号では(1)で述べたデッドタイムの考慮が必要で，3 倍高調波，過変調などのオプションンも考えると高度な信号制御が必要となる。このため，デジタル制御でトリガー信号を発生させる方法が主流となっている。

（3）モータ電力を考慮する設計項目

モータから所望の出力を得るためには，(2)の平均電圧と平均電流 I_L を供給する必要がある。永久磁石同期モータを含めた三相交流モータでの平均電流 I_L は，式（4.8）で求められる[8]。

$$I_L = \frac{P}{3V_p} = \frac{P}{3\,{V_L}/{\sqrt{3}}} = \frac{P}{\sqrt{3}V_L} \tag{4.8}$$

ここで，P は三相交流モータへの投入電力，V_p は相電圧の実行値である。三相電力は各相の電力の合計なので，3 で割って相電圧 V_p で割れば平均電流 I_L が求まる。インバータの平均電圧 V_L はモータの線間電圧として印加され，$V_L=\sqrt{3}V_p$ の関係から，平均電流 I_L，平均電圧 V_L，電力 P との関係が求まる[8]。

平均電流が求まれば，スイッチング素子への印加電圧，流れる電流が決まる。さらに，安全動作領域[9] やデバイスの温度上昇などを考慮してスイッチング素子を選択する。電気自動車では数十 kW～100 kW の大電力を扱うため，スイッチング素子の冷却は特に重要である。一般のスイッチング素子は，素子片面の金属面を冷却する方式がとられているが，図 4.10 で示したようにスイッチング素子の両面が金属面となり両面から水冷する方式が主流となっている。スイッチング素子を選択する最も有効で確実な基準は，回路動作の最大電圧・電流の 2 倍容量以上の素子を選択することである（2.5.1 項(c)参照）[9]。例えば，JR の直流区間の電圧は 1,500 V であり，インバータのスイッチング用には 3,300 V の IGBT が使われている，といった具合である。より詳しい素子の選択や冷却については，参考文献［9］を参考にされたい。

2～4 章で電気自動車や HV に使われる昇圧チョッパ回路，インバータによる電圧調整について説明してきた。4.3 節で取り上げた実際の HV 車プリウスの ECU で，低速から中速では昇圧チョッパによる電圧制御，中速から高速ではインバータの PWM 制御により平均電圧の制御が行われ，モータの回転数を制御していることを示した。また，最後の節ではインバータの設計についても触れた。

参考文献

［1］高木茂行，長浜竜，服部文哉，今岡淳，佐藤大介，平沢一，向山大介，“エンジニアの悩みを解決　パワーエレクトロニクス”，コロナ社，初版 2 刷，pp.149–155（2023）
［2］高木茂行，長浜竜，服部文哉，今岡淳，佐藤大介，平沢一，向山大介，“エンジニアの悩みを解決　パワーエレクトロニクス”，コロナ社，初版 2 刷，pp.166–181（2023）
［3］高木茂行，長浜竜，服部文哉，今岡淳，佐藤大介，平沢一，向山大介，“エンジニアの悩みを解決　パワーエレクトロニクス”，コロナ社，初版 2 刷，pp.202–215（2023）
［4］高木茂行，長浜竜，服部文哉，今岡淳，佐藤大介，平沢一，向山大介，“エンジニアの悩みを解決　パワーエレクトロニクス”，コロナ

社，初版 2 刷，pp.181–202（2023）
[5] 原智章，青木禎考，舟木　剛：“両面放熱パワーデバイスの過渡熱測定とシミュレーションモデルの同定”，第 28 回マイクロエレクトロニクスシンポジウム，MES2018，1D2-3（2018）
[6] 高木茂行，長浜竜：“これでなっとく　パワーエレクトロニクス”，コロナ社，初版 4 刷，pp.194 ～ 193（2023）
[7] 高木茂行，長浜竜，服部文哉，今岡淳，佐藤大介，平沢一，向山大介，“エンジニアの悩みを解決　パワーエレクトロニクス”，コロナ社，初版 2 刷，pp.219 ～ 238（2023）
[8] 森本雅之：“よくわかる電気機器”，森北出版，第 2 版第 2 刷，pp.70 ～ 74（2021）
[9] 高木茂行，長浜竜，服部文哉，今岡淳，佐藤大介，平沢一，向山大介，“エンジニアの悩みを解決　パワーエレクトロニクス”，コロナ社，初版 2 刷，pp.117–129（2023）

5章

電気自動車に使われる永久磁石同期モータ（1）

～モータの動作原理と永久磁石同期モータの構造を理解する～

ほとんどの電気自動車やHVには，効率が高く制御性に優れた永久磁石同期モータPMSM（Permanent magnet synchronous motor）が使われている。これらのモータについて理解するには，①電圧・電流とモータ特性，②トルクと電力との関係，③三相交流による回転磁界の発生，といった基礎物理・技術の習得が重要である。5.1節では，この３つの特性について解説する。5.2節では，永久磁石同期モータの特徴である２つのトルクについて説明する。６章のモータ制御に繋がる重要な特性だ。なお，すでにモータの知識を持っている読者は，5.1節を飛ばすのも一つの方法である。

5．1　モータの基礎特性

現在，数十ワット以上，特に百ワット以上で主に使われているモータは，表5.1に示す直流モータ（DC motor），誘導モータ（IM Induction motor），永久磁石同期モータ（PMSM Permanent Magnet synchronous motor）である。これらのモータは，電源から直流モータと交流モータに大別される。直流モータは，整流子とブラシと呼ばれる機械的な構造により回転する[1]。一方，誘導モータと永久磁石同期モータは交流により作られ，時間とともに回転する回転磁界（5.1.3項で説明）により回転する。直流モータが機械的機構を利用して回転するのに対し，交流を電源とするモータは電気による磁界の回転により駆動される。

直流モータに使われるブラシと整流子は，回転を生み出す機能と電気を伝える機能の両機能が求められる。回転に対しては接触摩擦が小さい方が良く，できるだけ離れていた方がよい。一方，電気的には強く接して電気抵抗が小さい方が良く，大型モータでは両者がバランスする調整が常に必要となった。鉄道車両に使われる場合は頻繁に検査・調整する必要があったため次第に使われなくなり，新しい車両は作られていない。現在は，充電式の家電製品など小型の電気機器に使われている。

〔表 5.1〕代表的なモータの回転原理と構造

電源	モータ名	回転原理	主な用途	モータ構造図
直流	直流モータ （DC motor）	ブラシと整流子の接点の切り換わりにより回転する	・小型汎用 ・鉄道車両 （旧式）	コイル S N 整流子 ブラシ
交流	誘導モータ （Induction motor）	ロータに流れる電流と交流による回転磁界との相互作用により回転する	・鉄道車両 ・エレベータ ・産業用設備 ・家電	ロータ コイル
	永久磁石 同期モータ （Permanent magnet Synchronousmotor）	永久磁石と交流による回転磁界との相互作用により回転する	・電気自動車 ・ドローン ・鉄道車両	ロータ コイル N S

交流モータの中で，誘導モータは簡易な構造で複雑な制御が必要でないことから，産業分野，鉄道，エレベータなど幅広い分野で使われている。誘導モータの内部にあり回転する回転子（ロータ）は円筒状の金属で構成されている。周囲に回転磁界ができると，磁界の変化によりロータ内に電流が流れる。回転磁界と電流との相互作用（フレミングの左手法則）により，回転磁界に引っ張られて回転する。

これに対して，永久磁石同期モータの回転子には永久磁石が組み込まれおり，電気によって生成される回転磁界と同じ速度，すなわち同期して回転する。回転時に同期をとる必要からモータ制御は誘導モータに比べ複雑になるが，誘導モータのようにロータに電流を流す必要が無く，その分，高効率となる。このため，燃費が重要視される電気自動車には，永久磁石同期モータが使われる。

5.1.1 項では，モータ回転の基礎となるトルクとパワーの関係について述べ，5.1.2 項では動作原理を最も理解しやすい直流モータを使って，モータの基本的な特性を説明する。さらに，5.1.3 項では，交流モータを駆動する動力源となる回転磁界の発生原理を示す。

5.1.1　トルクとパワー（メカと電気のパワー）

モータの回転特性について述べる前に，回転する物体の基本的なパラメータとなるトルク，回転数，角速度について説明する。水平方向，垂直方向あるいは摩擦を受けながら物を動かすため，物体に力 F を加える。物体を回転させようとする時にも力 F を加えるが，これには回転体の半径 r が関係してくる。回転式の蓋を開ける場合，半径が大きな蓋は小さな力で廻せるが，半径の小さい蓋を廻すには大きな力が必要となる。回転の駆動力には，半径 r と力 F が作用している。

これを物理現象として定量的に表わす物理量がトルク T である。専門が電気電子の場合には馴染みの薄い概念であるが，モータを理解するためには極めて重要である。トルク T は，式（5.1）で定義される。

$$T = 9.8rF_k \text{ [kgfm]} = rF \text{ [Nm]} \tag{5.1}$$

ここで，F_k は kgf 単位で測定した力，F はニュートン単位の力である。図 5.1(a)のようにモータに回転体を付け，それをバネばかりで引っ張ると，バネが伸びバネの力とモータの力 F が釣り合ったところで停止する。この時のバネばかりの力 F_k の単位は kgf となる。物理の標準単位（SI 単位系）では力の単位は［N］なので，F_k に 9.8 を掛けて［N］単位

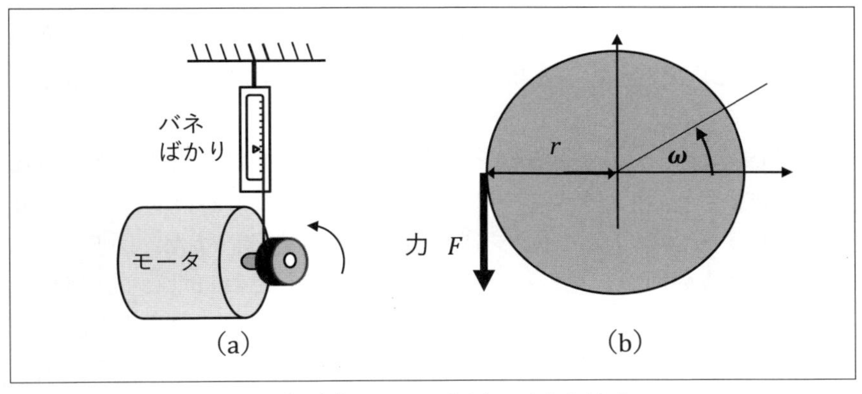

〔図 5.1〕(a)トルクの測定，(b)角速度 ω

に換算する。

次に回転数と角速度の関係を図5.1(b)で示す。一般的にモータを含む物体の回転数nは，1分間の回転数で示され，単位にはrpm(Revolution per minute)が使われる。回転数に関連した単位として角速度ωがあり，1秒間の回転角度［rad/s］で定義される。1分間の回転数がnからωに換算するには，1秒間の回転数はn［rpm］を60［s］で割り，1回転の角度2πを掛ければ良く，式（5.2）となる。

$$\omega = 2\pi\frac{n}{60} \tag{5.2}$$

ここまでで，角速度ωとトルクTを定義してきた。この2つの物理量とパワーP［W］との関係を求める。パワーは，1秒間のエネルギー変化であるから，1秒間の速度vと力Fの積となり式（5.3）が成り立つ。

$$P = vF = 2\pi r\frac{n}{60}F \tag{5.3}$$

回転体では1回転の移動量が$2\pi r$となり，1秒間では$n/60$だけ回転することから，速度vは$2\pi r$と$n/60$との積となる。

式（5.3）を変形し，式（5.2）の角速度と式（5.1）のトルクの定義を代入して式（5.4）を得る。

$$P = 2\pi r\frac{n}{60}F = 2\pi\frac{n}{60}rF = \omega rF = \omega T \tag{5.4}$$

2項目から3項目でrをFの前に移動し，3項目から4項目で角速度の定義式（5.2）を代入し，4項目から5項目で式（5.1）のトルクの定義を代入している。

式（5.4）はモータや回転機を扱う上で極めて重要な式である。角速度ω（回転数），トルクT，パワーPのいずれか2つのパラメータが分かればもう一つのパラメータを求めることができる。また，図5.2に示すようにメカの面から見たパワーを表している。これに対して，電気系のパワーは電圧Vと電流Iの積で求まる。機械系のωとTと電気系のVとIという異なる単位が，パワーPという共通の単位で結びつく。入力電力から出力を求め，電力の利用効率を求める場合などには電力系の

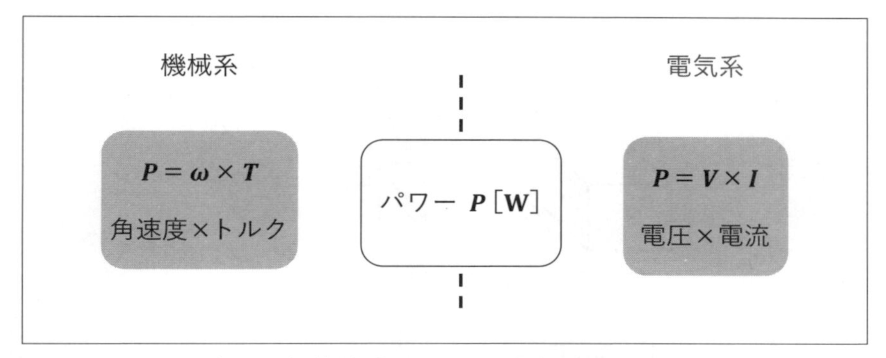

〔図 5.2〕機械系のパワーと電気系のパワー

$V\times I$ と機械系の $\omega\times T$ とを比較すれば良い。

5.1.2　電圧と回転数，電流とトルクの関係

（1）電圧と回転数

モータの基本的な特性を，直流モータで理解する。交流モータはその動作に三相交流がかかわってくるので基本特性の理解が複雑となるためである。ただし，いずれのモータでも磁界とその内に置かれた電流という関係は同じなので，交流モータにも共通な特性である。先にモータ特性の結論から述べると，

①モータの回転数 n（角速度 ω）は電圧で決まり，

②トルク T は電流で決まる，

である。

最初に，①について図 5.3 に示すコイルが 1 ターンの最も単純な構造の直流モータで考える。本書では，銅線を巻いて L 成分として使用する回路素子をインダクタ，巻いてある銅線をコイルと呼ぶ。実際のモータはコイルが何ターンもまかれ，複雑な構造になっているが，回転動作の基となる原理は，図 5.4 と図 5.5 に示すフレミングの右手法則と左手法則である。表 5.1 に示した 3 種類のモータもすべてこの基本法則に従って動作している。

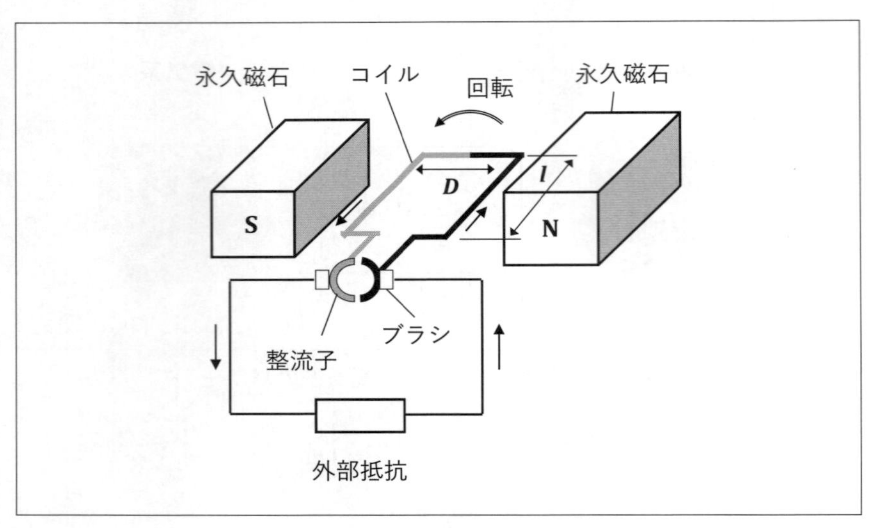

〔図 5.3〕 1 ターンの直流モータモデル

図 5.4 のフレミングの右手法則を使って，①の回転数と電圧との関係を導く[1]。導体の移動速度を v［m/s］，磁束を B［T］，導体の長さを l［m］とすると，発生する起電圧 E［V］は式（5.5）となる。

$$E = v\,B\,l \qquad (5.5)$$

図 5.4 でコイルが真横になった時，磁石（磁束内）でのコイルの速度 v は式（5.6）となる。

$$v = r\omega = \frac{\omega\,D}{2} \qquad (5.6)$$

ここで，図 5.3 のコイルの半径 r が $r = D/2$ の関係を加えた。また，磁束 B は鎖交磁束 ϕ を磁界面積 S で割った値となり $B = \phi/S$ となる。これらの関係を加えると式（5.6）は式（5.7）となる。

$$E = v\,B\,l = \frac{\omega D\,\phi\,l}{2\;S} = K_E\,\omega \qquad (5.7)$$

ここで，K_E は起電力定数と呼ばれ，コイルの直径 D，コイルの長さ，磁束 B といったモータ構造の値で決まる。

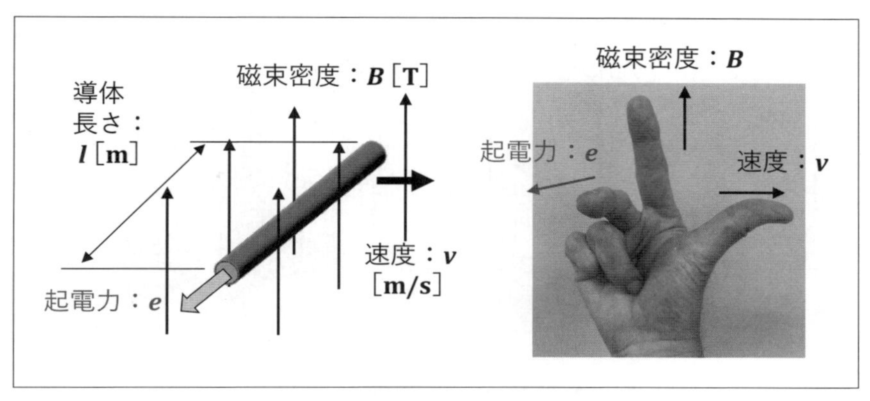

〔図 5.4〕フレミングの右手法則

従って式（5.7）で，

「モータの角速度 ω（回転数 n）と起電圧は比例する」

という関係が得られる。すなわち，モータの回転数と起電圧あるいは逆に印加電圧とモータの回転数はほぼ比例関係にある。この関係は，交流モータにも当てはまる。交流モータでは，回転数はインバータの周波数で制御されるが，通常のインバータは周波数とともに電圧も増加するよう構成されている。単純に周波数を高めただけでは，滑らかにモータの回転数は増加しないためである。

（2）電流とトルク

次にフレミングの左手法則から，電流とトルクとの関係を導く[1]。図 5.3 のようにコイルが磁束と水平方向に置かれた位置で，コイルに電流 I を流す。コイル付近の状態を取り出すと図 5.5 となる。コイルが磁束から受ける力 F は，フレミングの左手法則から式（5.8）となる。

$$F = I\,B\,l \tag{5.8}$$

トルクは半径 r ×力 F となるから，コイルに働くトルクはコイルの直径

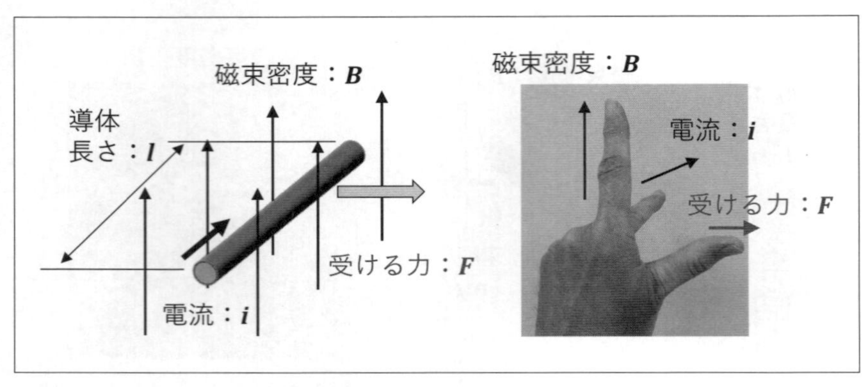

〔図 5.5〕フレミングの左手法則

D を使って式（5.9）となる。

$$T = f \cdot \frac{D}{2} \tag{5.9}$$

さらに，(1)で用いた $B = \phi / S$ の関係を加えると式（5.9）は式（5.10）となる。

$$T = f \cdot \frac{D}{2} = I \cdot \frac{\phi}{S} \cdot l \cdot \frac{D}{2} = \frac{D \phi l}{2S} I = K_T I \tag{5.10}$$

ここで K_T はトルク定数と呼ばれ，コイル直径 D，コイル長さ l，鎖交磁束数 ϕ，磁界面積 S といったモータ構造で決まる。従って，式（5.10）で

「モータのトルク T は電流 I に比例する」

という関係が得られる。すなわち，モータのトルクは電流に比例する。

式（5.7）と式（5.10）から，モータでは電圧が回転数に，電流がトルクに比例し，電圧増加と電流増加でモータに与える効果が異なることが分かる。実際にはコイルに印加する電圧を高くすると電流も増加するので，その効果は切り分けづらいが，電圧と電流を独立して制御できれば回転数とトルクを独立して制御できる。ここまでの議論で，式（5.7）の K_E と K_T は同じ値となることにも注意して欲しい。

5．1．3　回転磁界の発生

（1） 1対の永久磁石による回転磁界

モータの基礎特性の最後に，誘導モータと永久磁石同期モータを回転させる駆動源となる回転磁界について述べる。図5.6を使って回転磁界を簡単に説明すると次のようになる。図5.6(b)に示すように空間的に120度間隔で巻かれたコイルのそれぞれにa相，b相，c相を接続する。ここに三相交流を印加すると，1つの磁界に合成される。この合成磁界は，図5.6(a)に示すような1対のS極とN極の永久磁石と類似で，三相交流の角速度ωで回転する。これが回転磁界である。

三相交流の回転磁界を定量化する前に1対の磁石の磁界について示す。図5.6(a)で1対のN極とS極の永久磁石があり，対の状態を保持したまま回転する。ここで角度の基準軸は，図の水平（通常のx軸）方

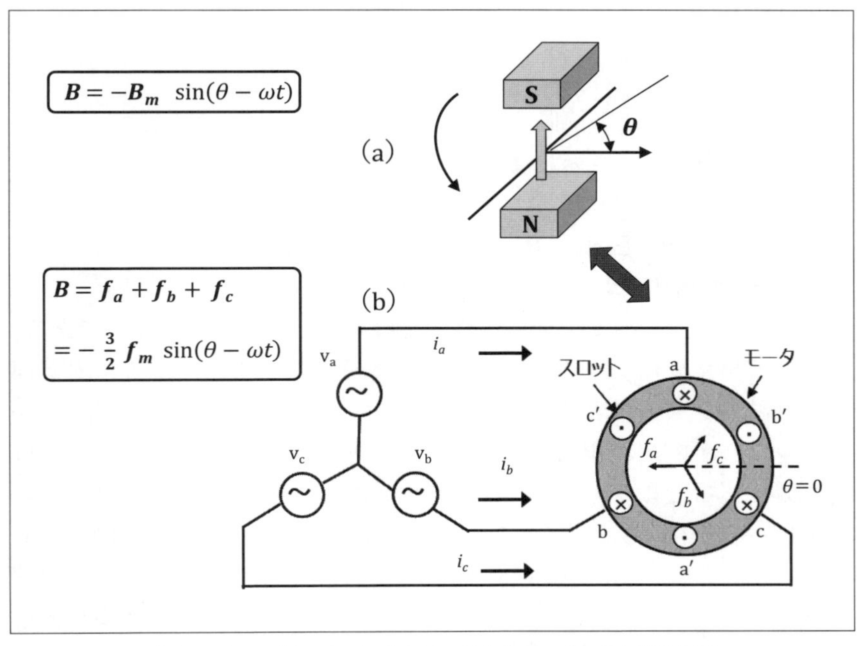

〔図5.6〕一対の永久磁石と三相交流が作る回転磁界

向にとる。2 つの磁石で形成される磁界は，図 5.6(a)に示すような矢印の磁束ベクトルとなる。磁石が対の状態を保持したまま回転すると N 極と S 極との間の磁束も同じように回転する。この時の磁石の角速度を ω とするとし，磁速の最大強度を B_m とすると，位置 θ での磁束の強さは式（5.11）となる。

$$\boldsymbol{B} = \boldsymbol{B_m}\ \sin(\theta - \omega t) \tag{5.11}$$

式（5.11）を厳格に証明するのは難しい。しかしながら，ある角度の位置 θ で磁束を測定していると，磁束ベクトルが角速度 ω で回転するので，その磁束強度はサイン関数で変化するのは何となく理解できる。

式（5.11）で磁束が最大となるのは，サイン関数が最大となる時なので $\theta - \omega t = \pi/2$ である。時間 $t = 0$ では $\theta = \pi/2$ となる位置で，図 5.6 のように磁束ベクトルが角度の基準軸に対して垂直となる時である。時間 t での磁束が最大となる角度 θ_{max} は，式（5.12）となる。

$$\theta_{max} = \frac{\pi}{2} + \omega t \tag{5.12}$$

すなわち，磁束の最大位置（図 5.6 の磁束ベクトル）は，垂直位置から角速度 ω で回転することになる。これが，回転磁界である。

（2）三相モータ・三相交流で生成される回転磁界

(a) 巻線，電流の流れる方向の定義

図 5.6(b)は，三相モータに三相交流の電力を供給している図である。以下に三相交流によりこのモータに生成される磁界が，図 5.6(a)と同じ回転磁界となることを示す。図 5.6(b)のモータでは，空間的に 120 度ずつ回転させて a 相，b 相，c 相のコイルが巻かれている。3，4 章は電源側の三相として，u，v，w 相を用いたが，5，6 章はモータ側として a, b, c 相を用いる。コイルの巻き方と電流の正方向について図 5.7(a)により詳しく示した。図 5.7(a)では a 相だけを示しており，ロータの周囲を囲むように巻かれている。すなわち，上側の a から紙面の奥に向かい，奥で折り返して，手前の a' に戻る。a' から a に折り返し，紙面の

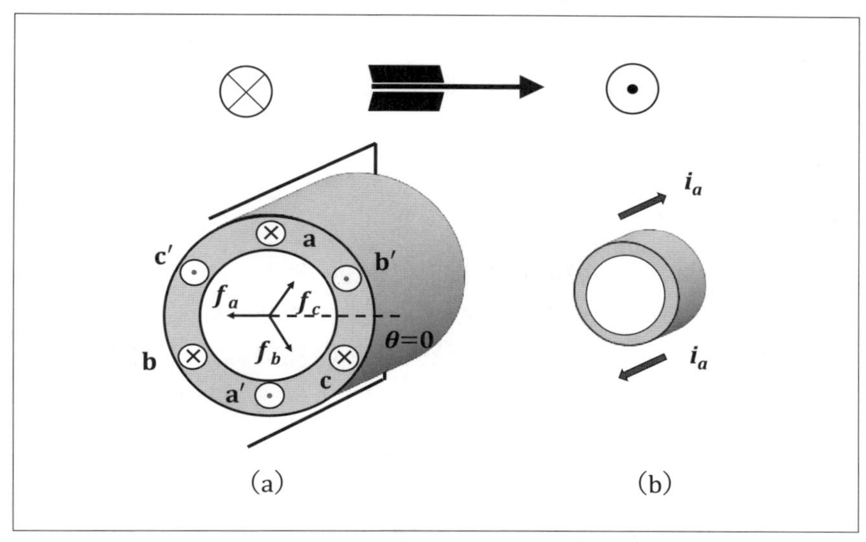

〔図 5.7〕(a)モータの巻線，(b)電流の流れる方向

奥に向かう。これを繰り返してコイルが巻かれている。b 相，c 相も同じである。

次に電流の正負方向について，図 5.7(a)で a 相を例にとって説明する。a 相では a と書かれた位置では紙面の奥に向かって，a' と書かかれた位置では紙面の奥から手前に流れる電流が正方向となる。図中の×と黒点は一般に使われる表記法で，×は紙面の手前から奥，黒点は手前から奥を表す。上段の矢印で，飛んでくる矢は先頭の矢じりが見え，飛んでいく矢は後方の羽が見えるのを示す表記法である。従って，a 相では図 5.7(b)の方向に電流が流れるの正方向とする。b 相，c 相も同様に電流の正負方向が定義できる。

(b) 数式による回転磁界の導出

図 5.6，5.7 で，a 相，b 相，c 相に流れる電流を i_a，i_b，i_c とすると三相交流では位相が 120 度（$2\pi/3$）ずつ遅れるので式（5.13），式（5.14），式（5.15）となる。

$$i_a = \sin\omega t \tag{5.13}$$

$$i_b = \sin\left(\omega t - \frac{2\pi}{3}\right) \tag{5.14}$$

$$i_c = \sin\left(\omega t - \frac{4\pi}{3}\right) \tag{5.15}$$

一方，モータコイルの位置は空間的に 120 度（$2\pi/3$）ずつ離れているので，空間位置を示す θ が $2\pi/3$ ずつ遅れることになる。各相で生成される磁束 f_a，f_b，f_c は，各相の最大磁束を F_m とし，式（5.13）〜式（5.15）に空間的遅れの項を掛けて，式（5.16）〜式（5.18）となる。

$$f_a = -F_m \sin\omega t \cos\theta \tag{5.16}$$

$$f_b = -F_m \sin\left(\omega t - \frac{2\pi}{3}\right)\cos\left(\theta - \frac{2\pi}{3}\right) \tag{5.17}$$

$$f_c = -F_m \sin\left(\omega t - \frac{4\pi}{3}\right)\cos\left(\theta - \frac{4\pi}{3}\right) \tag{5.18}$$

式（5.17），式（5.18）に加法を三角関数の加法定理を適用し，f_a，f_b，f_c を加えると，式（5.19）が得られる。この変形については，文献［2］に詳細に記載されているので，参照されたい。

$$\begin{aligned} & f_a + f_b + f_c \\ &= -F_m \sin\omega t\cos\theta - F_m\left({}^{1}\!/_{2}\sin\omega t\cos\theta - {}^{3}\!/_{2}\cos\omega t\sin\theta\right) \\ &= -{}^{3}\!/_{2}\,F_m \sin(\omega t - \theta) \end{aligned} \tag{5.19}$$

式（5.19）は，1 対の N 極と S 極の永久磁石が回転して得られる式（5.11）と同じ形である。すなわち，三相モータに三相交流を接続すると，図 5.6(a)に示すような磁束ベクトルが角速度 ω で回転していることを示している。これが回転磁界である。

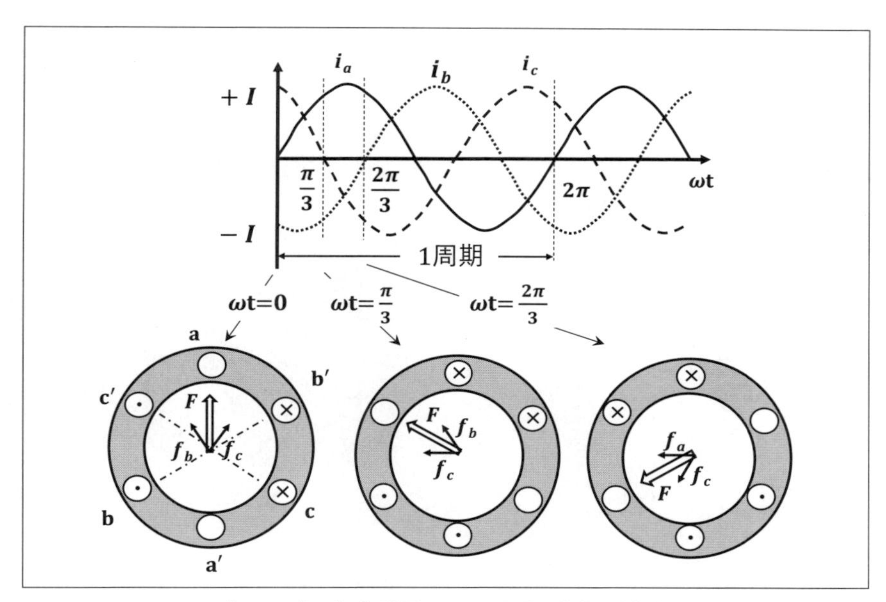

〔図 5.8〕合成磁界による回転磁界の導出

(c) ベクトル合成による回転磁界の導出

回転磁界を理解するもう一つの方法は，各相の電流により生成される磁束をベクトルで合成する方法である。図 5.8 は電流の位相が 0，π/3，2π/3 と変化した時の電流波形と合成磁束である。電源波形から合成磁界は次の①～③の手順で求まる。

①式 (5.16) ～式 (5.18) の電流式から電流の時間変化を求める (上段)，

②式 (5.16) ～式 (5.18) のコイルの配置を考慮して下段のモータの図で各位相の f_a，f_b，f_c を求める (黒の細ベクトル)，

③式 (5.19) で各相の磁束ベクトルを合成したのが下段の白い矢印，である。時間が経過して $\omega t=0$，π/3，2π/3 と進むのに伴い，合成された磁束ベクトル (以下，回転磁界ベクトル) が左周りに回転していく。

これを右ネジの法則を使ってさらに詳しく調べる。右ネジの法則とは，図 5.9(a) で電流の向きと磁界の向きが，右ネジの廻す方向と進む方向に一致するという法則である。右手を使うと，図 5.9(b) に示すように

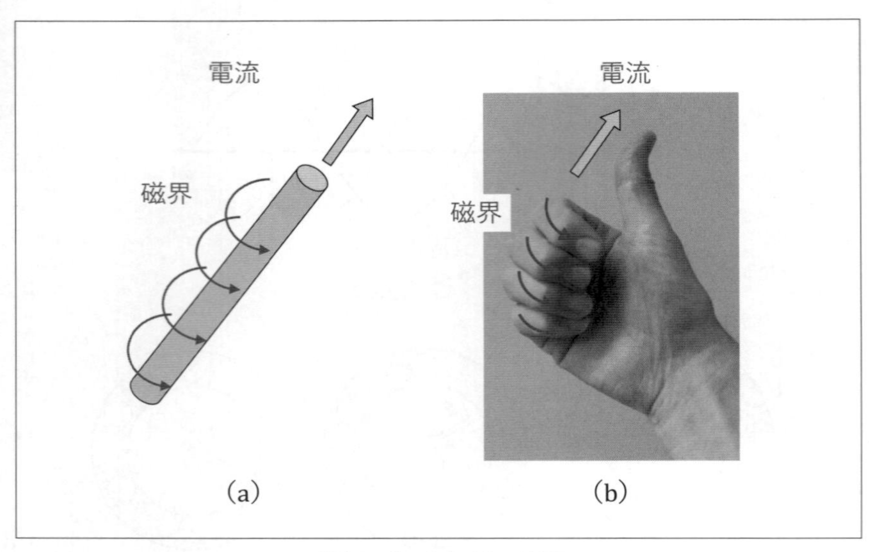

〔図 5.9〕右ネジの法則

親指の差す方向が電流の向き，他の指が差す方向が磁界の向きである。

右ネジの法則を使って，図 5.10 で $\omega t=0$ での三相モータの合成磁界を考える。図 5.10(a)で a 相は 0 A なので，図 5.10(b)の a 相の○の中はともに何も記載がなくブランクとなっている。

ここで，図 5.10(a)で b 相はマイナス方向の電流である。図 5.7 の電流の流れる方向の定義で，b 相は電流が b の手前から奥に流れ，奥から b' の手前に戻ってくるのが正方向である。$\omega t=0$ では，b 相の電流はマイナスなので，電流は b' の手前から入って紙面の奥に流れ，紙面の奥から b に戻ってくる。従って，図 5.10(b)で，b' の丸の中は×となり，b の中は黒い点となる。電流の流れる方向をモータの外部に記載すると図 5.10(c)となり，b' では奥に向かう電流，b では奥から手前への電流となる。この 2 つの電流に右ネジの法則を適用すると，共に b と b' を結ぶ直線から左上に向かう磁界となり，合成すると図 5.10(c)に示す左上に向かう磁界となる。

同様な方法で，c 相電流により生成される磁界を考える。$\omega t=0$ で c

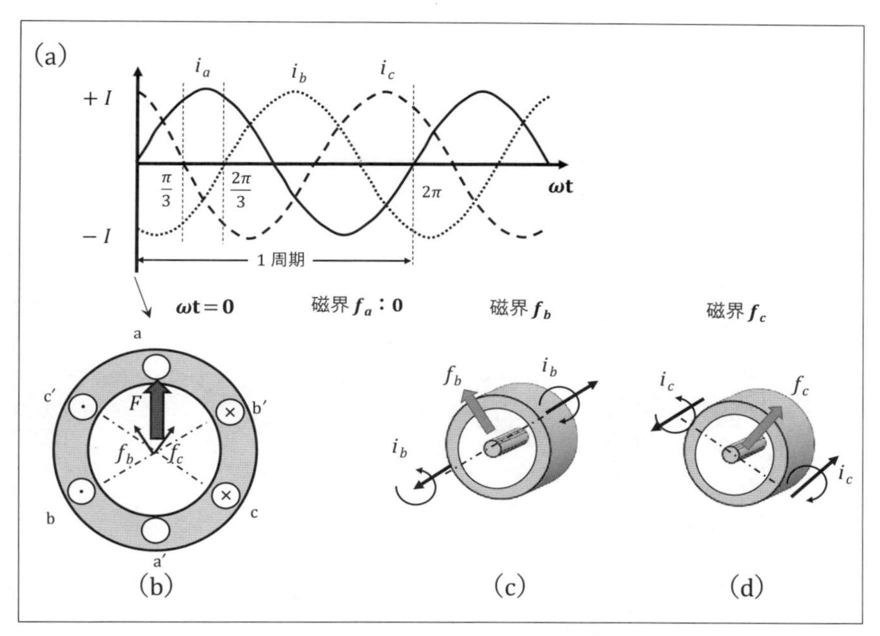

〔図 5.10〕 ωt=0 での合成磁界 (a) コイルに流れる電流, (b) ωt=0 の合成磁界, (c) b 相電流による磁界, (d) c 相電流による磁界

相の電流は正方向なので，図 5.10(b)で c の○の中が×となり，c' の○の中が黒点となる。この電流の流れをモータの外側に記載すると図 5.10(d)となり，電流に右ネジの法則を適用すると，合成磁界は c' と c を結ぶ直線に対して垂直で, 右上方向の矢印が c 相によってできる磁界となる。

図 5.10(c)の b 相電流で生成される磁界を f_b とし，図 5.10(d)の c 相電流で生成される磁界を f_c とする。これらの磁界をともに図 5.10(a)に表記し，合成すると垂直方向の磁界 F となる。

次に，図 5.11 は，$\omega t=\pi/3$ となった時の図である。この時の合成磁界は図 5.11(b)のように, $\omega t=0$ から $\pi/3$（60 度）回転した方向になる。その理由を以下に簡単に説明するが，説明を読む前に，皆さんも右ネジの法則を使って合成磁界を考えてみることをお勧めする。

まず，$\omega t=\pi/3$ での電流は，a 相がプラス，b 相がマイナス，c 相が

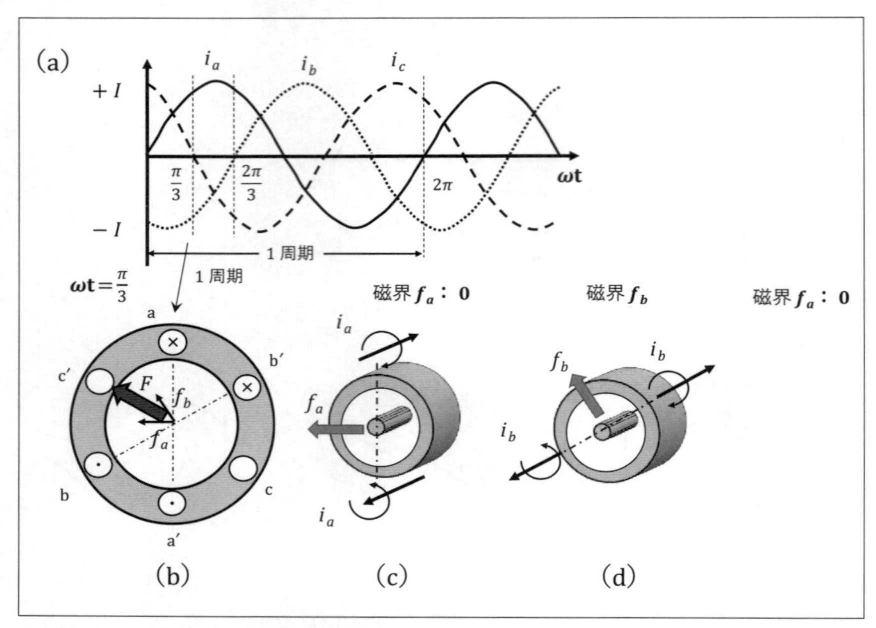

〔図5.11〕$\omega t=\pi/3$での合成磁界 (a)コイルに流れる電流, (b)$\omega t=\pi/3$の合成磁界, (c)b相電流による磁界, (d)c相電流による磁界

0である。従って，図5.11(b)でa相のaの○の中が×，a'の○の黒点となる。b相は，bの○の中が黒点，b'の○の中が×，c相はc，c'ともに電流が流れずにブランクとなる。a相の電流の流れ方向をモータの周囲に記載したの図5.11(b)で，aとa'の電流からa，a'に右方向に垂直な磁界となる。同様に，b相の電流をモータの周囲に記載したが図5.11(d)で合成磁界は，左斜め上方向となる。図5.11(b)でa相とb相の磁界を記載して合成すると，磁界はc'方向の磁界となり，$\omega t=0$から左廻りにπ/3（60度）回転した方向になる。さらに，図5.8の$\omega t=2\pi/3$での合成磁界も同様に求まる。このように，三相モータに三相交流を流すと，角速度ωで回転する回転磁界となり，これを回転磁界ベクトルと呼ぶ。

5.2　永久磁石同期モータの構造と特徴

ここから永久磁石同期モータ（PMSM Permanent magnet Synchronous motor）の構造と特徴を説明する。PMSM の最大の特長は，①ロータが永久磁石であること，②回転磁界の回転速度とロータの回転速度が同じとなることである。5.2 節では，PMSM の構造と①により 2 種類のトルクが発生することを示し，②の回転速度を同じにする仕組みと制御については 6 章で説明する。

5.2.1　永久磁石同期モータの構造

（1）スロット・極と回転数

図 5.12 に PMSM の断面図を示す。周囲に回転磁界を生成するためコイルが巻かれたスロットがあり，中心部に永久磁石が組み込まれたロータがある。図 5.12(a)は最も単純な構造で，3 スロットで 2 極の PMSM である。スロットは三相交流に接続されるため。3 の倍数になる。3 相の周波数を f とし，ロータの極数を p とすると，ロータの回転数 n は，式（5.20）となる。

$$n = \frac{2}{p} \times 60 \times f = \frac{120}{p} f \tag{5.20}$$

回転数 n は 1 分間の単位であることから，$60 \times f$ となっている。また，$2/p$ は極数と回転数の関係を示す項で，$p = 2$ の時に n が $60 \times f$ となることを表している。典型的な例として，f が 50 Hz で 2 極の時は，$n = 3000$ rpm となる。

図 5.12(b)はロータが 4 極の PMSM である。この場合の極数 $p = 4$ となるので，回転数は図 5.12(a)の半分となる。$f = 50$ Hz では，$n = 1500$ rpm となる。図 5.12(c)はスロットが 6 で極数が 2 の PMSM である。この構造では 3 相分のコイルが 180 度に配置されているので，1 周期の三相交流で動かせる 180 度となる。従って，(b)の 3 相スロットで 4 極の

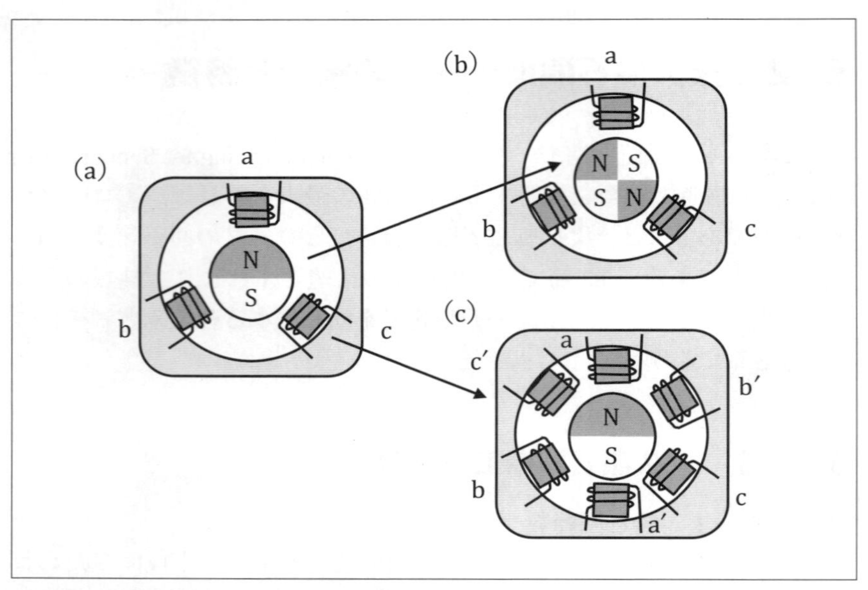

〔図 5.12〕各種タイプの永久磁石同期モータ (a) 3 スロット/2 極ロータ，(b) 3 スロット/4 極ロータ，(c) 6 スロット/2 極ロータ

PMSM と同じ回転数となり，$f = 50$ Hz では $n = 1500$ rpm となる。

（2）表面磁石型と埋込磁石型

PMSM のロータは 2 つのタイプに大別される。図 5.13(a)に示す永久磁石をロータの周囲に張り付けた表面磁石型（SPM Surface permanent magnet）と，図 5.13(b)に示す永久磁石ロータ内部に埋め込んだ埋込磁石型（IPM Interior permanent magnet）である。同期して動作させる時は，それぞれ，SPMSM（Surface permanent magnet synchronous motor），IPMSM（Interior permanent magnet synchronous motor）と呼ばれる。

SPM は，図 5.13(a)のように表面に磁石を張り付けるので，IPM のようにロータに複雑な加工をする必要が無い。しかしながら回転体には回転時に遠心力が働き磁石が剥がれる力として作用するので，剥がれ対策が必要となる。もう一方の IPM は永久磁石がロータ内に埋め込まれる

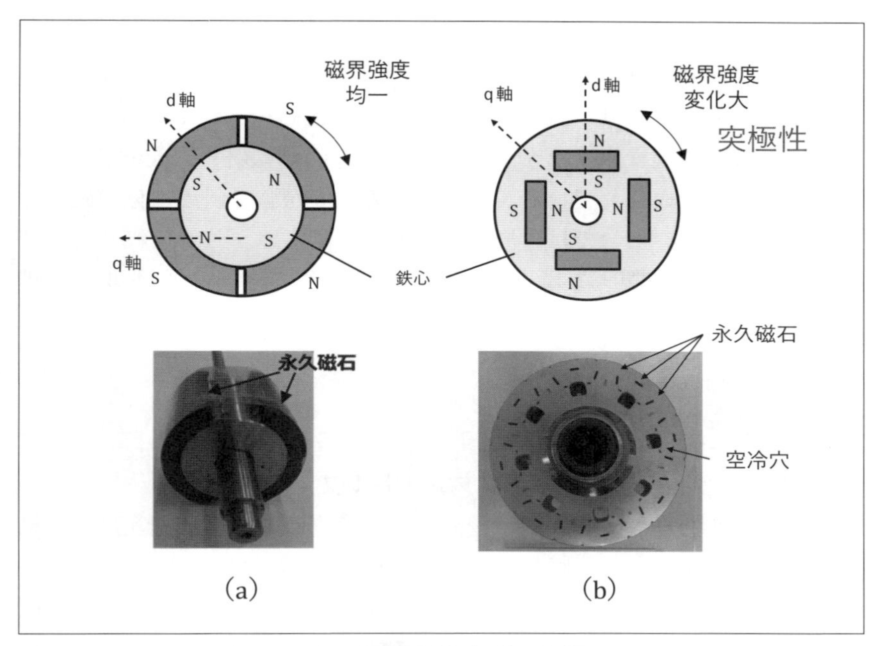

〔図 5.13〕2 種類の永久磁石同期モータ
(a) 表面磁石型，(b) 埋込磁石型

ため，遠心力による磁石の剥がれが無く信頼性が極めて高い。このため，ほとんどの電気自動車で IPM 構造が採用されている。

SPM と IPM には，上記のメカ的特性以外に，その構造から磁気特性に大きな違いが発生する。SPM の磁石はロータの表面の円周面に貼付けられる。磁石の極性が N から S 極，S から N 極へと変化する場所以外は比較的均一である。これに対して，図 5.13 (b) の埋込型では磁石がある部分の磁界は強く，切れ目となる部分の磁界は極めて弱い。図 5.13 (b) の上段の図で，磁界が強い方向を d 軸，磁界が弱い方向を q 軸と呼ぶ。ロータを回転させた時の磁界強度が大きく変化する。このようにロータの位置により磁界が大きく変化する特性を突極性と呼び，リラクタンストルク（5.2.2 項）を生成することができる。

図 5.13 (b) の下段は第 4 世代のハイブリッドカープリウスのロータの

写真である。中央の円筒部分は回転軸である。その周囲にあるほぼ正方形の黒い部分は回転により空気の流れでロータを冷却する空冷穴である。その周囲にある細い長方形に永久磁石が埋め込まれている。1 組の永久磁石は，円周に水平な 1 個の磁石とその両側に斜めに配置された 2 個の磁石から構成されている。水平部分の磁界が強く斜め部分で磁界を弱め，磁石が無い部分では磁界とほぼゼロとするパターンを繰り返している。突極性を強調する構造とし，5.2.2 項のリラクタンストルクを積極的に活用するように構成されている。

5.2.2　2つのトルク

（1）マグネットトルクとリラクタンストルク

永久磁石があり，その周囲に電流による磁界ができると相互に力が働き，図5.14(a)のように回転する。この回転原理は理解しやすく，直流モータもこのトルクによって回転している。誘導モータはコイルによって磁界ができるのは同じで，ロータに流れる電流とコイルによってできる磁界との相互作用で回転する。ほとんどのモータがこのマグネットトルクで回転している。

一方，突極性がある PMSM には，図 5.14(a)のマグネットトルクだけでなくもう一つリラクタンストルクというトルクが発生する。これは，形状あるいは磁界の空間的不均一性によって発生するトルクである。図 5.14(b)で磁界中に楕円形の金属体あるいは磁性体が置かれているとする。金属体が磁場方向に対し水平，垂直に置かれた時，磁力線は金属体の中を真っすぐに分布する。一方，図 5.14(b)のように少し斜めにすると磁力線は金属体内で歪む。磁力線は水平に真っすぐ分布した状態でエネルギー（磁気抵抗）が低いため，真っすぐに分布しようとしてトルクが発生する。磁気抵抗はリラクタンスと呼ばれることから，リラクタンストルクと呼ばれる[3]。リラクタンストルクは磁力線がまっすぐに分布しようとする力によって発生するので，永久磁石でない金属体でも発生する。

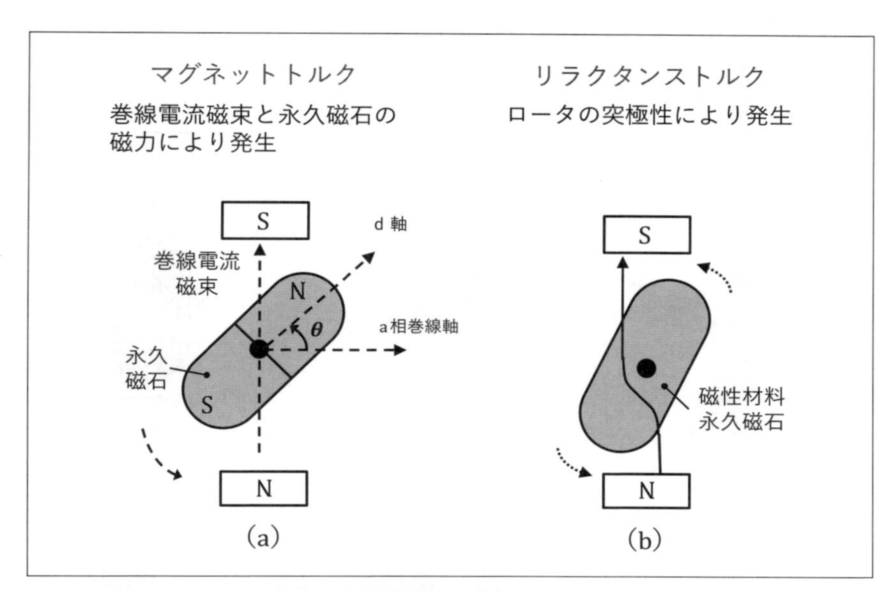

〔図 5.14〕永久磁石同期モータのトルク
(a)マグネットトルク，(b)リラクタンストルク

図 5.14 では形状のみの金属体で考えたが，同様に図 5.13(b)の同期モータ用ロータで空間的に磁場が不均一の場合も発生する。マグネットトルクに比べリラクタンストルクの認知度は低かったが，最近ではマグネットを使わないリラクタンスモータとして注目を集めている。東京メトロでは，リラクタンストルクモータで走行する車両の実証実験も行われている[4]。図 5.13(b)で紹介したロータもリラクタンストルクを積極的に活用する形状となっている。

(2) ロータ角度とトルクの大きさ

次に，図 5.15 を基にロータの回転角 θ とトルク発生量の関係を考える。図 5.15(a)でロータが垂直に位置した場合，N 極が S 極に引かれロータの半径がそのままトルクとして作用するため大きなマグネットトルクが発生する。一方，磁力線はロータ内で水平に分布するので，リラクタンストルクは発生しない。

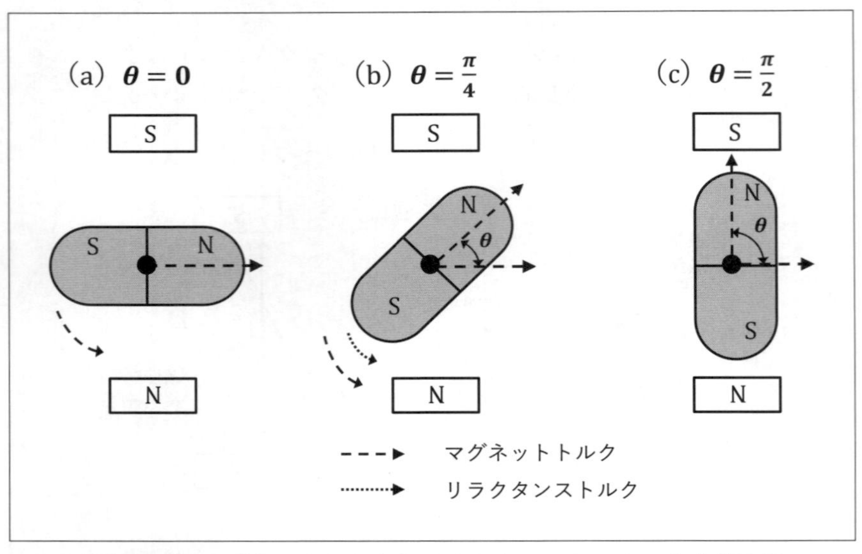

〔図 5.15〕マグネットトルクとリラクタンストルクの角度依存性
(a) θ=0，(b) θ=π/4，(c) θ=π/2

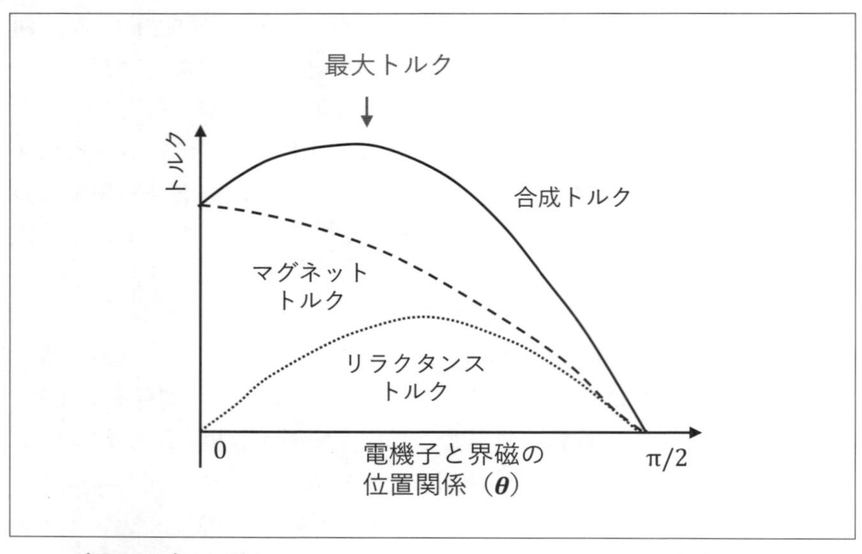

〔図 5.16〕マグネットトルク，リラクタンストルク，合成トルク

図 5.15(b)でロータがπ/4（45 度）付近に位置した場合，マグネットトルクは図 5.15(a)と同様に N と S が引き合って発生するが，トルクに関与する半径が小さくなるので回転力としては低下する。一方，ロータが斜めになったことで金属内の磁力線が歪み，リラクタンストルクが発生する。図 5.15(c)では，N 極と S 極が近付きマグネットトルクは発生しない。ロータと磁力線が水平になるので，リラクタンストルクも発生しない。

図 5.15 のマグネットトルクとリラクタンストルクを定量的に示したのが図 5.16 である。マグネットトルクは，$\theta=0$ すなわちコイルによって生成される磁界とロータが垂直の時に最大となり，磁界とロータが垂直の時にゼロとなる。一方，リラクタンストルクは $\theta=0$ と $\pi/2$ でゼロとなり，$\theta=\pi/4$ で最大となる。マグネットトルクとリラクタンストルクを合成した合成トルクは $\theta=\pi/4$ より少し小さい角度で最大となり，最大トルクと呼ばれる。

永久磁石同期モータを駆動する時に最も効率良く駆動する方法は次のようになる。

(1) SPM ではリラクタンストルクが存在しないので，三相交流によって形成される回転磁界のベクトルに対して，ロータの N 極・S 極が垂直方向となる角度関係を維持して回転させる。

(2) IPM では，三相交流によって形成される回転磁界のベクトルに対して，最大トルク点の角度関係を保持して回転させる。

参考文献

[1] 森本雅之：“よくわかる電気機器”，森北出版，第 2 版第 2 刷，pp.132～135（2021）

[2] 髙木茂行，長浜竜：“これでなっとく　パワーエレクトロニクス”，コロナ社，初版 4 刷，p.118（2023）

[3] 見城尚志：“SR モータ”，日刊工業新聞社，pp.33～88（2012）

[4] 三菱電機 Biz Timeline:

https://www.mitsubishielectric.co.jp/busines/biz-t/contents/pro-eye/pick018.html

6章

永久磁石同期モータのベクトル制御

～２つのモータ軸を巧みに制御～

永久磁石同期モータ（PMSM）を所望の回転数あるいはトルクで駆動制御するためベクトル制御が使われる。５章で説明したように三相交流を３相モータに接続すると回転磁界ができる。この回転磁界とPMSM内ロータのNS極とを一定の角度関係に保持して回転制御するのがベクトル制御である。ベクトル制御を定量的に扱うため，d-q軸という新しい座標系を導入し，PMSMの電流と電圧の関係を電圧方程式で記述する。さらに，PMSMが持つ２つのトルクについてd-q軸を使ってトルク方程式として記述する。電圧方程式とトルク方程式がベクトル制御の基本となる。

6．1　永久磁石同期モータの位置検出

6．1．1　モータ駆動と位置検出

5章の表5.1で，誘導モータ（IM Induction motor）と永久磁石同期モータ（PMSM Permanent magnet synchronous motor, 以下PMSM）が交流モータであることを説明した。IMは交流によって作られる回転磁界に，IM内のロータが追従して回転する[1]。回転磁界に対してロータが遅れることで図5.4のフレミングの右手法則によりロータ内に電流が流れる。この電流がフレミングの左手法則で回転磁界に引かれ，ロータ回転の駆動力となる。ロータは回転磁界に引かれて廻るので単純に回転させるだけなら，ロータ状態をモニタして回転させる必要は無い。

これに対して，PMSMではロータが永久磁石である。ロータの上側がN極で下側がS極の状態で，周囲コイルの磁界がロータと同じ上側にN極で下がS極を発生した場合，ロータはコイルに対して反発する。ロータの上下の極が同じ状態で周囲コイルの極性の上下を反転させると，ロータはコイルに吸引される。永久磁石のロータを所望通りに回転させるためには，ロータの位置をモニタし，所望の回転磁界を発生させる必

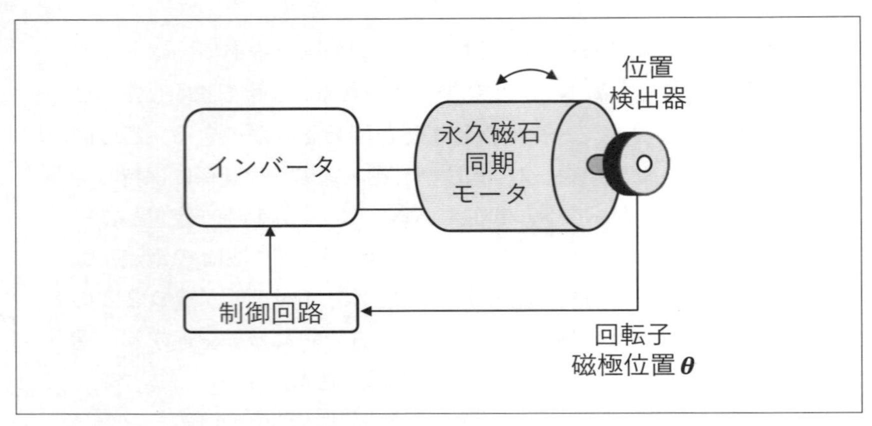

〔図 6.1〕永久磁石同期モータとロータの位置検出

要がある。このための方法が位置検出であり，図 6.1 に示すように磁極位置を位置センサで検知して制御する。電気自動車ではこの方法が主流である。これに対して，センサを使わず，コイルに電流を流して，ロータとの相互作用による電流変化を検知し，ロータの状態あるいは位置を推定する方法もあり，センサレス制御と呼ばれている[2]。

6．1．2　位置検出方法

表 6.1 に位置検出で使われるセンサを示す。ホール素子，エンコーダ，レゾルバはこの順で検知精度が高くなり，精度に対応してコストもこの順に高くなる。電気自動車の位置検出には，精度と信頼（ロバスト）性が高い，レゾルバが使われる。以下，それぞれの検出方法と特徴について説明する。

（1）ホール素子

ホール素子は，ホール効果によって磁場を検知する半導体素子である。図 6.2 (a)，(b) はホール効果の原理を示す図，(c) は永久磁石同期モータで位置検出に使われている例の写真である。導体内に電界が印加される

〔表 6.1〕ロータ位置の検出方法

検知角度精度が高い →

方式	ホールセンサ	エンコーダ	レゾルバ
検出原理	hall 素子からの信号で位置を検知する V_{ha} Hall 素子 V_{hb} V_{hc}	円盤の穴の数を光学的にカウント 発光素子 受光素子 モータ	・励磁用コイルで磁界発生 ・正弦波と余弦波の検知コイルで位置検知 励磁コイル sin 検出コイル V_s cos 検出コイル V_c
特徴	位置検出の分解性能が高くない	汎用法として広く用いられている	・検出の分解が高い ・耐環境性能が高い

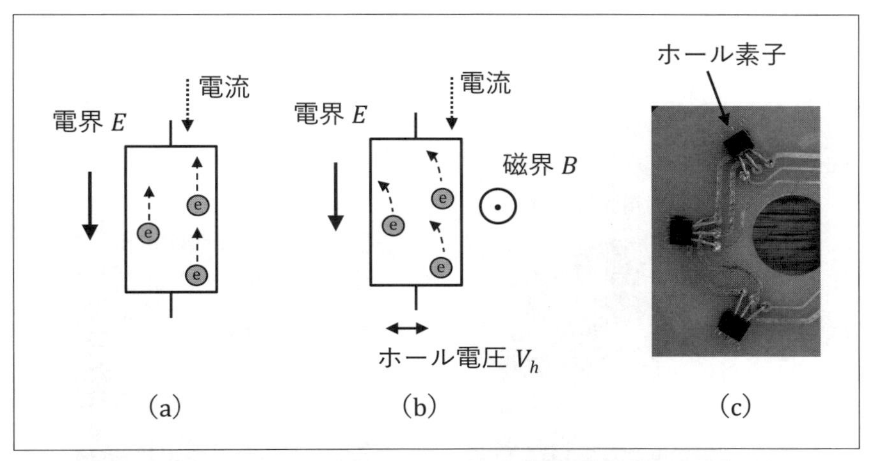

〔図 6.2〕ホール素子による位置検出 (a)電界中での電子の動き (b)磁場と電界中での電子の動き，(c)位置検出のホール素子

と，図 6.2(a)のように電界の向きに電子が移動する。この時，導体が磁界内に置かれていると，(b)に示すように電子は電界と垂直な方向に力（高校物理のローレンツ力）を受ける。電子は垂直方向に電圧を受け

ていると等価となり，ホール電圧 V_h と呼ばれる電圧が発生する。V_h を測定して磁場を検知するのがホール素子である。

ホール素子は，電力供給と信号出力の 3 端子素子で，3 個を 1 組として，モータの位置を空間的に 60 度に分割し，どの角度領域にあるかを検知する。このため，検知精度は低く，高精度なモータ制御には適さない。低コストで位置検出できるのが，最大のメリットである。

（2）エンコーダ

エンコーダは，溝が切られた円盤の溝の数をカウントして角度を検知するセンサである。図 6.3 はエンコーダのカバーを外した写真である。中央の円盤には，スリット状の溝が切られている。エンコーダの上部には，発光ダイオードと受光素子があり，光の On ／ Off をカウントする仕組みとなっている。

溝数と検知精度の分かり易い例として，円盤の周囲に 1 周で 360 個のスリットを均等に設けた例を考える。溝の間隔は 1 度ずつになるので，

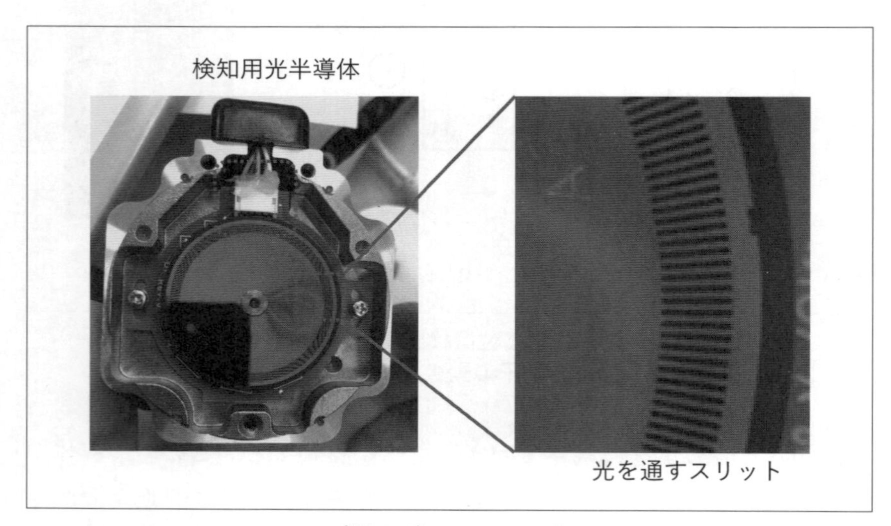

〔図 6.3〕エンコーダ

1回のOn／Offで1度回転したことを検知できる。エンコーダは溝の数を増やすことで高精度化でき，検知用光半導体の検知方法を工夫することで，実際にスリット数の4倍精度で検知することもできる。価格も比較的安く，汎用の位置検出センサとして広く使われている。

（3）電気自動車の位置検出に用いられるレゾルバ

ホールセンサは低コストであるが，位置検出の解像度が低い。エンコーダでは角度解像度は得られるが，電気自動車は室外を走行するので，埃や粉塵などの外部環境によりスリットが埋まってしまう可能性がある。センサの信頼性が確保でき，高精度なセンサとして，電気自動車では一般にレゾルバが使われている。

図6.4(a)にレゾルバの写真，(b)にレゾルバの検知原理，(c)にレゾルバ出力の信号処理を示す。レゾルバでは図6.4(a)に示すように，ステー

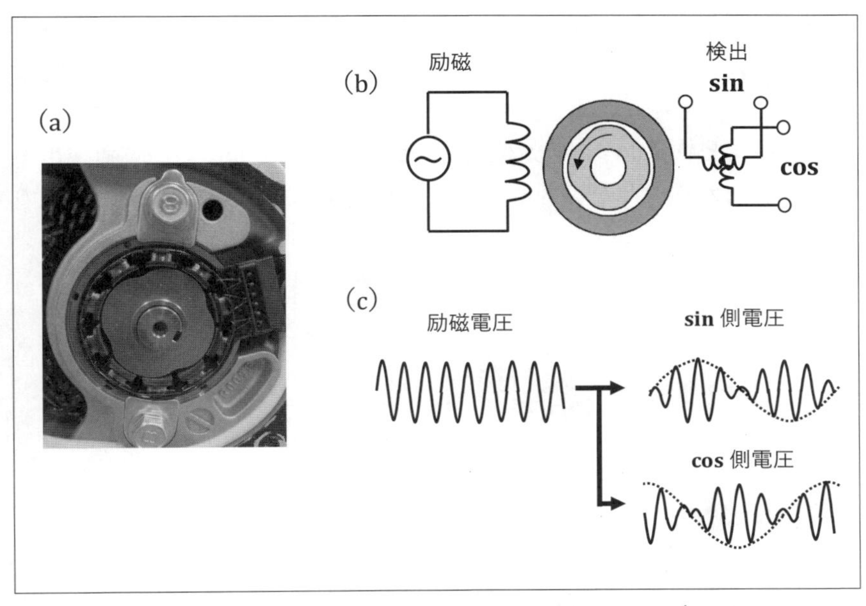

〔図6.4〕VRレゾルバ　(a)モータに取付けたレゾルバ
(b)レゾルバの構成，(c)レゾルバからの出力信号

タの周囲に励磁用と検出用のコイルが組み込まれ，内部のロータにはモータの回転軸が接続される。ステータの励磁コイルは，図 6.4(b)に示すように高周波の正弦波電流で励磁される。ロータ回転に伴う磁界の変化を，垂直方向（cos）と水平方向（sin）のコイルで測定する。図 6.4(b)では測定原理を示すため，励磁用コイル，測定用コイルを分けて書いているが，実際にはすべてのコイルが図 6.4(a)のように周囲を囲むようにおかれている。

一般的なレゾルバでは，内部ロータの巻線コイルに直流電流を流し，内部のロータの磁束変化を周囲の検出用コイルで検出する構成となっている。これに対して，電気自動車用のレゾルバでは内部のロータに巻線の無い VR レゾルバが利用されている[3]。図 6.4(a)のロータは円周の 4 方向が突出しており，いわゆる突極形状となっている。ロータの角度によりリラクランス（磁気抵抗）が変化する（5.2.2 項(2)参照)。

励磁電圧に対して，sin 側電圧と cos 側電圧は，ロータの影響を受けって，図 6.4(c)に示す波形となる。この波形を演算処理して，回転角を求める。また，モータと同じ極数を持つロータのレゾルバを選別することで，モータとレゾルバの絶対位置を一致させることができ，位置検出の信頼性を高めることができる。図 6.4(a)～(c)ではモータとレゾルバの極数はともに 4 となっている。

6.2　ベクトル制御の基礎となる電圧方程式とトルク方程式

6.2.1　三相交流制御を直流制御に置きかえるベクトル制御

モータ特性は，5.1.2 項で説明したように，回転数（角速度）は電圧に比例し，トルクは電流に比例する。IM, PMSM の回転数は主にインバータの周波数により決まるが，安定的に回転させるためには，回転数に応じて電圧も変化させる必要がある。しかしながら，図 6.5 の「実際の駆動系」に示すように，モータは三相インバータによって駆動されており，インバータ動作条件（電圧，電流，周波数）に対するモータの回転数とトルクとの関係は，単純には分からない。これをあたかも直流でモータを制御するような関係に変換するのが，ベクトル制御である。その仕組

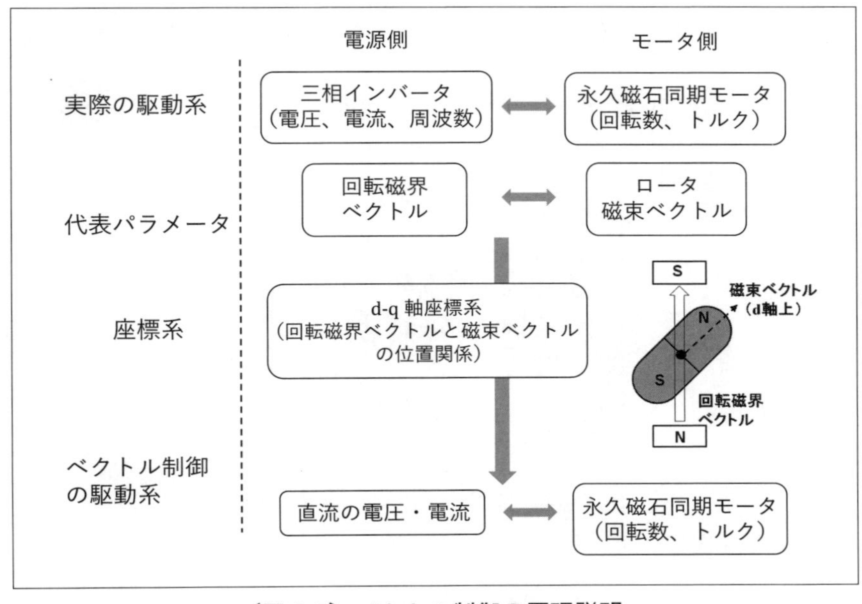

〔図 6.5〕ベクトル制御の原理説明

みを示したのが図 6.5 である。図 6.5 で左側のブロックは電源側，右側のブロックはモータ側である。電源とモータの代表パラメータとして回転磁界ベクトルとロータの磁束ベクトルをとる。ここに d-q 軸座標系を導入することで，電源側を直流的に扱ってモータを制御できる。

図 6.5 で取り上げた代表パラメータについて説明するため，電源側である三相交流の動作条件を示す代表的なパラメータとして，5.1.3 項(1)で説明した回転磁界ベクトルを使う。一方，ロータ側の動作条件を示す代表的なパラメータとして，図 6.6 に示すように，S 極から N 極の向かう方向に d 軸をとり，この方向にロータの磁束ベクトルを取る。（磁界は N 極から S 極となるとが，磁束は磁石の中では S 極から N 極向きとなる[4]）。また，d 軸に対して，垂直方向に q 軸をとり，この座標系を d-q 軸座標系と呼ぶ。

永久磁石同期モータでロータに発生するトルクは，5.2.2 項で説明したように回転磁界ベクトルとロータの磁束ベクトルの角度で決まる。この 2 つの大きさと角度を制御すれば，モータのトルクが制御できる。こ

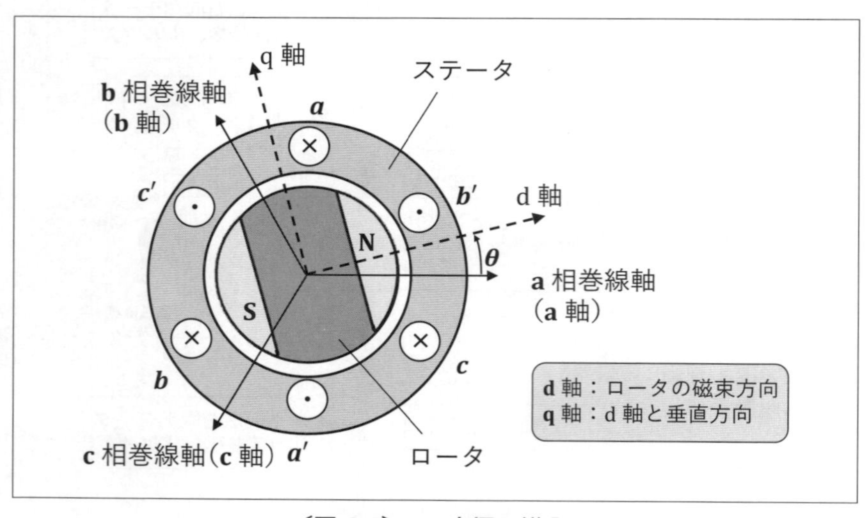

〔図 6.6〕 d-q 座標の導入

れがベクトル制御の基本的考え方である。さらに，次節で詳しく述べるように，d-q 軸で記述した電圧と電流の関係式を用いることで，直流電圧と電流を指定して永久磁石同期モータに制御できるともに，この直流電圧と電流を出力する三相インバータの電圧と電流も求めることができる。

6.2.2 d-q 座標軸での電圧方程式，トルク方程式

（1）電圧方程式

前節で導入した d-q 軸について，もう少し詳しく説明する。説明を単純にするため，図 6.6 の 2 極のロータで考える。6.1 節で，回転磁界ベクトルとロータの磁束ベクトルの大きさと角度関係が決まれば，トルクが制御できると述べた。両者の関係は, 回転しながら維持されるので, x, y，z の座標系では回転の効果を数式に入れる必要が出てくる。そこで，図 6.6 に示すようにロータの磁束ベクトルに一致して回転する座標系として，磁束ベクトルの方向を d 軸とし，d 軸と垂直の方を q 軸とする d-q 軸座標系を導入し，これによりモータの関係式を記述する。モータは，図 6.7 に示すように，電圧が印加されると，印加電圧によって決まる電流が流れ（電圧方程式），回転磁界ベクトルと磁束ベクトルの角度及び電流によってトルクが決まり（トルク方程式）, 回転数が決まる（運動方程式）。

d-q 座標系での電流と電圧の関係が式（6.1）の電圧方程式である。

$$\begin{bmatrix} v_d \\ v_q \end{bmatrix} = \begin{bmatrix} R + pL_d & -\omega L_q \\ \omega L_d & R + pL_q \end{bmatrix} \begin{bmatrix} i_d \\ i_q \end{bmatrix} + \begin{bmatrix} 0 \\ \omega\psi \end{bmatrix} \tag{6.1}$$

ここで，R は各相のコイルの抵抗，ω はロータの角速度，ψ は磁束，p は時間微分を表す演算子で，$p = {}^{d}/_{dt}$ である。L_d，L_q は d 軸，q 軸方向の自己インダクタンス，v_d，v_q は d 軸，q 軸方向の電圧，i_d，i_q は d 軸，q 軸方向の電流である。

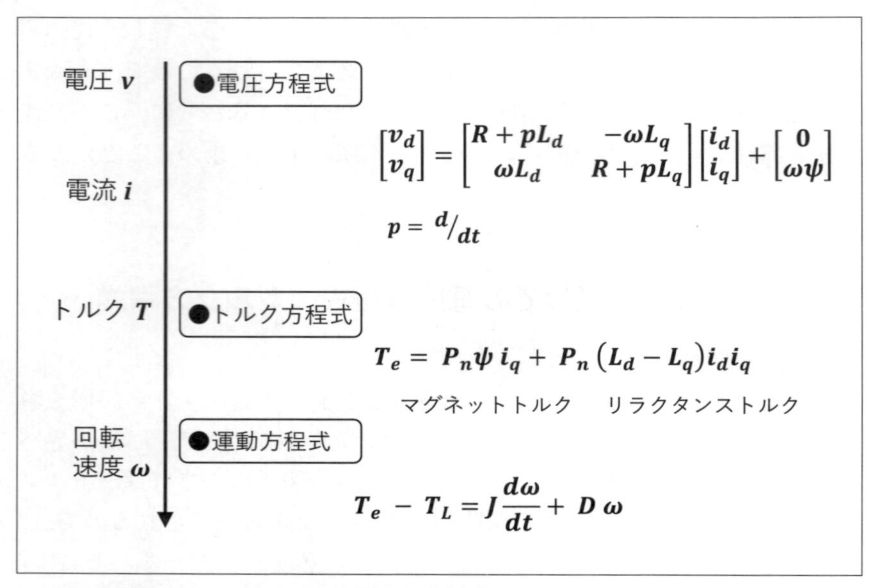

〔図 6.7〕d-q 座標による電圧方程式，トルク方程式，運動方程式

式（6.1）は，行列式で示されているが，展開すると v_d が i_d，i_q と ω での関係で決まり，v_q が i_d，i_q と ω の関係で決まること示している。従って，i_d，i_q を直流一定値にすれば，電圧も直流となる。次式（6.2）に示すように，モータのトルクは i_d，i_q で決まるので，一定トルクの出力トルクを発生させるための電流は一定値の直流となり，電圧も一定電圧の直流となる。

（2）トルク方程式

式（6.1）から電流が決まると，その電流により出力されるトルク T_e は式（6.2）のトルク方程式により求まる。

$$T_e = P_n\psi\, i_q + P_n\left(L_d - L_q\right) i_d i_q \tag{6.2}$$

ここで，P_n はモータの磁石極対数で，極数 p の 1/2 である。例えば 4 極のモータでは極対数が 2 となる（5.2.1 項(1)参照）。式（6.2）の第 1 項は 5.2.2 項で説明したマグネットトルク，第 2 項がリラクタンストル

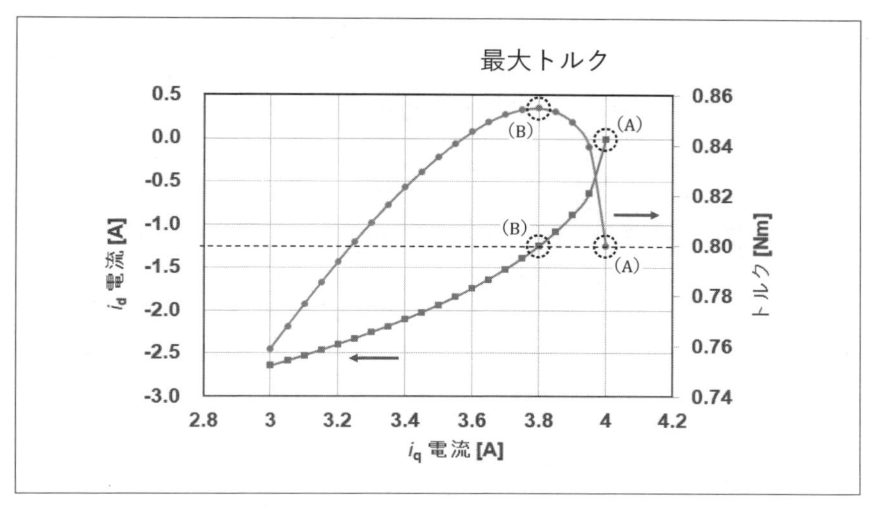

〔図 6.8〕i_d，i_q 電流と最大トルク

クを示している。5 章ではトルクの大きさを，回転磁界ベクトルとロータの磁束ベクトルの角度関係から説明したが，この式では角度が i_d，i_q の大きさに置き換えられている。例えば，図 5.15(a)で，回転磁界ベクトルと磁束ベクトルが垂直の場合は，$i_d = 0$ [A] でマグネットトルクのみが発生する。また，$i_d = i_q$ で 2 つの電流が等しい時が，図 5.15(b)で回転磁界ベクトルと磁束ベクトルの角度が π/4 となる場合に対応する。

【計算例】（最大トルク）

トルク方程式の理解を深めるため，具体的な数値例で式（6.2）を使って電流とトルクの関係を計算する。計算条件として，PMSM は 4 極で磁束 ψ は 0.1 Wb，d 軸と q 軸の自己インダクタンスは $L_d = 0.015$ [H]，$L_q = 0.025$ [H] とした。また i_d，i_q の合計電流 I_a は 4 A とし，同じ合計電流で，i_q 電流を 0.05 ずつ減らし，トルク T_e の値を計算する。ここで，$L_d < L_q$ から式（6.2）で（$L_d - L_q$）は負となるので，トルクを大きくするためには i_d 電流は負となる。

図 6.8 に計算結果を示す。点(A)は，i_d 電流がゼロで i_q 電流のみによ

るベクトル制御（$i_d = 0$ [A]，$i_q = 4$ [A]）である。この点は，図 5.15(c)で回転磁界ベクトルとロータの磁束ベクトルが 90 度で回転させる駆動制御で，トルクは 0.80 Nm である。以降，i_q 電流を 0.05 A ずつ減らし，合計電流 $I_a = 4$ [A] から i_d 電流を求め，式（6.2）のトルク方程式から T_e を計算した。i_q 電流の減少に伴い T_e が大きくなり，$i_d = -1.249$ [A]，$i_q = 3.800$ [A] の条件で，最大の 0.855 Nm となる（点(B)）。i_d と i_q を使うことで回転磁界ベクトルとロータ磁束ベクトルの角度関係を図 5.16 の最大トルクの角度に設定することができる。このように同じ合計電流で，$i_d = 0$ [A] より高いトルクが得られ，最大トルクでモータを駆動する制御は最大トルク制御と呼ばれる[5][6]。

（3）運動方程式

式 (6.2) でモータのトルクが決まると, 式 (6.3) の運動方程式からモータの角速度（すなわち回転数）が求まる。

$$T_e - T_L = J\frac{d\omega}{dt} + D\,\omega \tag{6.3}$$

ここで，T_L は負荷トルク，J は慣性モーメント [kgcm^2]，D はダンピング係数 [Nm·s/rad] である。モータが定常状態（一定の回転数で回転）の場合は，$J\, d\omega/dt$ がゼロとなり，回転数は左辺のトルクと，右辺のダンピング係数 D（一般の並進運動で摩擦係数に相当する）で決まる。

6.2.3 電圧方程式を導出する

（1）三相 a，b，c 相での電圧方程式

前節で示した式（6.1）の電圧方程式を導出する。式（6.1）は，もともとは三相交流での電圧と電流の関係を d-q 軸に変換した関係式である。そこで，まず，三相 a，b，c 相での電圧方程式を，図 6.9 で求める。

a，b，c 相における電流，電圧，自己インダクタンスを，i_a，i_b，i_c，v_a，v_b，v_c，L_a，L_b，L_c とする。また，各相のコイルの巻線抵抗はすべ

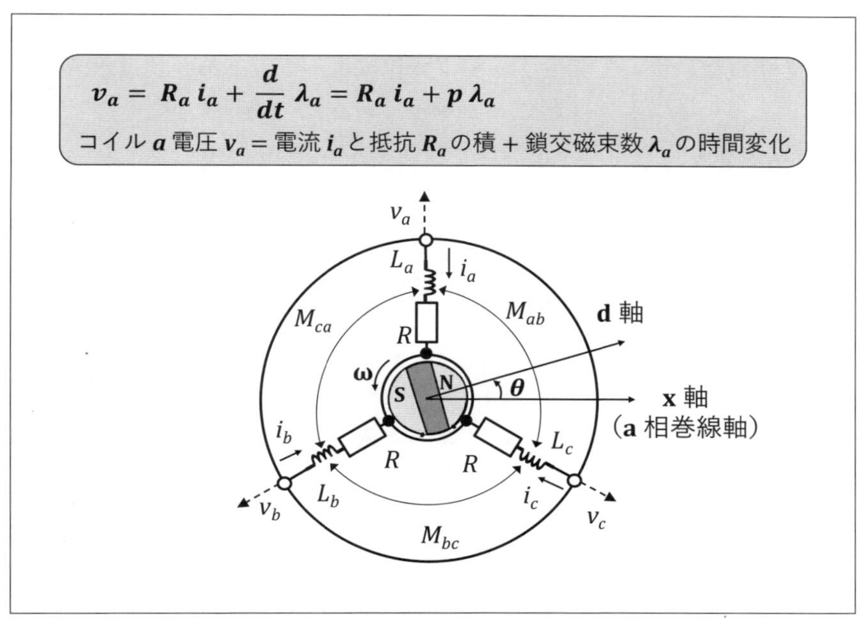

〔図 6.9〕三相モデルでの各パラメータ

て同じで R とする。最初に，a 軸で電圧と電流の関係を考える。コイルに流れる電圧と電流の関係は，

「コイル電圧 v_a＝電流 i_a と抵抗 R_a の積＋鎖交磁束数 λ_a の時間変化」となる。これを数式で示すと，式（6.4）となる。

$$v_a = R_a i_a + \frac{d}{dt}\lambda_a = R_a i_a + p\lambda_a \tag{6.4}$$

式（6.4）の λ_a を，具体的に書くと式（6.5）となる。ここで，$p={}^{d}/_{dt}$ で式（6.1）と同様に微分を表す演算子である。

$$v_a = R\,i_a + \frac{d}{dt}L_a i_a + \frac{d}{dt}M_{ab}\,i_b + \frac{d}{dt}M_{ca}\,i_c - \omega\,\psi_f \sin\theta \tag{6.5}$$

M_{ab} は a 相と b 相の相互インダクタンス，M_{ca} は a 相と c 相の相互インダクタンスである。ψ_f は永久磁石による磁束である。右辺の第 1 項はコイルの巻線抵抗による電圧，第 2 項は a 相の自己インダクタンスによる電圧，第 3 項は b 相電流によって発生する磁束変化による電圧，第 4 項は c 相電流によって発生する磁束変化による電圧，第 5 項は永久磁石が回転していることで誘起される電圧である。

b 相，c 相も同様に考え，三相分をまとめると式（6.6）となる。

$$\begin{bmatrix} v_a \\ v_b \\ v_c \end{bmatrix} = \begin{bmatrix} R + pL_a & pM_{ab} & pM_{ca} \\ pM_{ab} & R + pL_b & pM_{bc} \\ pM_{ca} & pM_{bc} & R + pL_c \end{bmatrix} \begin{bmatrix} i_a \\ i_b \\ c \end{bmatrix} - \begin{bmatrix} \omega\,\psi_f \sin\theta \\ \omega\,\psi_f\ \sin\left(\theta - \frac{2}{3}\pi\right) \\ \omega\,\psi_f\ \sin\left(\theta + \frac{2}{3}\pi\right) \end{bmatrix} \tag{6.6}$$

ここで，M_{bc} は b と c の相インダクタンスである。各相のコイルは 120 度間隔に配置されているので，永久磁石の回転により誘起される電圧項の sin にはその位相角に相当する $-2\pi/3$ と $2\pi/3$ が加えられている。式（6.6）が，x，y，z 軸での電圧方程式である。

（2）d-q 軸への変換

① 三相二相変換

式（6.6）を d-q 座標に変換し，式（6.1）を導く手法を図 6.10 に示す。三相の電圧方程式を三相二相変換により，α 相と β 相の 2 相に変換し，これを d-q 軸変換で d 軸の角度 θ に回転する。

三相交流は，図 6.11(a)に示すように 120 度間隔の 3 つのベクトルで示される。三相二相変換では，この 3 つのベクトルに等しい 90 度間隔の α と β の 2 つのベクトルに換算する。α と β 軸が垂直なのは，d-q 軸が垂直関係にあることに対応させるためである。具体的には，三相交流で各相のベクトル成分を，x(α) 軸方向の成分と，y(β) 軸方向の成分に分解して合計する。

x 軸は各相ベクトルの cos 方向なので cos を，y 軸成分は sin なので sin をそれぞれかけて，x 軸成分と y 軸成分に分解する。a 相，b 相，c 相と α 軸とがなす角は，それぞれ，0，2π/3，4π/3 となるので，式（6.7）

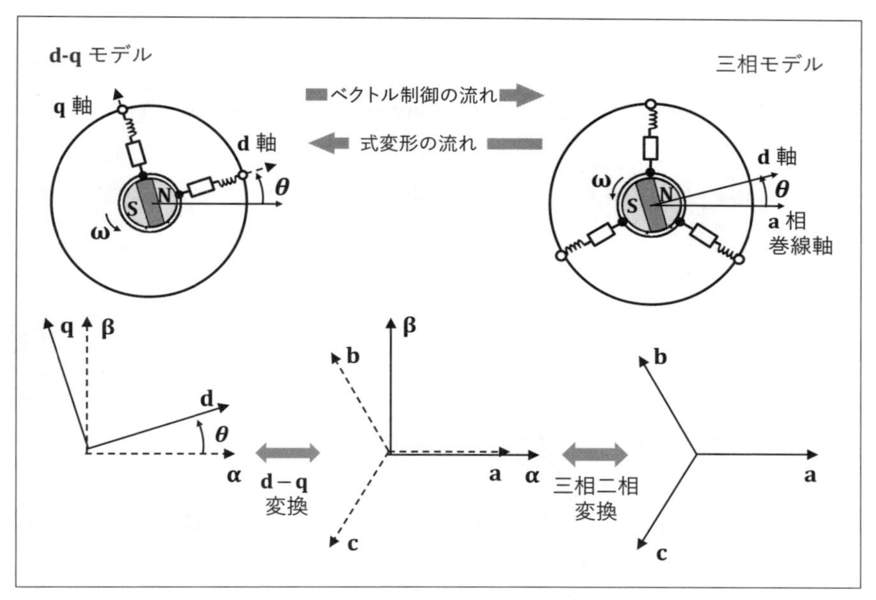

〔図 6.10〕三相モデルから d-q 軸モデルへの変換

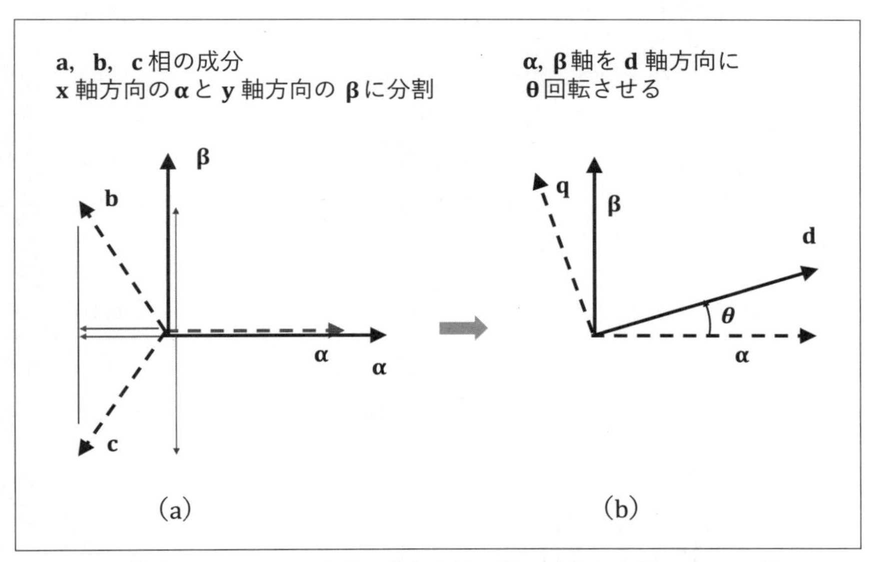

〔図 6.11〕ベクトル変換　(a)三相二相，(b)α-β 軸から d-q 軸

と式（6.8）の関係が成りたつ。

$$\alpha\text{成分} = \text{a 相} \times \cos(0) + \text{b 相} \times \cos\left(\frac{2\pi}{3}\right) + \text{c 相} \times \cos\left(\frac{4\pi}{3}\right)$$
$$= \text{a 相} \times 1 + \text{b 相} \times \left(-\frac{1}{2}\right) + \text{c 相} \times \left(-\frac{1}{2}\right) \tag{6.7}$$

$$\beta\text{成分} = \text{a 相} \times \sin(0) + \text{b 相} \times \sin\left(\frac{2\pi}{3}\right) + \text{c 相} \times \sin\left(\frac{4\pi}{3}\right)$$
$$= \text{a 相} \times 0 + \text{b 相} \times \left(\frac{\sqrt{3}}{2}\right) + \text{c 相} \times \left(-\frac{\sqrt{3}}{2}\right) \tag{6.8}$$

式（6.7）と式（6.8）の関係を使うと，式（6.6）を三相電圧 v_a，v_b，v_c を二相電圧 v_α，v_α に変換する式は，式（6.9）となる

$$\begin{bmatrix} v_\alpha \\ v_\beta \end{bmatrix} = \sqrt{\frac{2}{3}} \begin{bmatrix} 1 & -\frac{1}{2} & -\frac{1}{2} \\ 0 & \frac{\sqrt{3}}{2} & -\frac{\sqrt{3}}{2} \end{bmatrix} \begin{bmatrix} v_a \\ v_b \\ v_c \end{bmatrix} \tag{6.9}$$

ここで，座標変換のために単純に行列を掛けると，αとβ座標でのエネルギーは 3/2 倍となってしまう。変換前でエネルギーが等しなるように $\sqrt{2/3}$ を掛けている[7][8]。また,式(6.9)を行列で表記すると,式(6.10)となる。

$$\mathbf{V_{\alpha\beta}} = \mathbf{C}\,\mathbf{V_{abc}} \tag{6.10}$$

$\mathbf{V_{\alpha\beta}}$，$\mathbf{V_{abc}}$ は，それぞれ，v_α と v_β のベクトル，v_a と v_b 及び v_c のベクトルである。また，**C** は三相二相の変換行列で，式（6.11）である。

$$\mathrm{C} = \sqrt{\frac{2}{3}} \begin{bmatrix} 1 & -\frac{1}{2} & -\frac{1}{2} \\ 0 & \frac{\sqrt{3}}{2} & -\frac{\sqrt{3}}{2} \end{bmatrix} \tag{6.11}$$

② d-q 変換

三相が直角で二相の α-β 座標に変換できれば，図 6.11(b)に示すようにこの座標を θ 度回転して，d-q 軸に一致させればよい。座標や図形を θ だけ回転させるのは線形代数の問題で，α-β 座標の電圧 v_α，v_β を d-q 座標の電圧 v_d，v_q に変換するのは式（6.12）となる。2 行 1 列が，$-\sin$ となることに注意する。

$$\begin{bmatrix} v_d \\ v_q \end{bmatrix} = \begin{bmatrix} \cos\theta & \sin\theta \\ -\sin\theta & \cos\theta \end{bmatrix} \begin{bmatrix} v_\alpha \\ v_\beta \end{bmatrix} \tag{6.12}$$

式（6.12）を行列で表記すると，式（6.13）となる。

$$\mathbf{V_{dq}} = \mathbf{R}\,\mathbf{V_{\alpha\beta}} \tag{6.13}$$

ここで，$\mathbf{V_{dq}}$ は v_d と v_q ベクトル，$\mathbf{R}$ は回転の行列である。式（6.6）を，式（6.9）で α-β 変換し，その結果を式（6.12）で d-q 変換することで，d-q 軸の電圧方程式である式（6.1）が得られる。変形の途中で，多少の数学的なテクニックも使うが，最終的には式（6.1）が得られる。詳しい式変形は文献［6］に詳しく，式（6.1）から式（6.10）までの変形が詳細に説明されている。

ここまでの議論で，三相の電圧方程式から d-q 座標での電圧方程式を導いてきた。これに対して，実際のベクトル制御では，図 6.10 上段に示すように式の導出とは逆に d-q 座標でモータを直流的に制御するための電圧，電流を決め，それを実現する三相交流を求める流れとなる。

6.3 ベクトル制御によるモータ駆動

6.3.1 ベクトル制御の回路・制御構成

6.1節で位置検出，6.2節で電圧方程式の説明をしてきた。こうした仕組みを含め，PMSMを電流値で指令するベクトル制御をブロック線図で示したのが図6.12である。図中で＊印がついているのは，制御信号（制御指令値）で，＊がついていないのは動作時の実際の値である。

6.2.3項の最後に記したように，実際の制御系ではd-q軸の電圧方程式とは逆の流れでPMSMを制御する。モータから所望トルクを得るための＊電流を決める。この電流値 i_d^*，i_q^* と実際の電流値とを比較し，所望トルクを得るのに必要な電圧 v_d^*, v_q^* を求めるのが電流制御のブロックである。v_d^*，v_q^* を式（6.9）の三相二相変換の逆変換により三相交流の指令値 v_a^*，v_b^*，v_c^* に変換するのが座標変換1である。v_a^*，v_b^*，v_c^* を

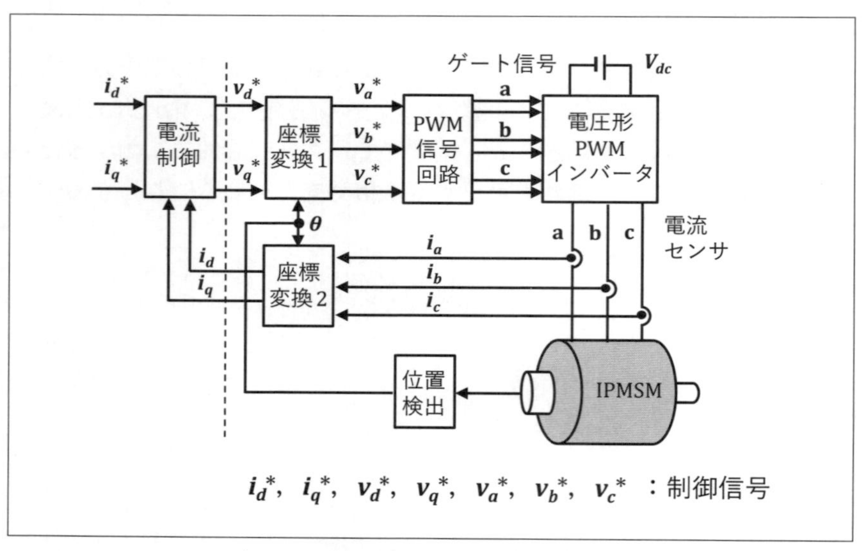

〔図6.12〕ベクトル制御の装置構成

得るための PWM 信号を生成するのが PWM 信号回路で，この信号をインバータに入力して PWM 電圧を発生させるのが電圧型 PWM インバータである。電流センサにより測定された i_a，i_b，i_c 電流と，位置検出でされたロータの位置情報を使って i_d，i_q 電流を求めるが座標変換 2 である。

6.3.2　ベクトル制御の流れ

6.3.1 項では，主にベクトル制御を実現するハード構成について示したが，ここでは制御の流れを STEP 順に説明する。図 6.13 は電気自動車に組込まれたモータで，車体を一定速度で走行させることを考える。

平地では一定速度で惰性走行しているため，それほど大きくない一定トルクを発生させればよい。これに対して，登坂時には，トルクを増加させる必要があり，ベクトル制御を使って加速する。この時の制御の流れが STEP1～STEP4 である。

STEP1：最初に速度を一定に保持するのに必要なトルクを決定する。平地走行に対してトルクを一定量増やし，速度を保持するための必要トルクを決定する。
STEP2：式（6.2）のトルク方程式を使って，STEP1 の必要トルクが得られる電流 i_d，i_q を求める。
STEP3：式（6.1）の電圧方程式を使って，STEP2 求めた電流 i_d，i_q が得られる電圧 v_d，v_q を求める。
STEP4：式（6.13）の両辺に回逆行列転行列 $\mathbf{R}$ の $\mathbf{R}^{-1}$ を掛けた式（6.14）を使って，二相の α-β 軸電圧 v_α，v_β を求める（図 6.13 では式（6.14）の左辺と右辺を入れかえて記述している）。

$$\mathbf{R}^{-1}\mathbf{V}_{\mathbf{dq}} = \mathbf{R}^{-1}\mathbf{R}\,\mathbf{V}_{\boldsymbol{\alpha\beta}} = \mathbf{V}_{\boldsymbol{\alpha\beta}} \qquad (6.14)$$

STEP5：式（6.10）の両辺に三相二相変換行列 $\mathbf{C}$ の逆行列 $\mathbf{C}^{-1}$ を掛けた式（6.15）を使って，二相の α-β 軸電圧 v_α，v_β を求める（図 6.13 では

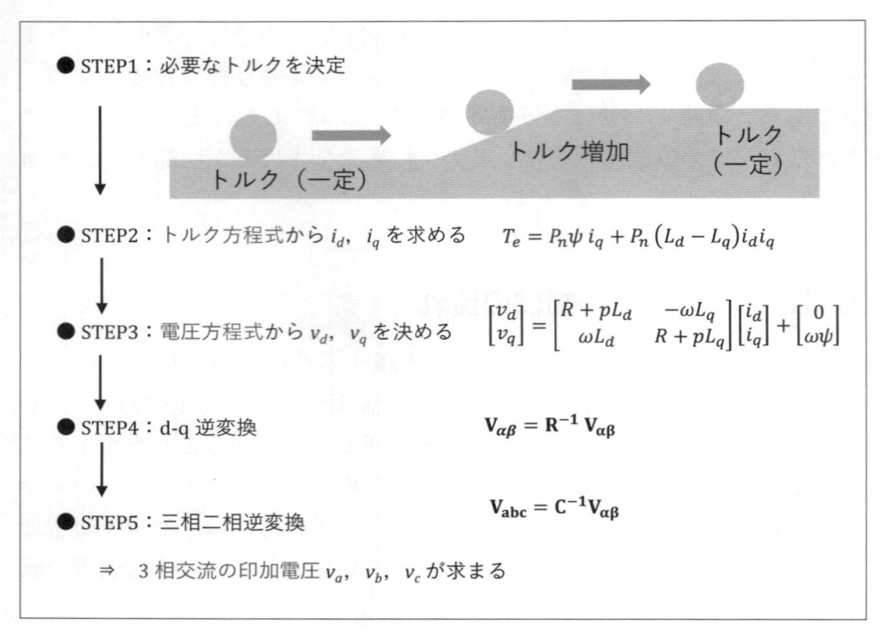

〔図 6.13〕ベクトル制御の流れ

式（6.15）の左辺と右辺を入れかえて記述している)。

$$\mathbf{C}^{-1}\mathbf{V}_{\alpha\beta} = \mathbf{C}^{-1}\mathbf{C}\,\mathbf{V}_{abc} = \mathbf{V}_{abc} \tag{6.15}$$

式（6.15）により，PMSM に印加するインバータの出力電圧が求められる。

ここで説明したベクトル制御の流れと，図 6.12 のハード系との対応は次のようになる。STEP2 で求める d 軸と q 軸の電流，STEP3 で求め d 軸と q 軸の電圧，STEP4 と STEP5 を通して得られる三相電圧が，それぞれ，図 6.12 に示す i_d^* と i_q^*，v_d^* と v_q^*，v_a^* と v_b^* 及び v_b^* に対応する。

6.3.3　よく使われるベクトル制御

この章の最後に，よく使われるベクトル制御について紹介する。図 6.14

によく使われる5種類のベクトル制御をまとめた。以下(a)～(e)について簡単に説明する。

(a) $i_d = 0$ [A] 制御

制御対象のモータが表面磁石同期モータ（SPMSM）の場合，突極性が無くリラクタンストルクが発生しない i_d 電流はゼロとして，i_q 電流のみとしてSPMSMを駆動することができる。また，埋込磁石同期モータ（IPMSM）でも，L_d と L_q の差が小さい場合には，制御が単純となり，有効な制御法である。

(b) 弱め磁界制御

電源電圧の上限で，さらに回転数を高くするための制御方法である。5章の5.1.2項で回転数は電圧に比例し，式（6.16）となることを示した。

$$E = v\,B\,l = \frac{\omega D\,\phi\,l}{2\,S} = K_E\,\omega \qquad (6.16\quad 式(5.7)再掲)$$

この式で，装置構成（D，ϕ，l，S）を変化させなければ，回転数は E で決まる。電源電圧 E に上限があると，それに対応する回転数が上限となる。しかしながら，式（6.16）から装置内の ϕ すなわち磁束密度を低減すれば，Eを変えなくても ω を高くできる。ϕを低減するには，ロータの磁束ベクトルを弱める向きに d 軸電流 i_d を流せばよい。この方法で回転数を高める方法は，弱め磁界制御と呼ばれている[9][10]。

(c) 最大トルク制御

5.2.2項，6.2.2項で説明したように，i_q と i_d 電流を調整することでマグネットトルクとリラクタンストルクの合計トルクを最大にすることができる。最大トルクとなるように i_q と i_d を設定して，PMSMを駆動するのが最大トルク制御である。

(d) PI制御

制御対象とする i_q と i_d 電流などの値を測定し，設定値との差に応じ

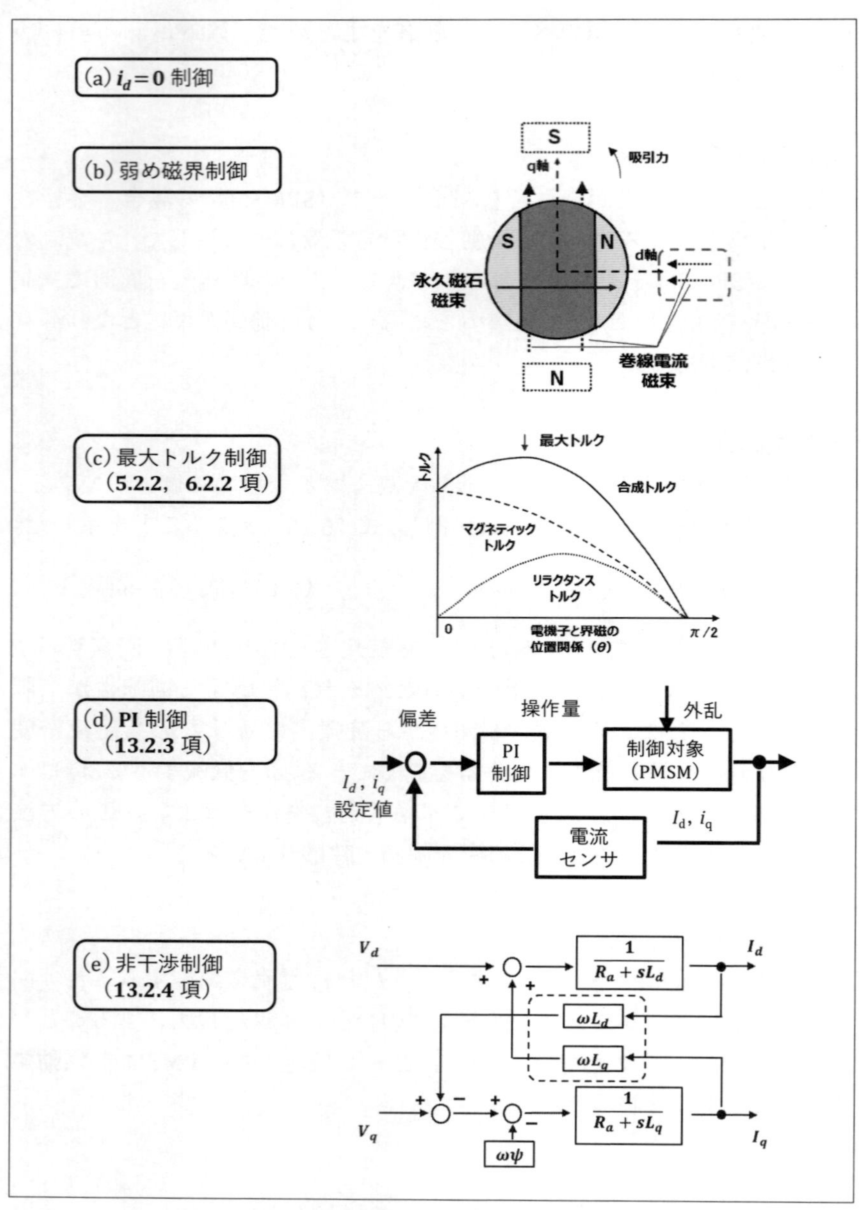

〔図 6.14〕 よく使われるベクトル制御

で制御を掛ける方法はフィードバック制御と呼ばれる。PI 制御（Proportional-Integral controller）はフィードバック制御の 1 方式で，基本的には設定値と測定値との差に比例した値を制御対象に加える。比例のみで動作を続けると制御しきれない設定値と測定値の差が残る。これを無くすために差の積分項を加え，両者の差を小さくする。PI 制御については，12.2.3 項で詳しく説明している。

（e）非干渉制御

式（6.1）の電圧方程式では，v_d の式には i_d と i_q の項があり，v_d の式には i_d と i_q の項がある。v_d は i_d と i_q で決まり，v_q は i_d と i_q で決まり，相互に依存している。このため，v_d と v_q とを一定の値に制御するためには，双方の値を調整する必要があり，目標値に達するまでに時間がかかる。相互の影響を無くし，目標値に達するまで制御時間を短くするのが非干渉制御である。非干渉制御については，12.2.4 項で詳しく説明している。

以上，ベクトル制御について述べてきた。その基本原理は，回転磁界ベクトルとロータの磁束ベクトルを一定の関係（角度）に保持してモータを駆動することである。また，ロータと共に回転する d-q 座標系を用いることで，三相の永久磁石同期モータを直流モータのように制御できることが最大の特長である。

参考文献

［1］森本雅之：“よくわかる電気機器”，森北出版，第 2 版第 2 刷，pp.59 ～ 65（2021）

［2］電気学会･センサレスベクトル制御の整理に関する調査専門委員会，“AC ドライブシステムのセンサレスベクトル制御”，オーム社，pp.124 ～ 146（2016）

［3］正木耕一，田代晋久，脇若弘之，楡井雅巳：“角度センサの Resolver（3） レゾルバの設計技術と MIL スペックについて”，日本

AEM学会誌，31，pp.344～349
［4］高木茂行，長浜竜："これでなっとく　パワーエレクトロニクス"，コロナ社，初版4刷，pp.122～123（2023）
［5］武田洋次，松井信行，森本茂雄，本田幸夫："埋込磁石同期モータの設計と制御"，オーム社，pp.23～26（2018）
［6］電気学会･センサレスベクトル制御の整理に関する調査専門委員会，"ACドライブシステムのセンサレスベクトル制御"，オーム社，pp.115～117（2016）
［7］電気学会･センサレスベクトル制御の整理に関する調査専門委員会，"ACドライブシステムのセンサレスベクトル制御"，オーム社，pp.85～86（2016）
［8］トランジスタ技術SPECIAL編集部:"ベクトル制御による高効率モータ駆動法"，CQ出版，pp.27～29（2014）
［9］武田洋次，松井信行，森本茂雄，本田幸夫："埋込磁石同期モータの設計と制御"，オーム社，pp.26～27（2018）
［10］電気学会・センサレスベクトル制御の整理に関する調査専門委員会，"ACドライブシステムのセンサレスベクトル制御"，オーム社，pp.117～119（2016）

7章

電気自動車の車体

～軽量と低コスト化を指向する車体構造～

自動車はボディ・フレームにサスペンション，ステアリング，ブレーキ等の部品を固定し，タイヤ・ホイールを介して路面から伝わる外力および車両総重量を支える。初期は，はしご型の骨組み（ラダーフレーム）の上に独立に造られたボディを載せ，文字通りのボディ・オン・フレーム構造（body-on-frame）が一般的であった。現在，大型車，商用車やオフロード車の一部を除いて，ほとんどの乗用車はボディ自体が外力を受け持つ役割を担えるモノコック構造（monocoque）で構成される。

本章では，エンジン車・電気自動車に共通な車体構造について7.2節で解説し，電気自動車に特徴的なバッテリパックと車体との関係を7.3節で説明する。7.4節，7.5節では，電気自動車で先進的な取り組みの例を取り上げ，ギガキャスト，モジュール化について紹介し，今後の電気自動車の車体の開発動向を探る。

7.1 用語説明：ボディ，フレーム，シャシ，ローリングシャシ

車体構造について説明する前に，車体に関する用語を整理しておく。完成した車体に対しては,外力を受け持つ役割を担う自動車の基本骨格・フレームワーク（framework）は広義でシャシ（chassis）と呼ばれる。また，動力系が組み込まれて走れる状態のシャシはローリングシャシ（rolling chassis）と呼ばれる。

一方，自動車設計において一般的には，シャシはアクスル（自動車の走行装置の中の車軸），サスペンション，マウント，ステアリング，ブレーキ，コントロール，エキパイ（複数の排気管の流路をまとめる多岐管），燃料およびその周辺装置等を指す。これに対して，車体（ボディ，body）はモノコックやフレーム形式の骨格に分類する[1]。これは国土交通省の自動車整備士資格の自動車車体整備士(特殊区分)と自動車シャシ整備士（令和9年1月1日施行予定の制度等の見直しにより廃止予

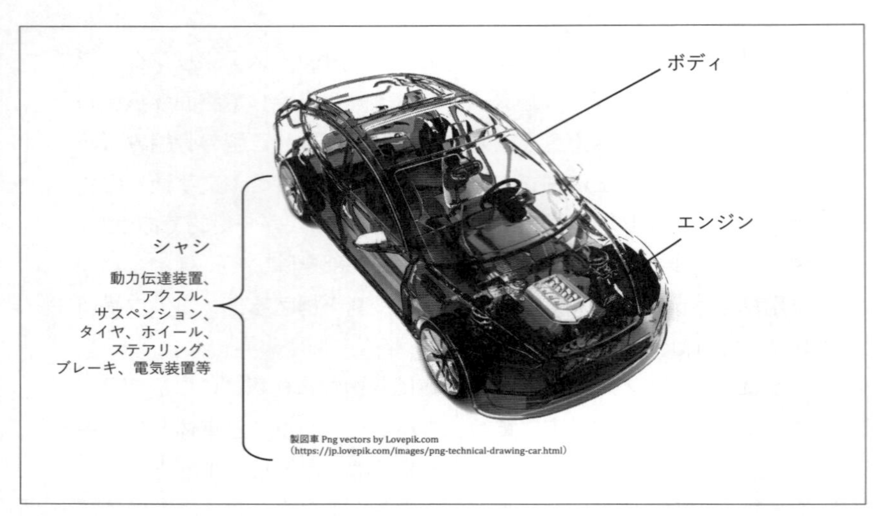

〔図 7.1〕シャシとボディ

定[2]）の担当範囲と一致する。なお，モノコック（Monocoque）とは，後述の 7.2.2 項に示すように「一つの貝殻」という意味で，骨組みを使わずに貝殻のように外皮を強くすることで形を保つ自動車にも採用されている構造である。

つまり，図 7.1 に示すようにボディ設計は車のボディやフレームなどの外装に関わる業務を担当し，シャシはボディとエンジン以外の，動力伝達装置，アクスル，サスペンション，タイヤ，ホイール，ステアリング，ブレーキ，電気装置等を担当する。

本稿では文献 [1] [2] の定義にそって，自動車の基本骨格を構成するフレーム形式とモノコック形式をまとめて車体（ボディ，body）と位置づける。

7.2　車体構造の特徴

車体の構造は，自動車製造に大変革をもたらしたT型フォード車台に代表されるボディ･オン･フレーム（body-on-frame）構造とユニボディ（unibody）に大別できる。ボディ・オン・フレームはセパレートフレーム，あるいは単にフレーム構造と呼ばれ，頑丈なフレームを作り，そこに別に製作したボディを載せる構造である。これに対して，ユニボディフレームは，本体のパーツを1つのパーツで構成し，継ぎ目を設けない構成である。自動車ではモノコックがこの代表である。表7.1に代表的なボディ・オン・フレームとユニボディフレームをまとめた。

〔表7.1〕車体構造の分類と比較

車体構造の分類	車体構造の名称	特徴	量産性 生産コスト	衝突 安全性	備考と例
ボディ・オン・フレーム（body-on-frame）	ラダーフレーム ladder frame chassis	車の前後に伸びた対称な平行なレールを複数のクロスメンバーで接合した伝統的な構造	良い	△	車高の低い車では車内居住性が悪くなる 1908年のT型フォード スズキ・ジムニー TOYOTA・ランドクルーザー
	バックボーンフレーム X型バックボーンフレーム backbone chassis	車の前後に伸びた1本のレールで構成	良い	△	1908 Rover 8 h.p., Lotus Elan TOYOTA2000GT
	スペースフレーム space frame chassis	立体的なトラス構造で構成	悪い	◎	GE EV1
	Xフレーム GM's X-Frame	フレームをX字の形にして後部座席部の床面を低くすることで車内居住性を良くした	良い	×	1957 GM's X-Frame
	ペリメーターフレーム perimeter chassis	車の周囲をフレームで覆う	良い	○	TOYOTA･クラウン（9代目まで）
	プラットフォーム platform chassis	平板で構成される	良い	○	フォルクスワーゲン・ビートル（Volkswagen Beetle）
	スケートボード skateboard chassis	本文参照	良い	◎	EV車台として注目されている
ユニボディ（unibody）	モノコック構造 monocoque chassis	本文参照	良い	◎	現在の殆どの自動車で採用

7.2.1 ボディ・オン・フレーム

ボディ･オン･フレームは頑丈なフレームの上に，別に製作したボディを載せる構造であり，自動車の始まりから現在まで続く基本的構造である。設計，制作，修正が容易ではあるが，モノコック構造に比べ，ねじり剛性が低い。

表7.1に示すように，ラダーフレーム，バックボーンフレーム，スペースフレームなど多くの種類がある。この中で，ラダーフレームは，はしご状のフレームで，製作と強度の確保が容易で，製造・使用の歴史も長く，現在でも採用例が多く，ボディ・オン・フレームの代表である。ボディ・オン・フレームの中で，EV車台にも使われるスケートボードについては，7.3節で詳しく説明する。

7.2.2 ユニボディ（モノコック構造）

乗用車の車体構造は量産性，生産コスト，衝突安全性，そして車内居住性等にも大きく影響する。内燃機関（ICE: Internal Combustion Engine）車では，その最適解がモノコック構造として確立された。車体は，図7.2に示すように主にプレス整形された鋼板から成るパネルやフレーム，フロアやルーフ等のサブパーツで構成され[3]，これらを各種溶接手法[1][4]や自動車構造用接着剤（automotive structural adhesives），ナット，ボルト，リベット等で接合することで高剛性のモノコック構造に一体化している。モノコック構造に限らないが，自動車のボディやフレームが接合されて組みあがった状態はホワイトボディ（BIW: Body in White）と呼ばれる。

モノコックを構成する各部の鋼板種類，厚さ，形状や接合方法は全体の軽量化と剛性の要求を満たすように最適設計される。これら複雑形状の多数のパーツを効率よく設計製造して精度良く接合して高品質の自動車を完成させるためには，製品アーキテクチャ（product architecture）はインテグラル（擦り合わせ）型（integral architecture）が適している。

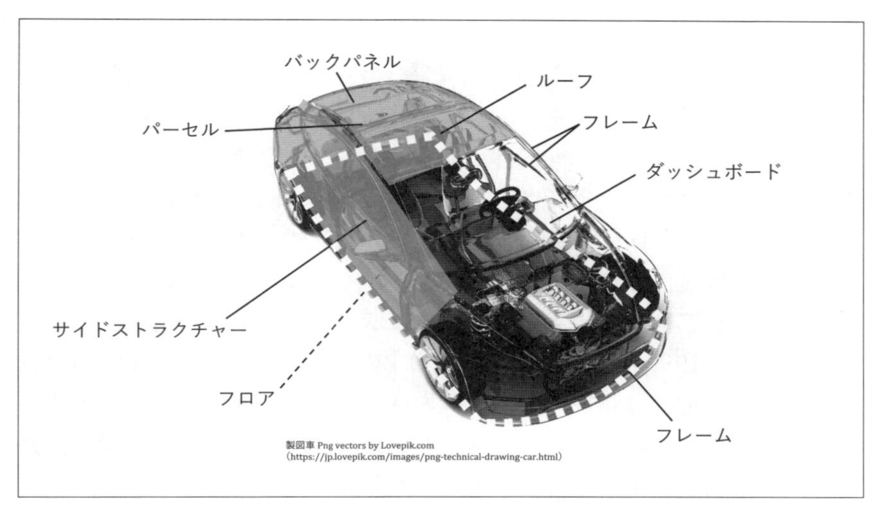

〔図 7.2〕自動車メーカーを支えるクルマの骨格部品

日本の自動車産業がこれまで世界をリードしてきたのはいわゆる「擦り合わせ」技術が高かったからであると言われる[5]。

一方，ボディ・オン・フレーム（body-on-frame）構造の製品アーキテクチャはモジュラー（組み合わせ）型（Modular Architecture）と位置付けられる。例えばラダーフレームの設計製造とは独立に，他社等で設計製造されたボディを後付けで全体を完成できる利点がある。

7.3　バッテリパック（電池パック）と車体

内燃機関車に対して，電気自動車では駆動用バッテリ（バッテリパック，電池パック），モータ，インバーターが主に新しい構成要素である。これらをいかに車体に搭載固定するかで，量産性，生産コスト，衝突安全性，車内居住性等が左右される。

特に，バッテリの体積と総質量は無視できなく，車体設計に大きな影響を与える。1996年に発売されたGM EV1では鉛蓄電池（533kg程度）を搭載し，軽量化と剛性の要求を満たすため，図7.3に示す例のようなアルミを材料としたスペースフレーム構造が採用された。その後，高張力鋼板（High Tensile Strength Steel）や超高張力鋼板が開発され，車体に使われる鋼板材の軽量化，成形性と高強度化も大きく進化して車体の軽量化が可能となった。一部の高級車やスポーツカーでは軽量化を追求するために炭素繊維複合材料（CFRP　Carbon Fiber Reinforced Plastics）が使用されている。さらには，自動車の構造材料の樹脂化の可能性も検討されている。例えば，革新的な新素材として「しなやかなタフポリマー」

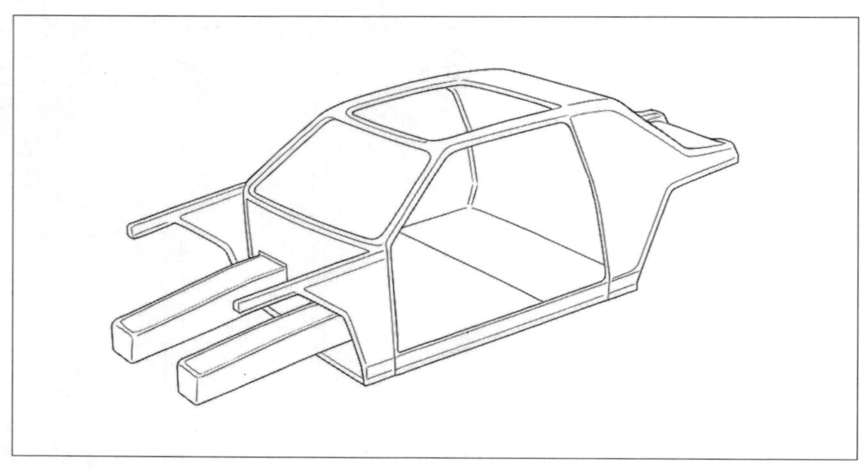

〔図7.3〕アルミを材料としたスペースフレーム構造の例

材料群が研究開発されている[6]。その結果，重いバッテリパックにも対応できる軽量で剛性の高いモノコック構造が実現でき，ICE 車につづき EV の車体構造もモノコックが主流となった。

なお，体積エネルギー密度や重量エネルギー密度に優れるニッケル水素蓄電池（NiMH）やリチウムイオン電池が次々と実用化され，現在では鉛蓄電池を EV の駆動用バッテリとして使うことは無くなった。しかしながら，航続距離を延ばす要求を満たすために結局はバッテリの容量を増やさなければならない。そのため，依然として EV で使われるバッテリパックの質量は，例えば小型車（例えば Nissan Leaf）で 300 kg 台，中型車（例えば Tesla Model Y）で 700kg 台であり，自動車総質量としては未だ十分な軽量化は達成されていないのが現状である。

7.3.1　スケートボード（skateboard chassis）構造

GM は水素燃料電池駆動の 2002 年コンセプトカー“Autonomy”や 2003 年 Hy-wire（Hydrogen drive-by-wire）によって世界に先駆けてスケートボード（skateboard chassis）構造の有効性を提案した。図 7.4 に

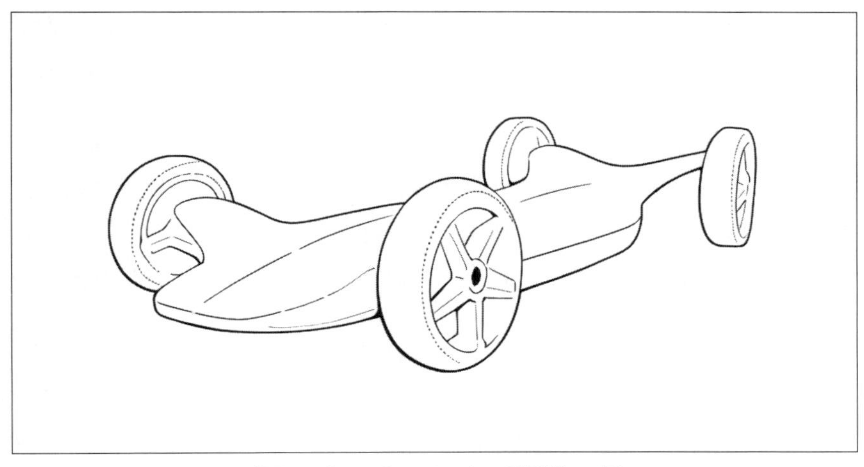

〔図 7.4〕スケートボード構造の例

示すように車体はフロアと前後部が一体化したスケートボードに似た構造を成し，カスタムなボディワークを後から組み付けることが可能である。GM のコンセプトカーでは水素燃料電池が内蔵されていたが，バッテリを内蔵した BEV（Battery electric vehicle）の車体構造としても有効であることは言うまでもない。

スケートボード車体（車台）自体に十分な強度と剛性を持たせてシャシ（ここでは，サスペンション，車輪，ステアリング）との統合ができなければローリングシャシとして走らせられない。しかしながら，部分的にスケートボードコンセプトを採用して共通プラットフォーム化することも有効である[7]。

7.3.2　構造体電池パック（structural battery pack）

ここまで，EV に特徴的な車体構造について述べてきたが，電気自動車ではバッテリパックの構造も重要である。ここでは，バッテリパックの構造について説明する。

EV の駆動用バッテリは高圧（350 V～800 V 程度）であるため漏電や充放電の監視がされ電気的な安全機能を有するだけでなく，万が一の事故時に発火や爆発しないように機械的変形も考慮された構造的に強度の高いバッテリパックとして一体化されている。事故時の衝突からバッテリパックを守り，同時に車体を低重心にして走行安定性を増す効果が期待できるため，バッテリパックは車体の中央フロア部のバッテリハウジングに配置（内蔵）することが自然な選択（ソリューション）である。このとき，通常は電池パックに車体の強度メンバーとしての役割を担わせない。

これに対して，Tesla は電池パック自体を積極的に車体の強度メンバーとして使いはじめ，最終的にはバッテリパックを車体のフロアとして使用する方法を取り入れた。具体的には，図 7.5 の例に示すように，フロアを構成する部分を備えていないモノコック構造のホワイトボディを完

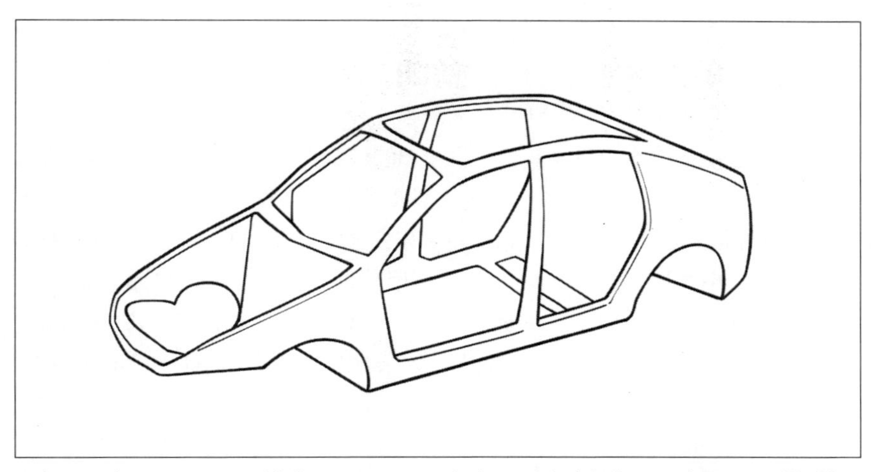

〔図 7.5〕モノコック構造のホワイトボディの例（車体は２部品から構成）

成し，組立工程の後半に車体下部から電池パックを締結する方法を 2024 年より Tesla Model Y や Cybertruck で実用化している。構造体電池パック上面にはシートレールを固定し運転席と助手席シートは一体となって車体に組み込まれることも特筆すべきである。

7.4 ギガキャストの動向

巨大ダイキャストマシンによって，通常は溶接接合された数百の個別部品から構成される構造体を一体成型する，ギガキャスト，ギガプレス（gigacasting, megacasting）技術が注目されている。Tesla は世界に先駆けて 2022 年頃よりギガキャストを実用化し，図 7.5 の例に示すように Model Y のフロントやリアボディ部を一体成型に成功している。これにより，Tesla Model 3 では 171 部品で構成されていた車体は，Model Y では 2 部品で設計・製造されている[8]。

また，Cybertruck でも採用している。前述の構造体電池パックを効果的に適用できるのも，剛性と成型制度の高いフロントとリアボディが形成されているからだと考えられる。Tesla に続き，Volvo Cars もいち早くその取り組みについてプレスリリースしたが[9]，量産は未だである。

日本でも，図 7.6 に示すように TOYOTA がギガキャスト技術に着目して 2023 年にその効果を実証した[10]。HONDA と関連会社[11] もギガキャ

〔図 7.6〕 TOYOTA のギガキャスト
https://global.toyota/jp/newsroom/corporate/39330299.html

スト技術を無視できない状況であり，世界的なトレンドであることは間違いない。

なお，事故等で損傷したギガキャスト部品の修理が不可能か困難であるのではないかと当初からの懸念がある。公開されている修理マニュアル[12]によれば，条件によるが壊れたタブを元の場所に溶接，新たな補強板の溶接，さらには曲がったタブも冷間曲げ加工で修正することも可能としている。

7.5 モジュラー化のトレンドについて

7.5.1 eアクスル

電気自動車駆動系を構成するモータ，インバーター，ギアボックス・トランスミッションをコンパクトにパッケージングしたものが E-Axle, eAxle（e アクスル）[13] と呼ばれる。eAxle によって高出力駆動系の小型化・軽量化・高効率化，そしてモジュラー構造によって EV 駆動系の開発が劇的に簡略化されることが期待できる。

7.5.2 Teslaのアンボックストプロセス

Tesla は生産効率をさらに向上するために，サイドストラクチャーやドア等を最後の工程で組み立てる，アンボックストプロセス（Tesla Unboxed Process）を提案している[14]。アンボックストプロセスでは，最後の工程で構造体電池パックを車体下部からボルト締結するようなので，車体が完成するまで自走できないものと考えられる。

7.5.3 TOYOTAの「製品自ら移動するライン」

TOYOTA では，モジュラー化したリア・フロント・中央（バッテリパック）を結合した状態で自走できる組み立てプロセスを提案している。つまり，この方式では電気自動車の組み立て途中で，動力系が組み込まれて走れる状態のスケートボード型ともいえるローリングシャシ（rolling chassis）が途中で完成することになることが興味深い。

まとめ

今後，強度メンバーを担う構造体電池パックや小型・軽量・高効率で高出力の e アクスルの共通化が進み，モジュラー構造の自動車造りが進むと考えられる。電気自動車の車体はモノコック（ユニボディ）方式以外に，ローリングシャシを構成しやすいスケートボード型に似たボディ・オン・フレーム（body-on-frame）方式も有望である。今後は各社でもX-By-Wire が導入され柔軟性の高い EV プラットフォームが完成することが期待される。

参考文献

［1］種植隆浩，藤田浩史，佐藤英資，大浜彰介，後藤昌毅："自動車「設計編」，溶接接合教室－実践編－第 9 回"，溶接学会誌，第 82 巻，第 7 号，pp.24-31（2013）

［2］国土交通省 自動車整備技術の高度化検討会，自動車整備士資格制度等の見直しについて（令和 4 年 5 月報告書）［PDF 形式，0.9MB］，pp.11, 12（2022）

［3］ジーテクトホームページ："自動車メーカーを支えるクルマの骨格部品"，https://www.g-tekt.jp/product/framework.html

［4］斉藤孝信，塩崎毅，玉井良清，トポロジー手法を用いた車体全体での接合位置の最適化，自動車技術会論文集，2020，51 巻，4 号，p.614-620，公開日 2020/07/11，Online ISSN 1883-0811，Print ISSN 0287-8321，https://doi.org/10.11351/jsaeronbun.51.614

［5］藤本隆宏："自動車産業の未来と基本的思考枠組"，特定非営利活動法人日本自動車殿堂，論文，pp.1-6，（2022）

［6］東レ・カーボンマジック株式会社：コンセプト EV「ItoP」，https://www.carbonmagic.com/challenge/cha_01.html

［7］日産が提案する次世代車台 https://ev2.nissan.co.jp/BLOG/697/

［8］https://teslanorth.com/2022/04/20/teslas-texas-made-model-y-body-structure-2-pieces-versus-171-in-model-3/

［9］Volvo Cars Global Newsroom, Volvo Cars to invest SEK 10bn in Torslanda plant for next generation fully electric car production, Feb 08, 2022, ID: 294360

［10］トヨタ，電動化技術-バッテリー EV 革新技術，BEYOND ZERO,

2023 年 06 月 13 日
https://global.toyota/jp/newsroom/corporate/39330299.html
［11］株式会社ジーテクト：G-TEKT REPORT 2023, pp.1-51
https://www.g-tekt.jp/ir/library/pdf/2023/Ikkatsu.pdf
［12］TESLA, Cybertruck Collision Repair Manual, Cast Front Under Body Repair Guidelines, 2024
https://service.tesla.com/docs/Cybertruck/BodyRepair/BodyRepairProcedures/en-us/GUID-C1914222-086E-4604-809F-1ECB9A0F6F53.html
［13］株式会社アイシン：“電動車のコア部品 eAxle（e アクスル）とは？”, https://www.aisin.com/jp/use/
［14］New! Tesla Unboxed Manufacturing Process（Cut from 4h Investor Day Presentation）, https://www.youtube.com/watch?v=S8KD-8c9ri4

応用編

8章

電気自動車用
パワーユニットの測定・評価

～実際の回路動作を確認～

自動車用インバータは，電気エネルギーの効率的な利用を実現するため，高電力化，高耐熱化，小型化／軽量化が求められている。高電力化を達成するためには，SiC や GaN デバイスの利用が進んでいる。これらの材料は，高い耐電圧と低い損失を持ち，従来のシリコンデバイスに比べて高い効率を実現している。また，冷却システムや回路設計の最適化により，高密度実装化がさらに進み，インバータシステムに合わせた測定方法を考慮する必要がある。

そこで，電源や電力変換器の測定評価手法について，パワーデバイス評価装置などの例を挙げて，評価デバイスに応じた測定方法を説明する。より高度な測定技術や解析手法を用いて，電源や電力変換器の高性能化や安定性を総合的に判断する。

8.1　測定の目的

図 8.1 に回路構成と測定項目を示す。インバータを駆動するための供給電力源として DC 電源（バッテリ）を利用しており，バスバー，平編み導線などで配線されている。配線が長くなると，配線の抵抗やインダクタンスが増加し，電圧降下やノイズの発生が懸念されるため，ノイズフィルタが挿入されている。特に大電流が流れると配線抵抗による電圧降下は顕著であり，インバータへの供給電圧が変動し易くなる。また，バッテリが設置されている周囲の温度環境や劣化状態によっては，内部抵抗が増加して電圧変動が大きくなることがある。

そこで，インバータに電力供給するための電圧監視回路とインバータ出力側の電流検出を行い，制御回路にフィードバックして適切な制御を行う。インバータに使われるデバイスは，主インバータに SiC パワーデバイスなどが使われている。電源，電力変換器の測定評価は，要求仕様に対して，その要求が実装されているかどうかを試験することで製品品質を高める目的がある。このためには，以下の様な測定が求められる。

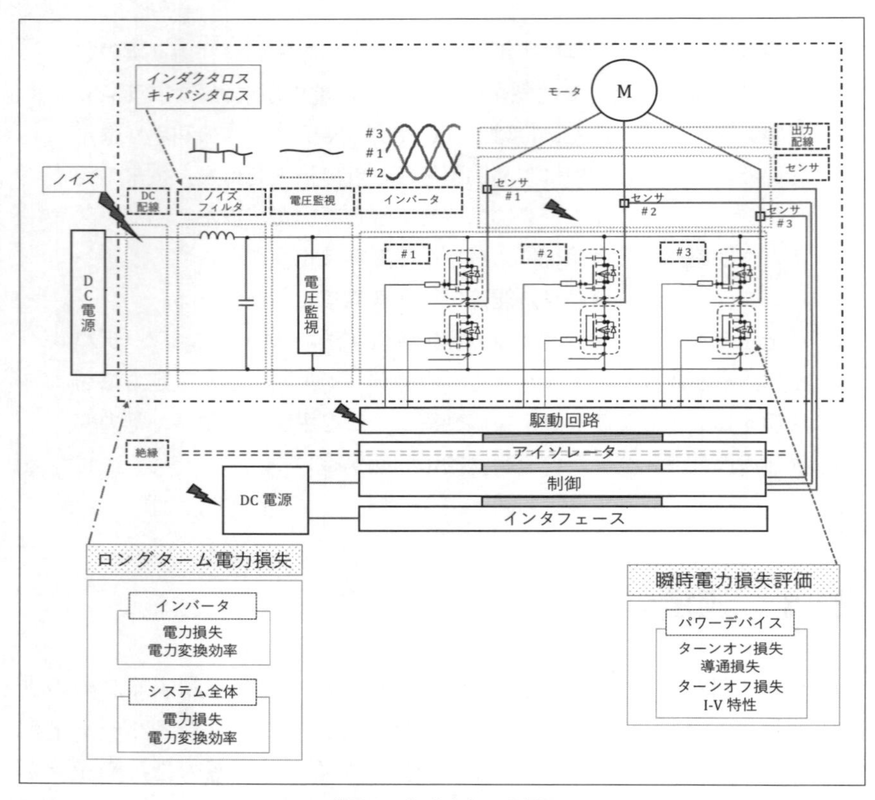

〔図 8.1〕測定の種類

（1）瞬時電力損失評価

電源や電力変換器が要求される仕様に適合しているかどうかを客観的に判断するために，様々なツールを活用した電気的な特性試験を行う。ここでは，パワーデバイスのダブルパルス試験や I-V 特性試験を行い，デバイス単体の性能確認，デバイス実装時におけるタイミング制御の確認のために，オシロスコープやアイソレーションされたプローブなどが使われる。

〔図 8.2〕SiC デバイス　ハーフブリッジ回路

（2）電力変換効率の改善

高出力・高密度実装化が進む電子機器において，効率を改善することは，さらなる小型化・高密度実装化を実現し，エネルギーの無駄を減らしコスト削減や環境負荷を抑えることにつながる。

ここでは，高精度（基本測定確度で 0.01%～0.2%）で電力損失を測定するパワーアナライザと電流センサ（カレントトランスデューサなど），若しくはパワーアナライザの電流入力に直接接続して測定する。

（3）ロングタームの安定動作評価

安定した電力供給は，機器の安定動作に欠かせない。このため，長時間にわたり測定・評価することも多い。長時間に亘る測定は，パワーアナライザを利用する。

8．2　瞬間的な電力損失評価

8．2．1　SiC パワーデバイスの評価

デバイスが実際の動作状態で発生する損失を正確に把握し，デバイスの効率動作や安定動作に繋がる評価する。以下では，SiC-MOSFET パワーデバイスの評価における瞬間的な電力損失評価の手法について詳しく説明する。

（1）測定準備

パワーデバイスの評価には，高速かつ高分解能の測定装置が欠かせない。一般的には，広帯域オシロスコープが使用され，瞬時電力損失を正確に測定できる。ここでは，デバイス評価に幅広く用いられるダブルパルス測定法について説明する。この方法では，実際の回路に類似した負荷を接続し，実用条件に近い状況で評価が行われる。例えば，パワーデバイスが実際の動作時に生じる電力損失を測定し，ターンオン損失，ターンオフ損失，オン損失，逆回復時間などを解析する。

測定結果から損失の原因や特性を理解することは，実際の動作条件下での電力損失を評価し，デバイスの性能や効率を正確に把握するために重要である。また，測定結果をもとに回路設計や制御方法を最適化することが可能である。パワーデバイスの評価における瞬時電力損失評価は，製品の開発や設計段階で重要な役割を果たす。図 8.3 に基本的なハーフブリッジ回路を，図 8.4 にそのタイミングチャートを示す。

従来のシリコンデバイスよりも高速で，高耐電圧特性を持つ SiC-MOSFET を使用したハーフブリッジ回路を例に説明する。この回路には，インダクタ負荷（L_{load}）が接続され，高電圧源が電源として用いられる。スイッチングによって，負荷に対して交流の電力供給が行われる。しかしながら，デバイス内の寄生容量により波形の歪みや損失が生じることがある。図 8.3 では，デバイスがスイッチングする際に負荷電流（I_{load}）

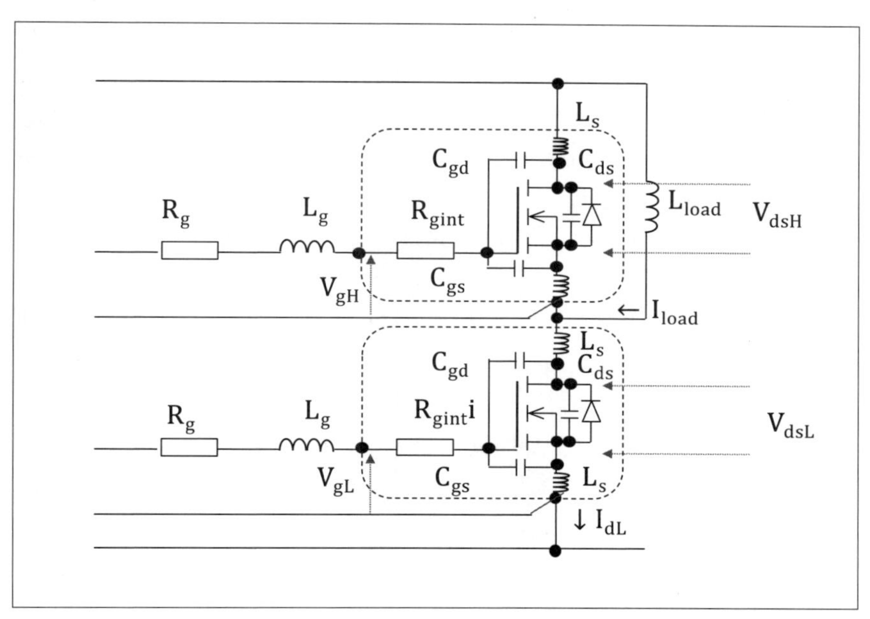

〔図 8.3〕ハーフブリッジ回路

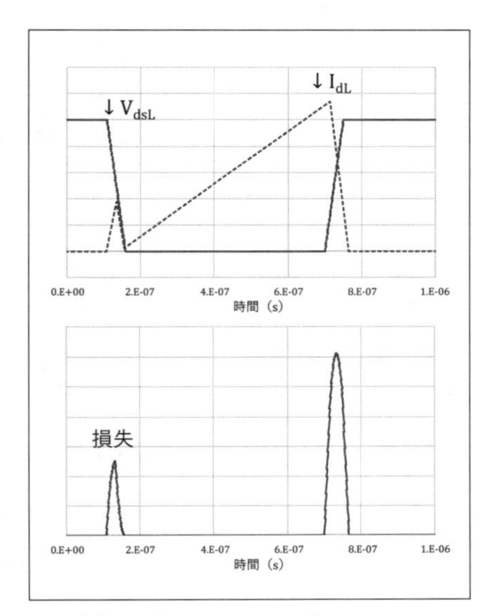

〔図 8.4〕タイミングチャート

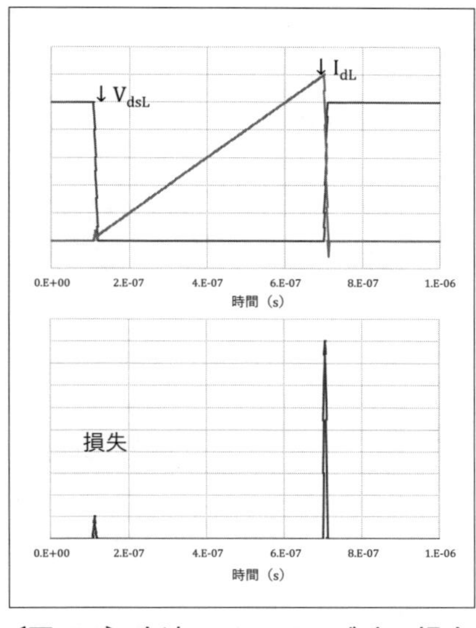

〔図 8.5〕高速スイッチング時の損失

が流れる。その後，ローサイドデバイスがオフになり，負荷が絶縁される。この切り替え時に，回路やデバイスのインダクタンスや容量によって，スイッチングの歪みが発生することがある。歪みが生じると，不必要な電力損失やノイズが発生し，回路の電力変換効率が低下する恐れがある。そのため，ハーフブリッジ回路を設計する際には，適切なゲートドライブ回路やスイッチング速度の最適化が重要である。

理想的には，ターンオンおよびターンオフのスイッチング速度を高速化することで，損失を低減することが可能である。図 8.5 に，高速化した場合のスイッチング波形と損失を示す。

損失は，非常にさらに短い時間に集中し，損失の積算量は大幅に減少する。しかし，不用意に高速スイッチング化すると，大きな電磁干渉（EMI）を引き起こす可能性があるので注意しなければならない。

（2）測定に必要な機材

SiC や GaN パワーデバイスの実際の動作状態における電力損失を測定するには，高速スイッチング時の瞬時的な電圧や電流の変化を正確に捉えることが不可欠である。そのために必要な測定機材とその特長は以下の通りである。

・オシロスコープ：広帯域，12bit 高分解能タイプ　図 8.6(a)
・電圧プローブ　：高入力インピーダンス　図 8.6(b)
・電流プローブ　：低挿入インピーダンスで高ディレーティングタイプ（ロゴスキーコイル電流プローブ，光アイソレーション電流プローブ）図 8.6(c)
・電源　　　　　：制御回路用，デバイス電力供給用　図 8.6(d)②④
・信号発生器　　：低ひずみ高速信号　図 8.6(d)③
・負荷　　　　　：空芯コイル　図 8.6(d)①

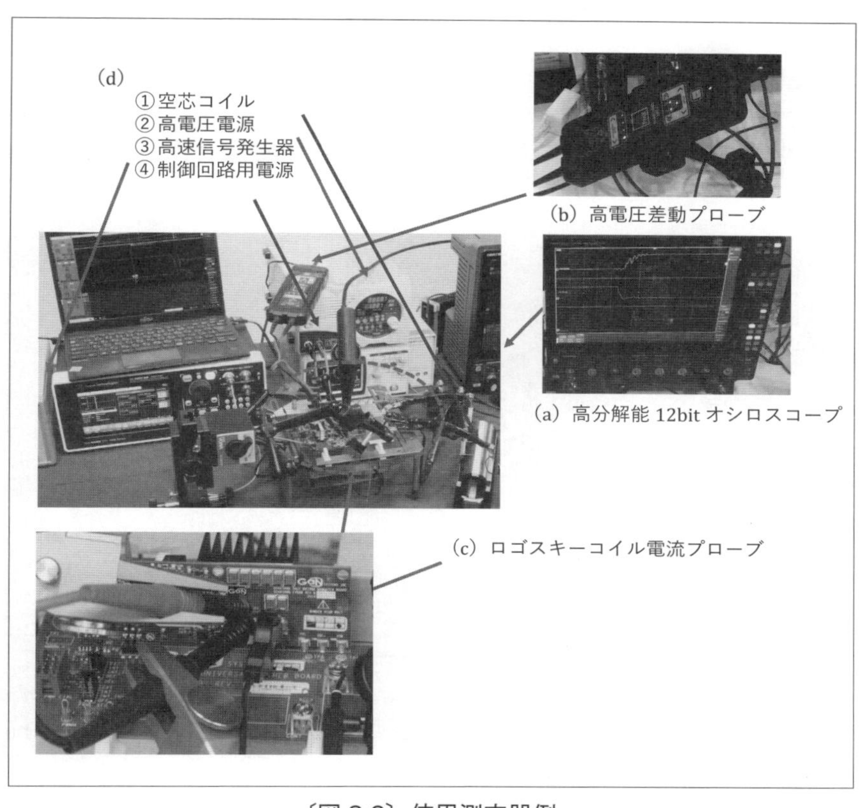

〔図 8.6〕使用測定器例

(3) SiC デバイスのスイッチング評価

ハーフブリッジダブルパルス試験用評価基板の動作原理を以下で説明する。入力電源から基板に制御回路やゲート駆動回路，その他の部品に必要な電力を提供する。

ゲート駆動では，制御回路がゲート駆動 IC に制御信号を送り，MOSFET のゲートを適切なタイミングで駆動する。ゲート駆動 IC は，低電圧側（一次側）と高電圧側（二次側）を絶縁する回路を介して SiC-MOSFET のスイッチをオンまたはオフにする。また，ゲート調整回路を使用して，デバイスのスイッチング速度を調整し，適切なターンオンと

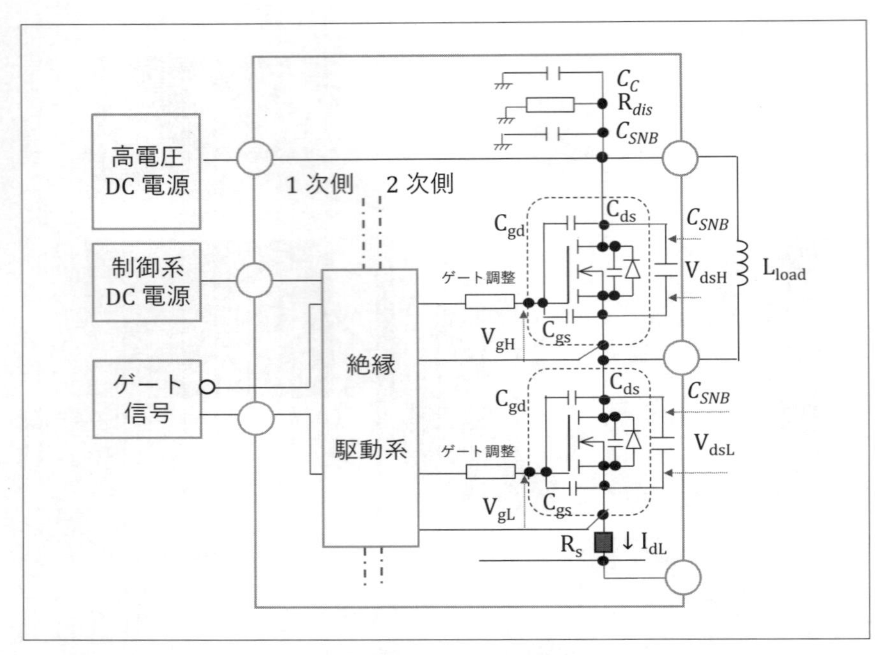

〔図 8.7〕SiC-MOSFET 評価回路

ターンオフのタイミングを確保する。回路の電流検出はシャント抵抗 R_s を使い，負荷の電流状態を監視する。

回路には，放電抵抗 R_{dis} が実装されており，高電圧 DC 電源がオフになったときに入力コンデンサの電荷を放電し，システムの安全性を確保する。

スナバ回路では，スナバコンデンサ C_{SNB} が実装されており，高電圧デバイスのスイッチング時に発生するノイズや電圧の過渡を抑制する。これにより，電力変換の効率が向上し，システムの安定性が向上する。

これらの機能を組み合わせることで，ハーフブリッジダブルパルス試験用評価基板は，効率的な電力変換を実現し，安定した動作を提供する。

実際の測定ターゲットのブロック図を図 8.7，プロービング例を図 8.8，測定波形は図 8.9 に示す。

測定には，使用するプローブの適切な選択が重要である。

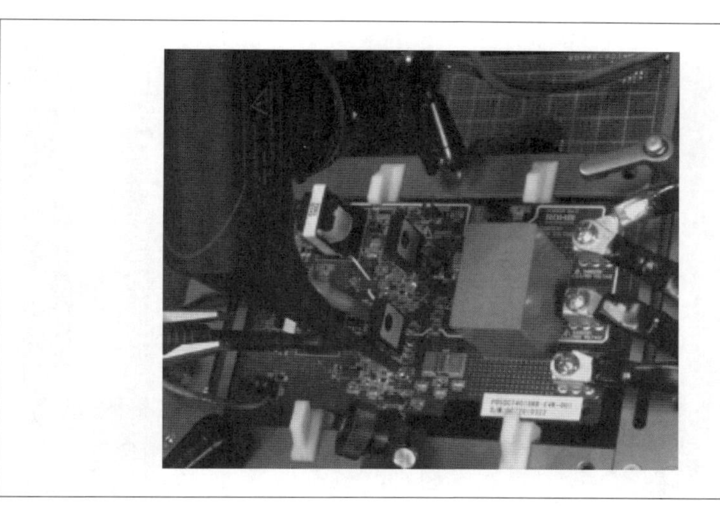

〔図 8.8〕プロービングの様子

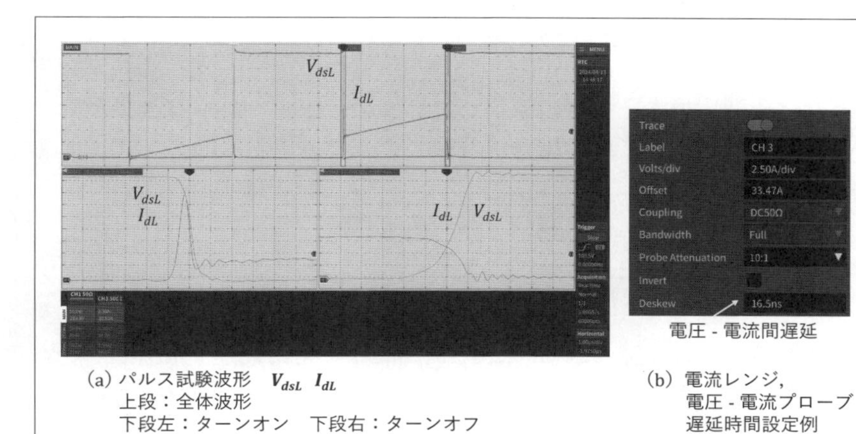

(a) パルス試験波形　V_{dsL}　I_{dL}
上段：全体波形
下段左：ターンオン　下段右：ターンオフ

(b) 電流レンジ,
電圧 - 電流プローブ
遅延時間設定例

〔図 8.9〕SiC-MOSFET　パルス試験波形例

本実験では，ドレイン-ソース間電圧 V_{dsL} には光アイソレーション電圧プローブ，ドレイン電流 I_{dL} には光アイソレーション電流プローブを使い，電流検出に必要とされるブリッジ回路を装着せず，インダクタンスの低減を図って測定しているため，波形の歪みを抑えて測定できる。

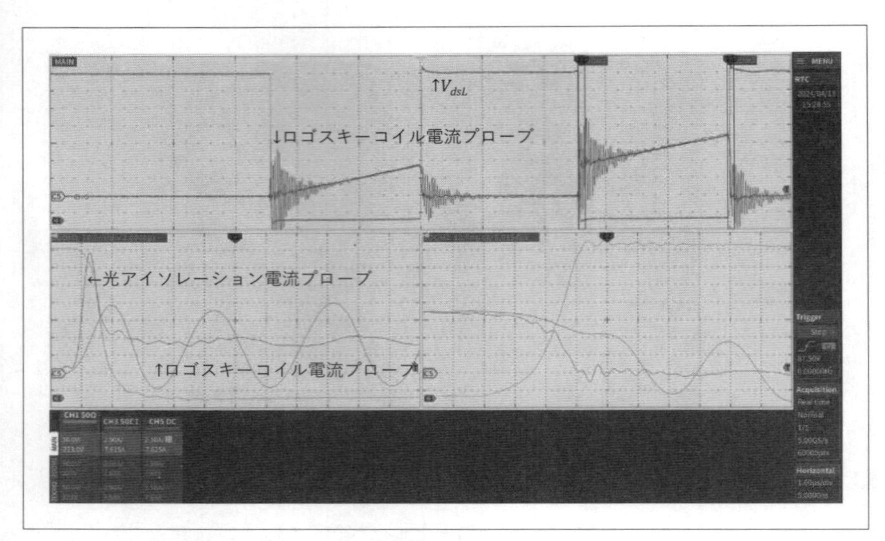

〔図 8.10〕ロゴスキーコイル電流プローブと光アイソレーション電流プローブの比較

また，周囲環境からの電磁波などの影響を排除するための適切なシールディングが行われていた場合，波形の歪みを最小限に抑えられ，正確な結果が得られる可能性が高まる。

ここで，電流プローブの違いを確認する。

I_{dL} は，ロゴスキーコイル電流プローブと光アイソレーション電流プローブで大きな差違がある（図 8.10）。ターンオン，ターンオフのときに大きな波形歪みが見られる。これは，I_{dL} が非常に高速な di/dt で変化していることにある。ロゴスキーコイル電流プローブは，磁気誘導の原理に基づいて電流を測定する。本プローブは，内部にコイルがあり，被測定電流が通過すると，コイル内の磁束が変化し，それによって誘導される電圧が測定される。電流が急速に変化すると，それに対応してコイル内の磁束も急激に変化する。この急激な磁束の変化によって，コイル内に誘導される電圧が大きくなり，それがプローブの発振を引き起こす。本測定では，10ns の電流エッジ変化があり，プローブの帯域による遅れと，発振による影響が現れている。

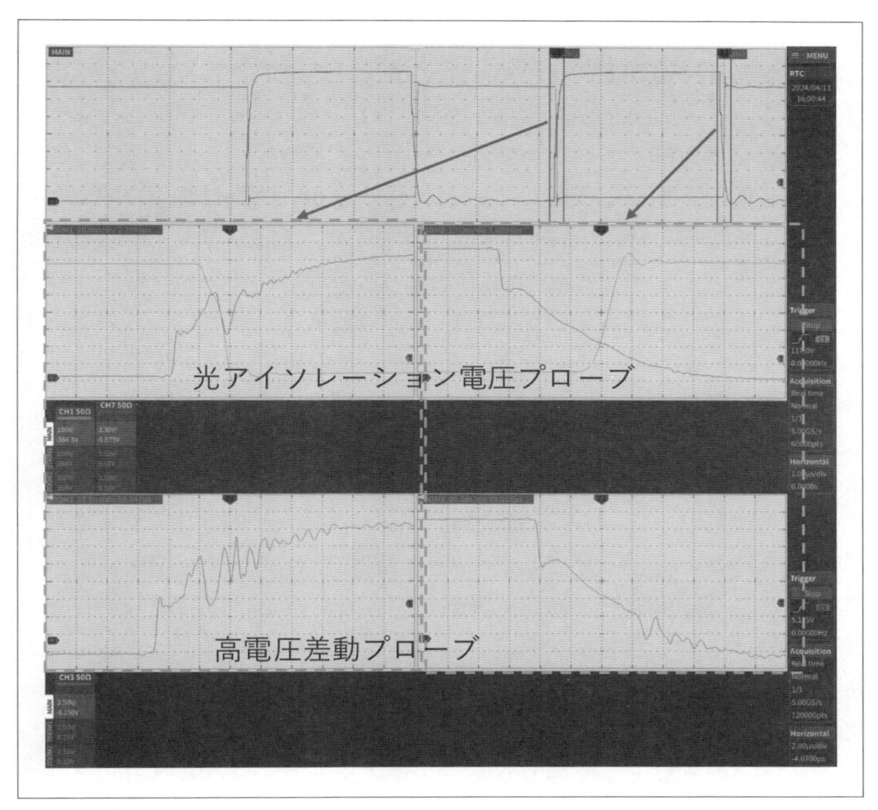

〔図 8.11〕ゲート信号の光アイソレーション電圧プローブと
高電圧差動プローブの違い

つまり，電流プローブは，測定するターゲットに応じて最適なプローブを使わなければならない。

次に，ゲート信号 V_{gL} の測定について記述する。

光アイソレーション電圧プローブは，光学的な絶縁を利用して測定を行うため，外部からのノイズやコモンモードノイズの影響を受けにくい特性がある。そのため，高電圧差動プローブよりも波形歪みが少ない傾向がある（図 8.11）。

両者の違いは，一つに同相信号除去比（CMRR：Common Mode

Rejection Ratio）の違いがある。光アイソレーション電圧プローブは，CMRRが非常に優れているため，測定信号以外のノイズを確実に除去できる。また，入力容量が非常に小さいため，プロービングにおける回路への影響を極力抑えられる。特に，ハイサイドのゲート信号測定においては，基準が大振幅で変動している状態で，30V以下の信号を観測しなければならないため，CMRRが低いプローブでは信号が大きく変動して見えてしまうことがある。本測定では，光アイソレーション電圧プローブを用いてゲート信号を測定しているが，測定点からデバイスのゲート電極まで離れており，インダクタンスや容量の影響によって若干の波形歪みが現れている。

（4）波形歪みの課題

ゲート波形 V_{gL}，ドレイン電流 I_{dL}，ドレインソース間電圧 V_{dsL} 波形の取り込みにおいて歪みが生じるという課題は，さまざまな要因によって引き起こされる可能性がある。波形が歪むということは，信号の正確な再現が妨げられ，回路やシステムの性能や安定性に影響を与える可能性がある。以下では，この課題に関連するいくつかの可能性とそれに対する対策について考察する。

波形歪みの一般的な原因として，ノイズや干渉が挙げられる。外部からの電磁波の影響や，回路内部の信号が他の回路やコンポーネントと相互作用することで，波形に歪みが生じることがある。この場合，シールドやフィルターを導入してノイズを低減し，信号の品質を向上させることが重要である。また，回路の配置を最適化して信号間の干渉を減らすことも有効である。

また，V_{gL}，I_{dL}，V_{dsL} 波形の取り込みに用いられる計測機器や測定方法自体に問題がある場合も考えられる。計測機器の帯域幅やサンプリング速度が不適切であったり，接続されたプローブや配線が適切でなかったりすると，波形の歪みが生じる可能性がある。

問題の解決には多岐にわたるアプローチが求められる。信号の品質向上や回路性能の最適化のために，計測手法や回路設計の改善を行うことで，波形歪みの問題を解決していくことが重要である。

（5）電力損失測定

測定した電圧･電流波形を元に電力損失は，電圧プローブと電流プローブで同時測定した波形を電圧と電流を積算して求められる。各時間点での電力の瞬時値（P(t)）は，

$$P(t) = V(t) \times I(t) \tag{8.1}$$

として計算することで，各時間における電力損失を導ける。
歪みが発生している波形で損失測定する場合は，波形のスムージングや

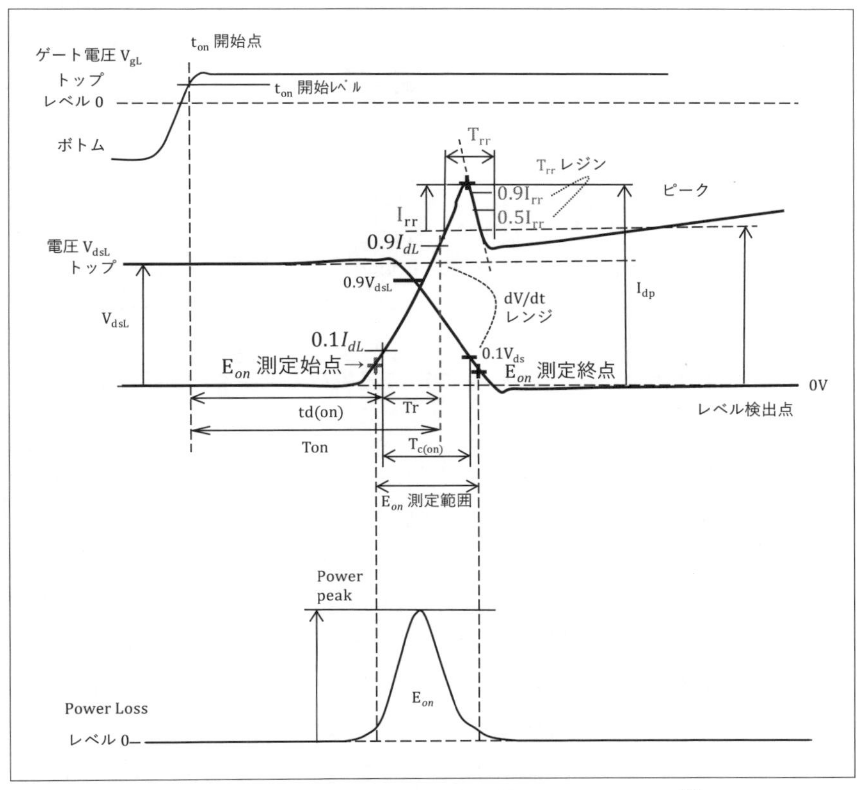

〔図 8.12〕ターンオン時の電力損失パラメータ[1]

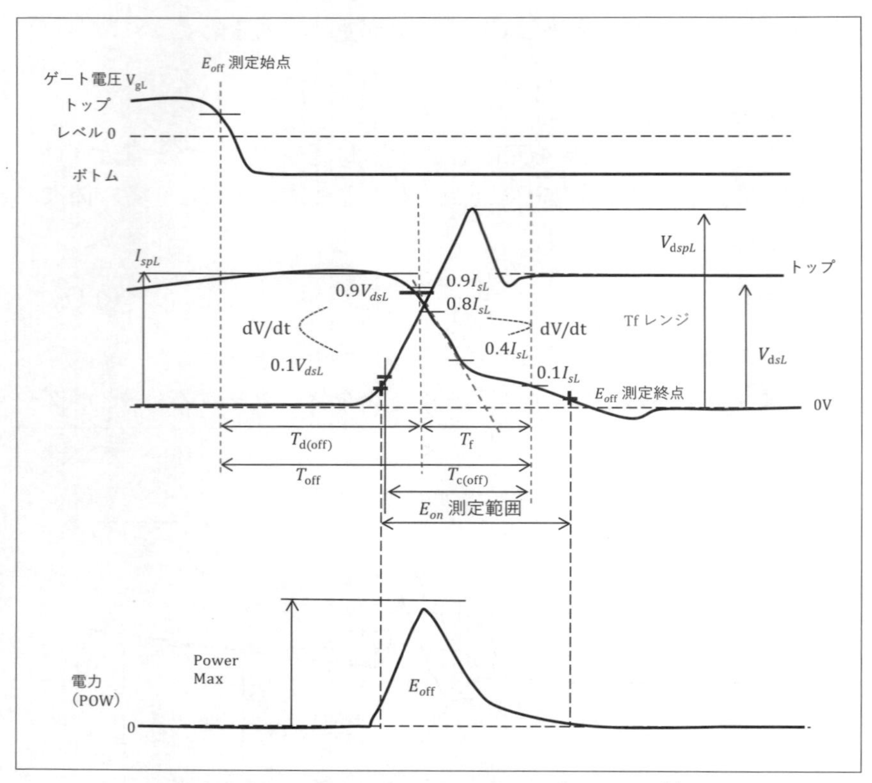

〔図 8.13〕 ターンオフ時の損失パラメータ[1]

波形のトレンドから延長線を引いて判断する。スムージングは，波形のノイズや歪みを平滑化することで，測定結果の精度を向上させる。
実際の測定基準（図 8.12，図 8.13）と測定例を以下に示す。

T_r　　：立ち上り時間測定を行う始点と終点
T_{rr}　　：-dI/dt レンジトップ 0%，ピークレベル 100% とした値
E_{on}　　：E_{on} 測定始点を検出するゲート位置を設定
dV/dt：dV/dt を求めるための任意の振幅に対する範囲設定

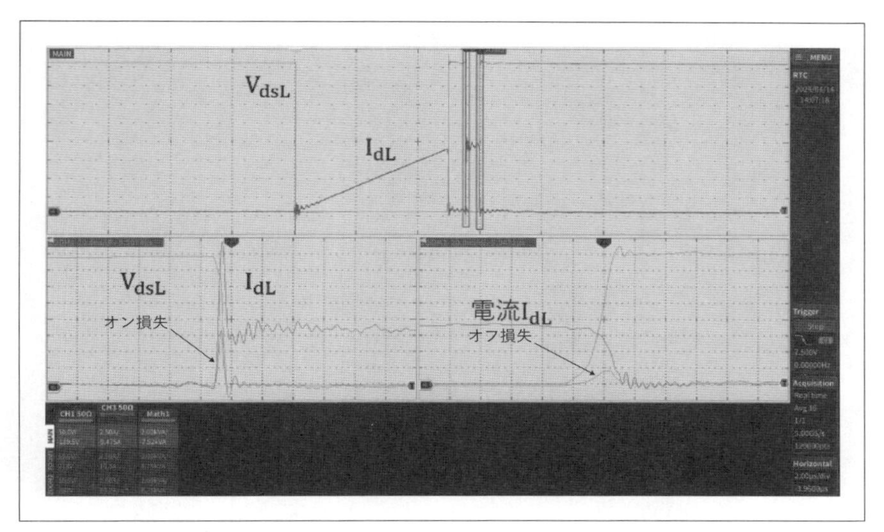

〔図 8.14〕SiC デバイスのダブルパルス試験と損失結果

図 8.14 の波形において，ターンオン損失 28μWs，ターンオフ損失 37μWs の測定結果が得られた。SiC-MOSFET を高速スイッチングさせており，非常に小さい電力損失に抑えられていることが分かった。

参考文献

［1］岩崎通信機　スイッチング解析ソフトウェア仕様

9章

電気自動車用
電気計測の留意点

～プロービング技術を考える～

SiC/GaN デバイスは，高速かつ大電流のスイッチングが可能であり，高周波や高効率の電力変換アプリケーションに広く利用されている。このような高速・大電流のスイッチング動作を観測する際には，デバイス自体の特性だけでなく，使用する測定器や回路の特性も考慮する必要がある。そこで，本測定に対応するための課題について以下に示す。

① デバイス単体の特性
  1. 高電圧における容量－電圧特性（C-V 特性）
  2. 電流－電圧特性（I-V 特性）

② 電流プローブの特性
 ・形状，帯域，ディレーティング，挿入インピーダンス

③ 電圧プローブの特性
 ・形状，帯域，ディレーティング，挿入インピーダンス

9.1　デバイス単体の特性

測定する前に，デバイスの静特性と動特性を理解することが求められる。静特性は，デバイスがオンおよびオフ状態にあるときの電流と電圧の関係を示す。これには，オン抵抗（Rds（on））や閾値電圧（Vth）などのパラメータが含まれる。一方，動特性は，デバイスのスイッチング動作を表し，容量パラメータである Cgd，Cgs，Cds の影響が大きく関わる。これらの容量は，スイッチング時の遅延や効率に影響を与えるため，十分に理解する必要がある。

9.1.1　高電圧における容量－電圧特性（C-V 特性）

高電圧や高電流条件下での影響を考慮することが重要である。ドレイン-ソース間（V_{ds}）を大きくすると電極間容量値が小さくなる傾向があ

るので，この特性を考慮したスイッチング解析システムを構築しなければならない。そこで，DC バイアス電圧を変化させるバイアス電源を使用して，デバイスの容量と抵抗値を LCR メータで測定する。コレクタ（ドレイン）バイアス電圧値またはゲート（ベース）バイアス電圧値を掃引することで，異なる DC バイアス条件下での測定値の変化を評価する。指定した時間内に一定の DC バイアス電圧を印加し，容量と抵抗値の時間変化の測定，周波数による違いを測定することもできる。この測定によって，入力容量 Ciss（または Cies），出力容量 Coss（または Coes），逆伝達容量 Crss（または Cres）が測定できる。図 9.1 に電極間容量の測定方法を示す。図 9.1（a）は，Ciss（入力容量）の測定方法を示している。デバイスのゲートとソース間に，図にあるインピーダンス測定器の H/L ポートを接続する。また，ドレイン端子に電源をバイアスする。測定 AC 信号が電源に流れ込まないようにするためには，外部電源とドレイン端子の間にインダクタ L が装着される。さらに，ドレインとソース端子の間に配置される大容量のコンデンサは，AC 測定信号を短絡し，同時にドレイン端子に印加される直流（DC）バイアスをブロックする。これにより，測定される信号が正確にデバイスの入力端子に到達し，Ciss の測定が正確に行われる。

インピーダンス測定は，インピーダンスアナライザや LCR メータを使用する。Ciss の測定では，測定信号がゲートとソース間を流れ，Cgs と Crss を通過する。これにより，電圧，電流，位相の変化から Ciss を正確に求められる。

図 9.1（b）は，Coss（出力容量）の測定回路を示している。デバイスのゲートとソース端子を短絡し，H/L ポートのインピーダンスを測定する。外部電源とドレイン端子の間には，測定 AC 信号が電源に流れ込まないようにするためにインダクタ L を配置し，ソース端子とドレイン端子の間に大容量のコンデンサを配置する。インピーダンスは，バイアス電源電圧とドレイン-ゲート間とドレイン-ソース間を流れる電流の総和から算出され，電圧，電流，位相の関係から Coss を導ける。

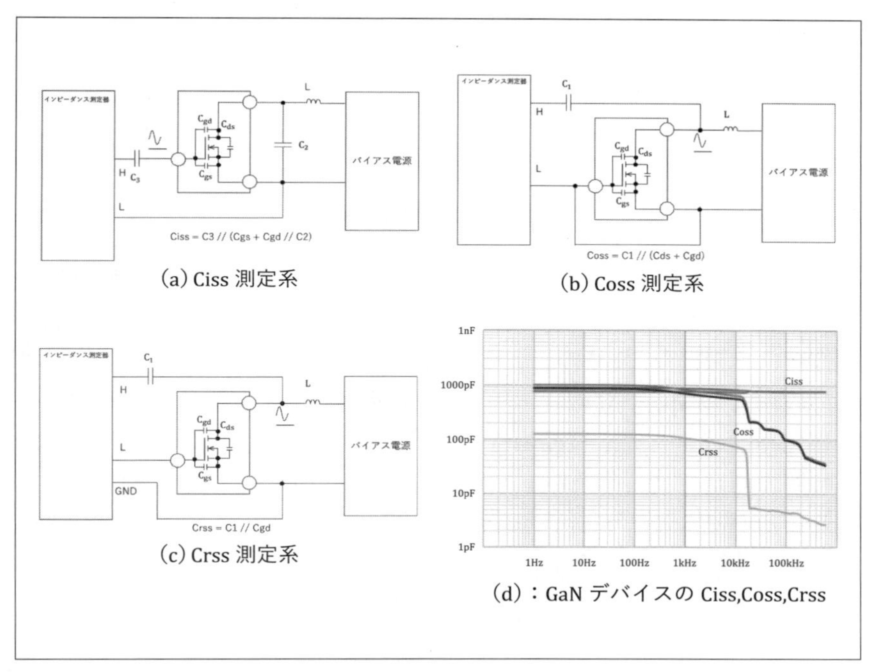

〔図 9.1〕GaN デバイスの Ciss, Coss, Crss

図 9.1(c)は，Crss（逆伝達容量）の測定回路を示している。ゲート端子とドレイン端子に H/L ポートを接続し，インピーダンスを測定する。ソース側は GND ポートに接続する。これにより，デバイスのソース端子からの電流が直接 AC ガードを通り，LCR メータ回路の共通 GND に流れるようにすることで，ドレイン-ソース間を通過する電流が測定に影響を与えないようになる。

図 9.1(d)に測定結果を示す。Crss はゲート-ソース間の電圧に大きく依存する。通常，Crss はゲート-ソース間の電圧が高いほど低くなる。Ciss は Crss ほど電圧依存性は大きくない。Coss は，高電圧ほど電極間容量は小さい傾向がある。

実際のスイッチング波形の評価においては以下のように電極間容量を導出して，シミュレーションを用いた実測の検証に使われることがある。

Ciss＝Cgs＋Cgd

Coss＝Cdg＋Cds

Crss≒Cgd

9．1．2　電流－電圧特性（I-V 特性）

本特性は，デバイスの電流-電圧特性（I-V 特性）を正確に評価可能なカーブトレーサなどが利用されている。この試験は，デバイスの性能や動作特性を把握し，製品の品質を確保するために不可欠である。さらに，設計段階での SiC や GaN デバイスの性能や特性を検証し，回路設計の最適化や改善を行い，製品の性能向上につなげることができる。また，長時間の測定や高負荷条件下での試験を行い，デバイスの信頼性を確認することができる。デバイス特性を把握することで，新たなアプリケーションや技術開発に活かすことができる。

カーブトレーサの測定原理を図 9.2 に示す。

図 9.2 は，電流-電圧特性（I-V 特性）を測定するためのカーブトレーサの基本構成である。測定は，デバイスのゲート端子に印加される電圧

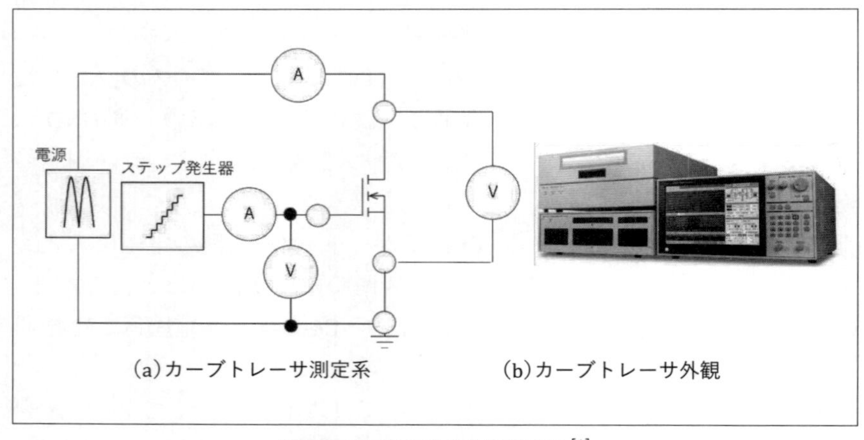

〔図 9.2〕I-V 特性試験回路[1]

を調整し，デバイスの動作領域や特性を制御する。一般的な手法は，一定のドレイン電圧（V_{ds}）を維持しながら，ゲート信号を増減させることである。これにより，ゲート-ソース間の電圧（V_{gs}）が変化し，MOSFETの動作状態が変わる。また，一定のゲート信号レベルでの測定も行われ，異なるゲート信号レベルでの特性比較が行われる。また，ドレイン電圧を増減させて，異なるドレイン電圧レベルでの特性比較も行われる。

図9.3は，カーブトレーサで整流正弦波（Rectified Sine）の連続した交流信号を印加して，パルス信号のレベルを徐々に①から⑫へ12段階で上げながら測定をした例である。最初は低レベルのパルスを印加し，その後徐々にパルスの振幅を増加させる。この過程で，デバイスのI-V特性が記録される。パルス信号の振幅が増加するにつれて，デバイスの電流と電圧の関係を詳細に捉えられるようになる。

図9.4は，デバイスのI-V特性を測定した結果である。$V_{gs}=5V$において80A以上の電流を駆動できる。また，I-V特性の傾斜はV_{ds}/I_dとなりオン時の抵抗値を導くことができる。

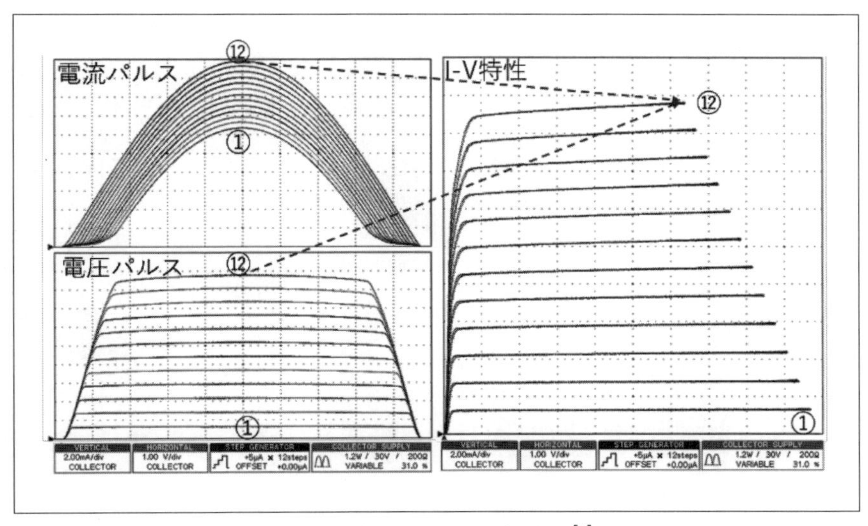

〔図9.3〕I-V特性測定原理[1]

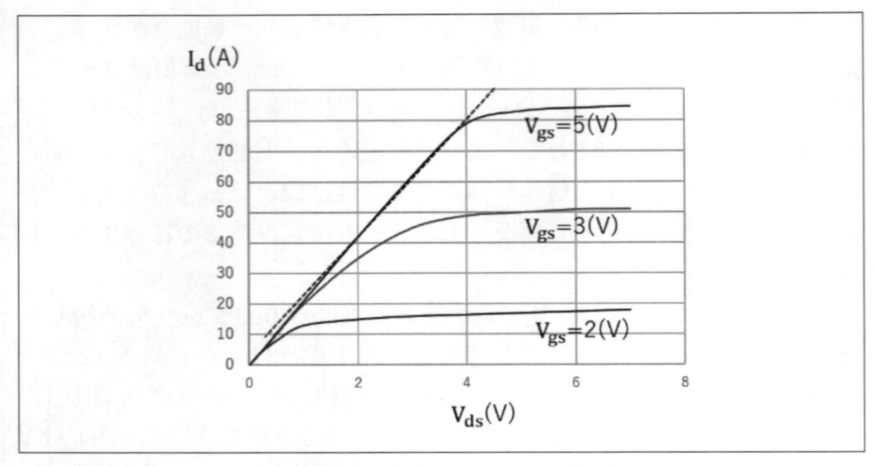

〔図 9.4〕 デバイスの I_d-V_{ds} 特性

9.2　電流プローブの特性

SiC や GaN デバイスの電流計測にはいくつかの課題が存在する。高速スイッチング特性により，瞬間的な電流変動が大きく，測定装置やプローブの帯域幅や応答速度が不足している場合，正確な電流測定が難しくなる。電流検出のために電流ブリッジを回路上に設けることで，回路インピーダンスが変化することで，波形歪みが生じやすくなる。また，高速スイッチング動作下ではノイズも問題でパワーデバイスやインダクタなどで生じる電磁干渉が測定結果に影響を与える可能性がある。また，デバイスは高温動作するため，高温環境でも使用され，プローブの性能に影響を与える可能性がある。そこで，利用頻度の高い電流プローブを挙げ，どのような環境下で最適な測定ができるかを以下に示す。

9.2.1　シャント抵抗

シャント抵抗方式は，電流を測定したい回路に抵抗（シャント抵抗（図9.5））を直列に接続し，その抵抗にかかる電圧を測定することで電流を求める。この方法の利点は，比較的簡単で正確な電流測定が可能であることと，低インダクタンス特性の同軸型や小型の面実装部品ならば，高 di/dt 特性の電流波形観測ができることである。

一方で，いくつかの課題もある。まず，シャント抵抗自体の抵抗値が小さい必要がある。また，大電流を測定する場合には十分な電力容量を持つ抵抗が必要である。本来求めたい電力損失にシャント抵抗の損失が加わり，損失が大きくなる可能性がある。さらに，回路や測定器の絶縁や適切な安全対策も考慮しなければならない。

その上に，シャント抵抗自体の温度上昇によって抵抗値が変化する可能性があるので，温度補償や安定性の確保が重要である。

さらに，高周波スイッチングにおいては，シャント抵抗に含まれるインダクタンスによって波形歪みが生じ，測定誤差が発生する可能性がある。

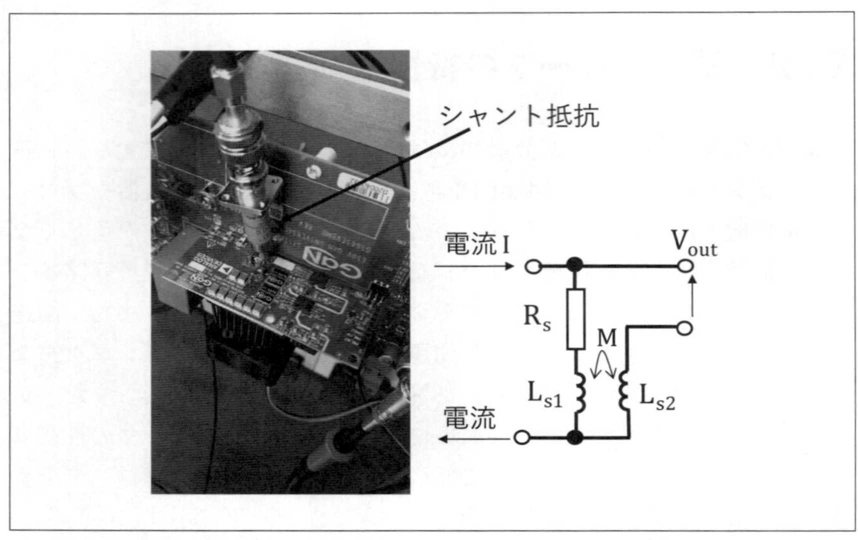

〔図 9.5〕同軸型シャント抵抗と等価回路[2]

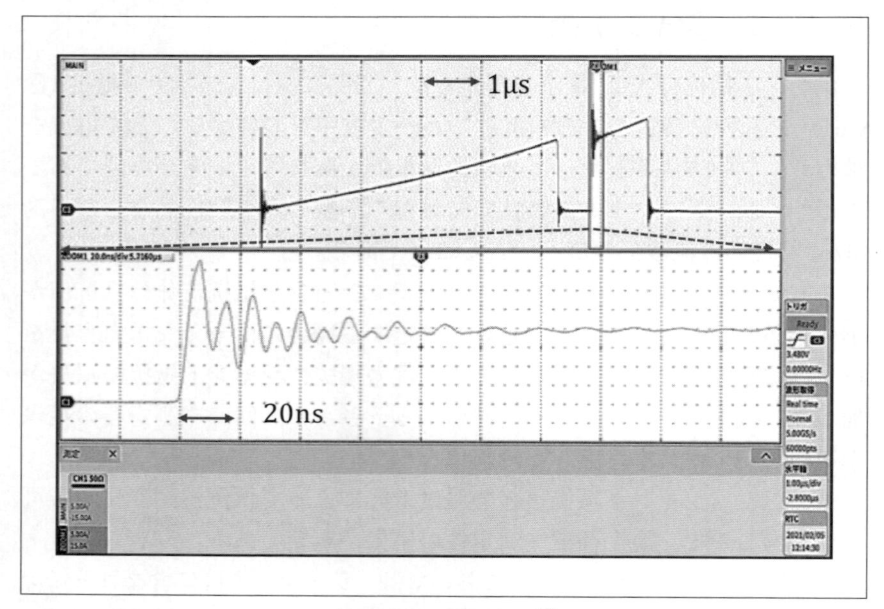

〔図 9.6〕測定結果[2]

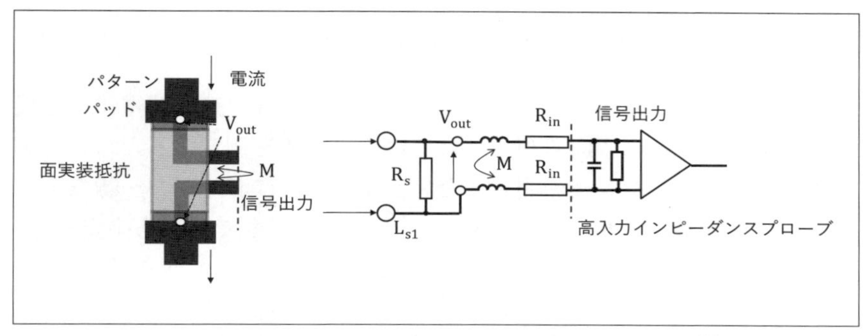

〔図 9.7〕面実装抵抗を利用した電流検出等価回路[2]

帯域 2GHz, 0.0996Ω, 電力許容量 1J ($E_{max}= R_s\ [\int I^2\ dt]$) の同軸型シャント抵抗で測定するための実装例と等価回路を図 9.5 に示す。電流入出力のリード及び電圧出力側にインダクタンスがあるので，これらが波形歪みの原因となる。図 9.6 に実測波形を示す。電流が流れた直後に形歪みが生じており，シャント抵抗のインダクタンス及び容量成分も加わった波形の振動が確認できる。インダクタンス成分のみの影響の場合は，リンギングが各周期減衰する波形になる。出力側は，同軸ケーブルで配線することもある。しかし，ケーブルのインピーダンスの影響によって回路に影響を及ぼす場合がある。このため，ハイインピーダンス（低容量，高入力抵抗）でアイソレーションされた測定をすることで，波形歪みの低減を図ることができる。

面実装抵抗でシャント抵抗を配置する際は，抵抗の両端からの配線を誘導結合させるように配線して信号を取り出す。このときの等価回路を図 9.7 に示す。出力は差動アンプもしくはアイソレーションプローブを利用することで，基板上に直接プロービングできる。その際，プローブの入力容量などが加わり，ローパスフィルタのような効果によって波形の立ち上がりが抑えられてしまうことがあるので注意したい。

9.2.2 クランプ式ホール素子＋カレントトランス方式

クランプ式ホール素子＋カレントトランス方式は，高周波電流を非接触で測定するために幅広く利用されている。電流を測定するために，デバイスが配置された基板の測定したい回路の一部にジャンパー線などを利用して非接触で基板へ取り付けられる。高い精度で電流を測定でき，微小な電流変動や短いパルスの測定においても優れた性能を発揮する。しかし，電流プローブの大きさは，大電流用途では非常に大きくなってしまっている。このため，電流検出用のジャンパー線が長くなり，回路に大きなインダクタンスが取り付けられたような動作を振る舞うため，測定信号の歪みやノイズの増加を引き起こす可能性がある。実際の測定例を図 9.8 に示す。図 9.8(a)は GaN デバイスの V_{ds} を広帯域差動プローブで測定し，I_d をクランプ式ホール素子＋カレントとタンス方式で測定した。電流プローブは，絶縁性を保つためにポリイミドテープを巻き付けた 38mm 長のブリッジにクランプする。回路には，10nH 以上のインダクタンスが加わるため，ターンオン及びターンオフにおいて電流，電圧の大きな歪みが現れる。試験では，大きな歪みを考慮して電源電圧を 100V としているが，さらに大きな電源電圧で大電流を流すとデバイスを破損してしまう恐れがある。

本クランプ式プローブは，図 9.8(b)に示すような回路で高密度実装された基板上の電流計測では使い難い面がある。

一方，負荷 L に対する電流を測定する場合は，駆動回路と負荷の距離が離れて実装に余裕がある。ブリッジが必要ないため高感度で DC から広帯域で測定できる特長を活かして，低歪み測定ができる。

電流プローブの性能は入力周波数によっても影響を受ける。図 9.9(a)にディレーティング特性，図 9.9(b)にインピーダンス特性を示す。高周波で大電流を測定する場合には注意が必要である。例えば，30A の電流プローブが 1kHz の周波数で測定できる場合でも，高い周波数では測定が困難になる可能性がある。例えば，13.56MHz での 10A の測定は困

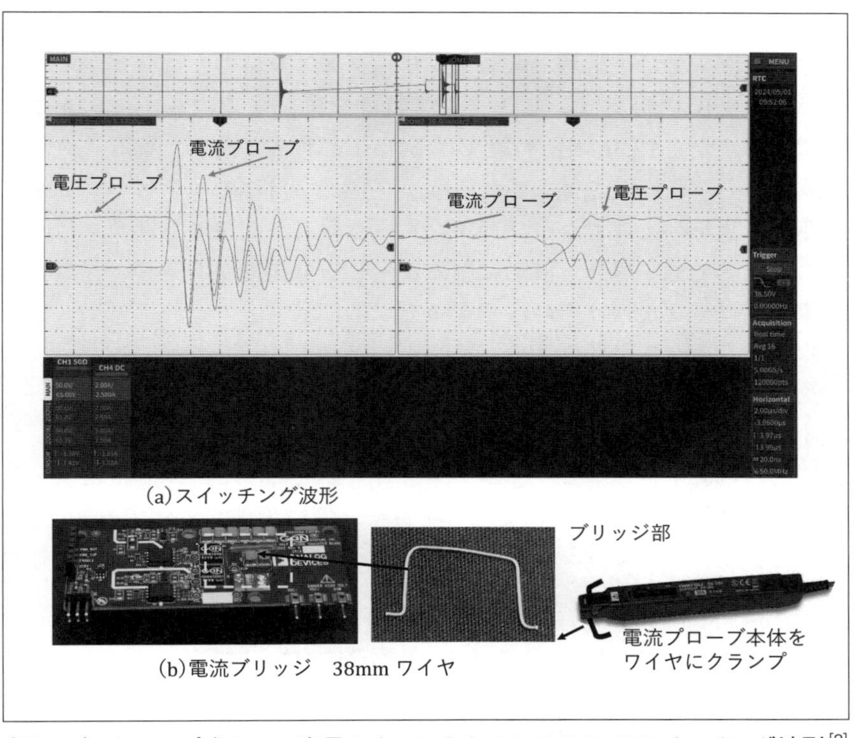

(a)スイッチング波形

(b)電流ブリッジ　38mm ワイヤ

〔図 9.8〕クランプ式ホール素子＋カレントトランスのGaNスイッチング波形[2]

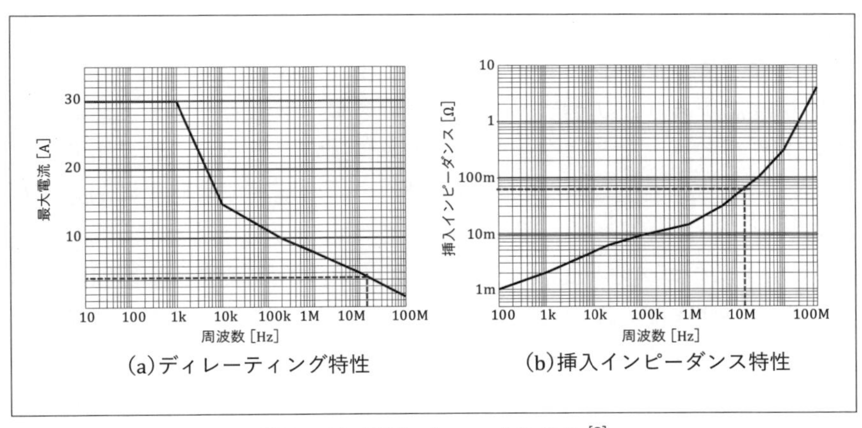

(a)ディレーティング特性

(b)挿入インピーダンス特性

〔図 9.9〕電流プローブの特性[2]

難であることが図 9.9(a)から判断できる。

　また，測定では広帯域で低いインピーダンスを持つプローブが求められ，図 9.9(b)の挿入インピーダンス特性を確認する。1kHz で 2mΩ 程度である。が，13.56MHz 付近では 60mΩ と非常に大きくなる。クランプ式プローブが回路に挿入される際，プローブ自体のインピーダンスが回路に影響を与え，プローブのインピーダンスが回路の特性インピーダンスと比べて低い場合，波形に歪みが生じる可能性がある。

本電流プローブを使う際の注意事項を以下に示す。

・ウオームアップ時間は 30 分以上行う。

・測定前に，クランプしない状態で消磁を行う。

・オシロスコープで波形を観測しながらゼロ調整する。

定期的に電流プローブをキャリブレーションすることで，測定精度を確保する。特に長期間使用している場合や，環境条件が変化する場合は，定期的なキャリブレーションが重要である。

9.2.3　ロゴスキーコイル式電流プローブ

　ロゴスキーコイル式電流プローブは，センサコイル部で電流を検出し，積分回路を通して波形を出力する。この非接触測定方式は，高電圧や大電流回路に触れることなく測定が可能であり，被測定回路への直接接触が不要なため，回路への影響を最小限に抑えることができる。さらに，耐環境性能があり，狭小スペースのプロービングもしやすく，デバイスのピンやバスバーなどに巻き付けて簡単に測定できる。これにより，インバータ出力や大型電源などの熱が発生する環境下でも確実に測定が行える。

　図 9.10 にロゴスキーコイル式電流プローブの接続例と簡易回路を示す。被測定導体には電流が流れており，この電流をロゴスキーコイルで検出する。ロゴスキーコイルセンサ部は，絶縁チューブの外皮で覆われており，チューブ内部でコイルが巻かれている。被測定導体の電流は交流のみ検出可能な回路である。時間とともに変化する磁界を電磁誘導に

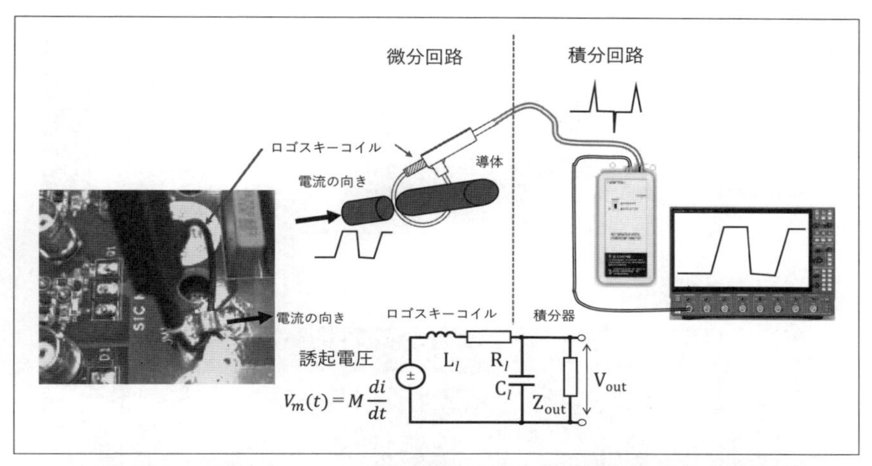

〔図 9.10〕ロゴスキーコイル式電流プローブの接続例と簡易回路[2]

よって，コイルには起電力が得られて，コイル部，積分器に電流が流れる。この時の起電力は以下の式で示すことができる。

$$I(t) = \frac{1}{\mu_0}\oint B(t)ds \tag{9.1}$$

$$V_{out}(t) = \frac{d\Phi}{dt} = \oint B(t)dA = \frac{\pi dr^2}{Ns}\mu_0 i(t) \tag{9.2}$$

ここで，各パラメータを以下のように定義する。

巻線断面積	$A = \pi d_r^2$	コイル半径	d_r
単位長あたりの巻数	N_s	磁束	φ
交流電流	$i(t)$		

$\omega L \leqq Z_{out}$　$\frac{1}{\omega C} \geqq Z_{out}$ の場合

$$V_{out} = \frac{dt}{d\varphi} = L_l\frac{di}{dt} + Z_{out}i + \frac{1}{C_l}\int_0^t idt = Z_{out}i \tag{9.3}$$

として電圧出力が得られる。

ロゴスキーコイル式電流プローブは，交流プローブであり，最低遮断周波数は，$\omega L \leqq R_l + Z_{out}$，最高遮断周波数は，$L_l, C_l$ の共振周波数に依存

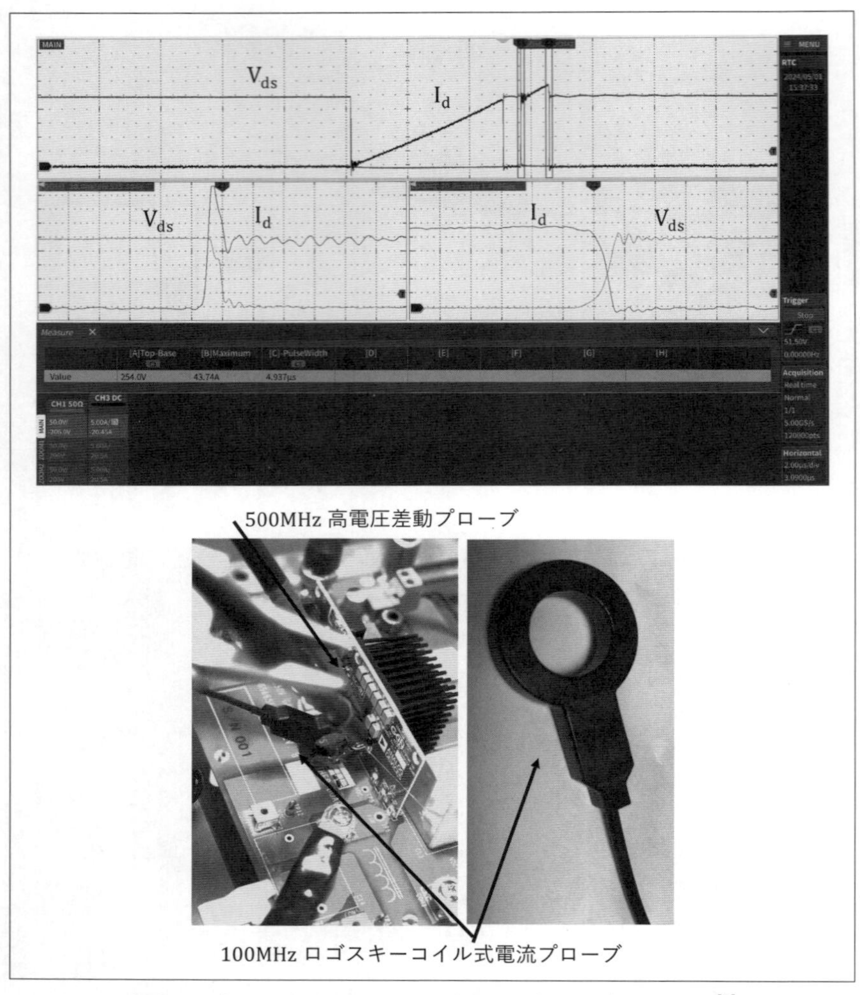

〔図 9.11〕ロゴスキーコイル式電流プローブ測定事例[2]

する。

実際の測定事例を図 9.11 に示す。

V_{ds}＝254V，高速スイッチングする 2 回目のパルス波形を拡大し，ターンオン及びターンオフ波形を観測している。波形歪みは電流検出用プ

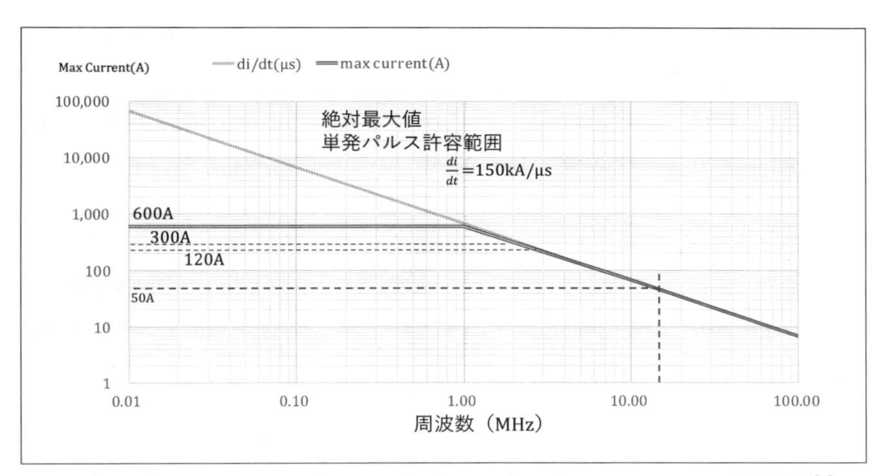

〔図 9.12〕ロゴスキーコイル電流プローブのディレーティング特性例[2]

リッジが長く必要なプローブのタイプよりも大幅に波形歪みが抑えられている。スイッチング電圧 V_{ds}=254V は 1kV/500MHz 帯域（立ち上がり時間 700ps）高電圧差動プローブ，電流 I_d は 100MHz 帯域（立ち上がり時間 3.5ns）を利用している。

ロゴスキーコイル電流プローブは大電流を広帯域で測定することが可能なプローブである。しかし，他のクランプ式磁界検出型電流プローブと同様に，電流許容範囲を示すディレーティング特性がある。この特性は，信号の性質と絶対最大ピーク di/dt（kA/μs），ピーク電流レンジ，周波数で決まり，以下サイン波を例に示す。

サイン波電流の性質は以下のように示せる。

I_{amp}：振幅（実効値）　f：周波数とすると，

$$\frac{di}{dt} = 2\pi f I_{amp} \tag{9.4}$$

ピーク電流に置き換えると

$$I_{p-p} = \frac{\sqrt{2}}{\pi f}\frac{di}{dt} \tag{9.5}$$

になる。

サイン波は，高周波になるほど波形のエッジは急激に変化する様になり，di/dt は高くなる。

ここで，ロゴスキーコイルの電流レンジは 120Apeak，300Apeak，600Apeak であり，絶対最大ピーク di/dt は 150kA/μs（ピーク）となっている。これをグラフで表すと，図 9.12 に示される。

グラフを作成することで，周波数による電流許容範囲が明確になる。例えば，13.56MHz ではおおよそ 40 ～ 50A の電流許容範囲が推測される。この許容範囲を逸脱すると，コイル部の発熱や焼損の可能性があるため，この範囲を確実に守る必要がある。

このほか，次の点に注意して測定する。

・カットオフ周波数

低域のカットオフ周波数特性がある。カットオフ周波数付近の信号を捉えると，波形歪みが生じる可能性があるため，低域カットオフ周波数の最低 10 倍以上の周波数で測定するようにする。なお，電流レンジが大きいタイプになると低域特性がより低い傾向がある。

・誘導加熱などによる発熱の影響

ロゴスキーコイルは，高周波かつ大電流の磁界下で誘導加熱により発熱する可能性がある。このような条件下では，コイル自体が発熱し，測定結果に影響を及ぼす可能性がある。そのため，絶対最大 di/dt の範囲内でも，誘導加熱による発熱が起こらないような環境でロゴスキーコイルを使用することが重要である。

この制約は，磁界検出型のホール素子＋カレントトランス方式，カレントトランス方式でも同様である。

・電磁界ノイズの影響

ロゴスキーコイルセンサ部の近くに電圧変動の影響がある場合，静電結合によってロゴスキーコイルへの影響が生じる可能性がある。このような場合には，ロゴスキーコイルセンサ部を電圧変動が少ない場所に配置し，静電結合ノイズを最小限に抑えるようにする。

9.2.4　カレントトランス

カレントトランスを利用した電流計測は，測定対象の電流がトランスのコイルを通過すると，コイル内に電流が誘導される。その誘導電流によってトランス出力に電圧を出力する（電流出力型もある）。図 9.13 にカレントトランスの原理を示す。
巻線比 1:1000，導体に流れる電流 $I_1=100\mathrm{A}$ とすると $I_2=\frac{I_1 N_1}{N_2}=0.1\mathrm{A}$
終端抵抗を 50Ω とすると $V_{out}=0.1\times50=5\mathrm{V}$ となり　本カレントトランスの感度は，50mV/A となる。測定した結果を図 9.14 に示す。

GaN デバイスのスイッチング波形（$V_{ds}=250\mathrm{V}$　8A）を測定するには，電流検出のためのブリッジの長さが 30mm 以上必要となり，インダクタ成分によって波形歪みが顕著に現れる。また，センサ自体が塗装絶縁されていても，測定対象が基板上にある場合は，絶縁性を高めるためにポリイミドテープなどの耐熱性の高い絶縁テープを使用することが推奨される。特に高電圧や高周波の回路では，絶縁性を確保することが重要である。このような絶縁テープを使用することで，誤動作の阻止や安全性の向上が期待できる。

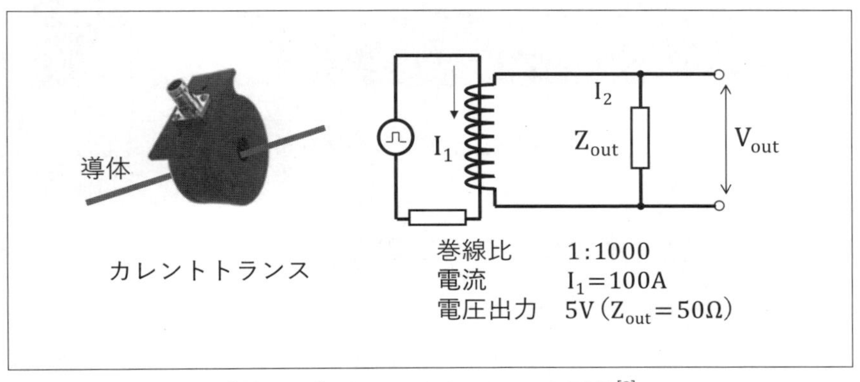

〔図 9.13〕カレントトランスの原理[2]

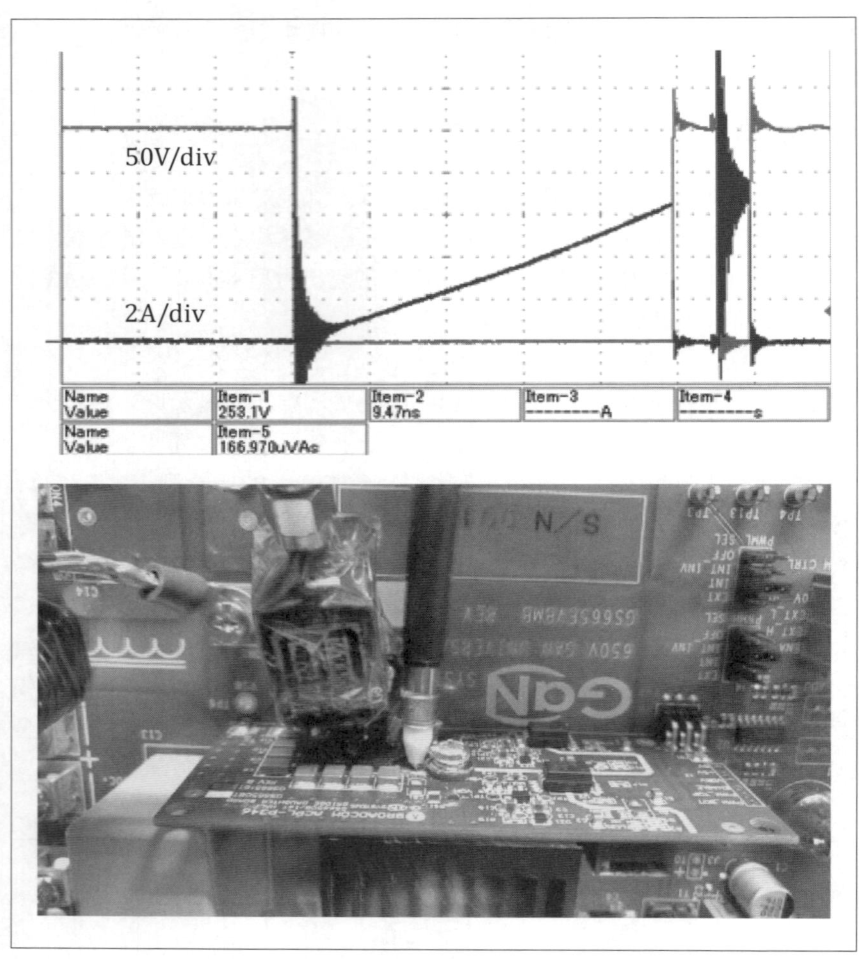

〔図 9.14〕カレントトランス利用例[2]

9.2.5 光アイソレーション電流プローブ

この光プローブは極小センサヘッドを備えており，狭い場所でも電流を測定できる。従来の測定方法では，測定対象物をクランプしたが，光プローブではセンサヘッドを近接，接触させるだけで測定できる。セン

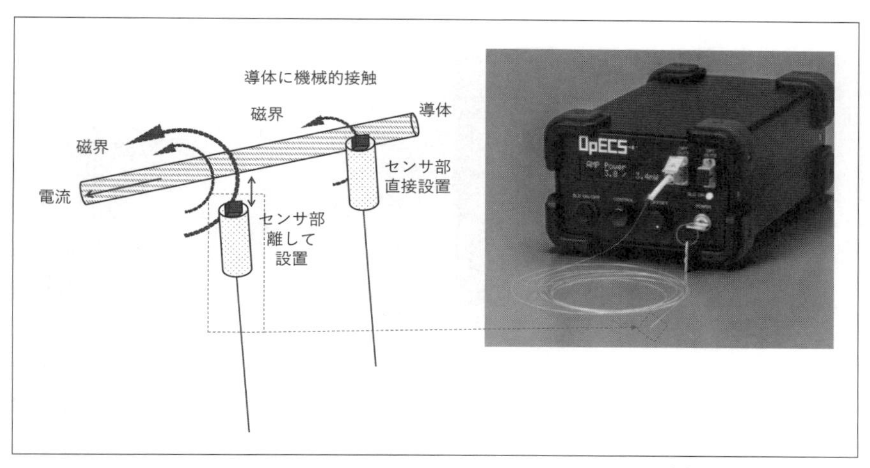

〔図 9.15〕光アイソレーション電流プローブ[2]

サヘッドは φ0.45mm という極小サイズであり，例えば基板実装されたパワー半導体のボンディングワイヤなど，従来の電流プローブでは測定が難しかった箇所でも測定が可能である。図 9.15 に光アイソレーション電流プローブの電流検出原理と外観を示す。

検出方法は，電流が流れると，その周囲に発生する磁界を検知するために，磁気光学効果によるファラデー回転が利用される。

ファラデー回転は，光が物質を透過する際に起こる現象で，光の振動方向が物質を通過する間に回転する。物質内に磁場がある場合，光の振動方向がその磁場の方向に回転して物質の性質や磁場の強さに依存する。光プローブのセンサ部は，光ファイバと磁性材料でできたセンサヘッドで構成されており，センサ部と測定部は光ファイバで完全に絶縁されているため，安全性が確保される。また，直流から高周波（150MHz 以上）までの電流を計測することができる。本電流プローブを利用した例を図 9.16 に示す。

V_{ds}＝400V，I_d＝17A，L＝100μH における GaN デバイスのスイッチング特性を観測している。ターンオンスイッチングの瞬間に電流波形は最大 35Apeak を検出し，その後の大きな電流波形歪みは抑えられている。

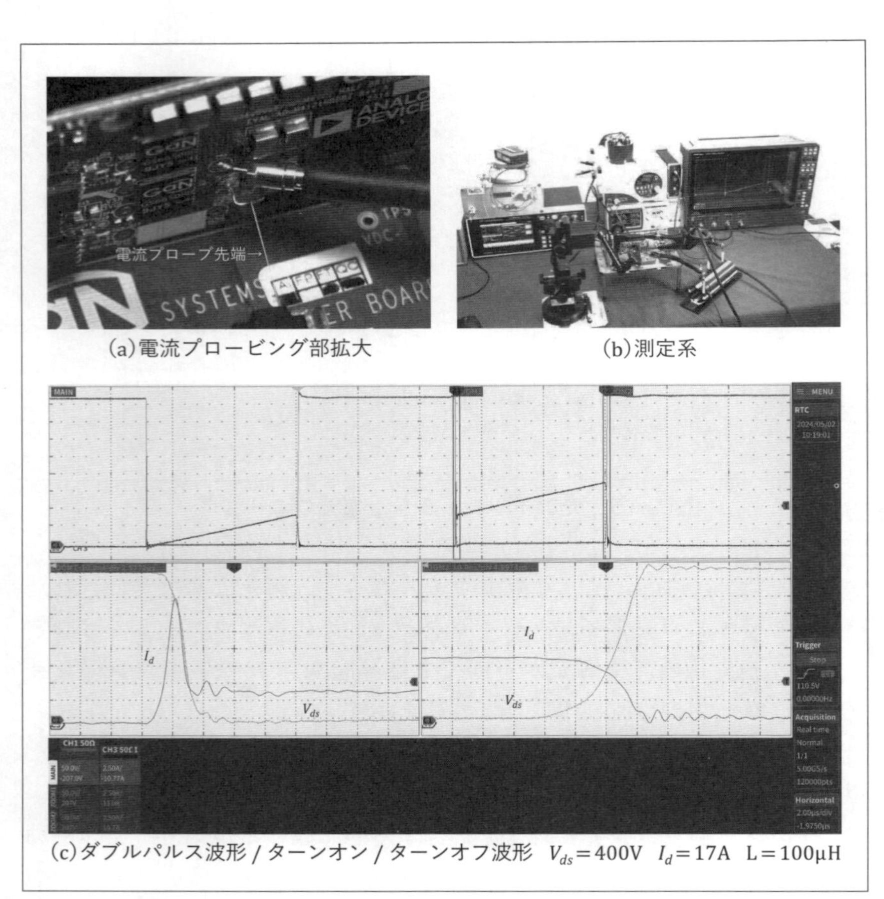

(a)電流プロービング部拡大

(b)測定系

(c)ダブルパルス波形 / ターンオン / ターンオフ波形　$V_{ds}=400\text{V}$　$I_d=17\text{A}$　L＝100μH

〔図 9.16〕光アイソレーション電流プローブによる GaN デバイスの電流計測

9.2.6　最適な電流プローブ

電流プローブを選定する際には，いくつかの重要な要素を考慮する必要がある。まず，測定したい電流の範囲に合わせてプローブのレンジを選択する必要がある。その上で，測定された値の信頼性や精度も考慮しなければならない。使用環境も重要であり，プローブが使用される環境に適した耐久性や防水性が求められる。非接触での測定が必要な場合は，クランプ式電流プローブや光電流プローブが適している。一方，導線に直接接続して測定する必要がある場合は，シャント抵抗や CT などが適している。これらの要素を総合的に考慮して，使用目的や環境に最適な電流プローブを選択することが重要である。これらをまとめた表を表9.1に示す。

〔表 9.1〕各種電流プローブ比較[2]

	光アイソレーション	ロゴスキーコイル	ロゴスキーコイル	CT
方法	非接触(機械的接触)	貫通型	クランプ型	貫通型
絶縁	◎	◎	◎	○
DC 測定	◎	×	×	×
高周波測定	◎ DC-150MHz	◎ 100MHz	○～30MHz	○～50MHz
挿入インピーダンス	◎	○	○	○
ディレーティング特性	◎	○	○	×
挿入スペース	狭小	小	小～大	小～大
磁気飽和特性	◎	◎	◎	×
耐温度	×	○	◎	×

	ホール素子＋CT	シャント	SMD シャント	同軸シャント
方法	クランプ型	回路挿入型	回路挿入型	回路挿入型
絶縁	○	×	×	×
DC 測定	◎	◎	○短時間	○短時間
高周波測定	◎ 2MHz～120MHz	～1MHz	◎	◎ 1GHz
挿入インピーダンス	○	×	○	×～○
ディレーティング特性	×	○	○短時間	○短時間
挿入スペース	大	大	小	大
磁気飽和特性	×	◎	◎	◎
耐温度	×	×	×	×

9.3　電圧プローブの特性

電源回路やインバータなどの評価に使用される電圧プローブは，高電圧特性，周波数特性，高入力インピーダンスなど，高い性能が求められるだけでなく，安心して測定できることが求められている。電圧プローブの性能は評価や設計の正確性に直接影響を与える。電源回路の評価では，電圧の変動やノイズが極めて小さい場合もある。プローブだけでなく測定器も高い測定精度が必要である。また，測定対象に対して高インピーダンスでプロービングすることが，測定回路への影響を抑えることができ，測定の信頼性向上が図れる。

以下に，スイッチングする回路の評価方法について，電圧プローブの性能と測定事例を交えて説明する。

9.3.1　高電圧パッシブプローブ

パッシブプローブは，プローブ先端部の抵抗とコンデンサの並列回路，同軸ケーブル，マッチング回路，オシロスコープの入力部で構成される。電子回路の測定や解析に使用される重要なツールである。典型的な10:1 パッシブプローブを例に取り，その測定原理と使用上の注意点について図 9.17 を利用して詳しく説明する。

プローブ先端部は，信号線側が針状に，グランド側は金属で絶縁材を周回して巻かれている。図 9.17(a)は針及びグランド側（スプリンググランドリードを巻き付ける）を直接観測したい負荷などに接続していることを想定した等価回路である。図 9.17(b)は先端部にフックを取り付けて，グランド側にワニ口グランドリードを取り付けると，各々にインダクタンス成分と先端部間の容量が追加される。中には，グランドリードをプローブ本体に巻き付けてインダクタンス成分を減らそうとする場合もある。しかし，その分容量成分が増加することがある。

一般的に，オシロスコープとパッシブプローブはマッチングされた状

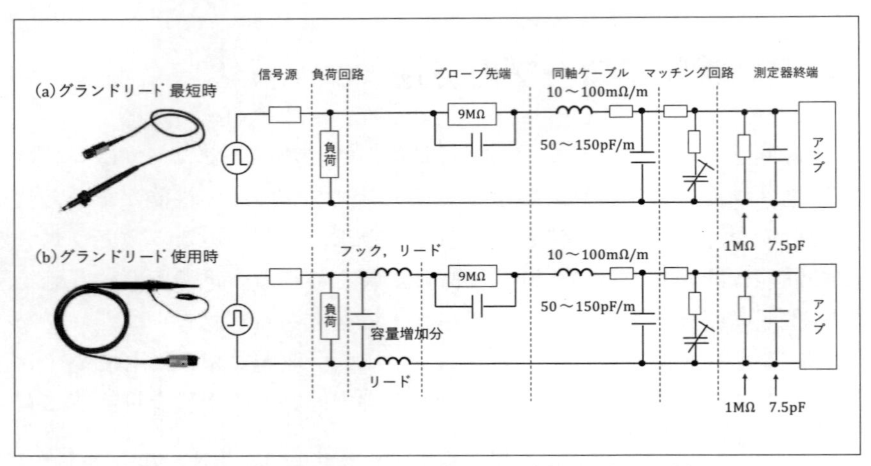

〔図 9.17〕パッシブプローブ等価回路と外観[2]

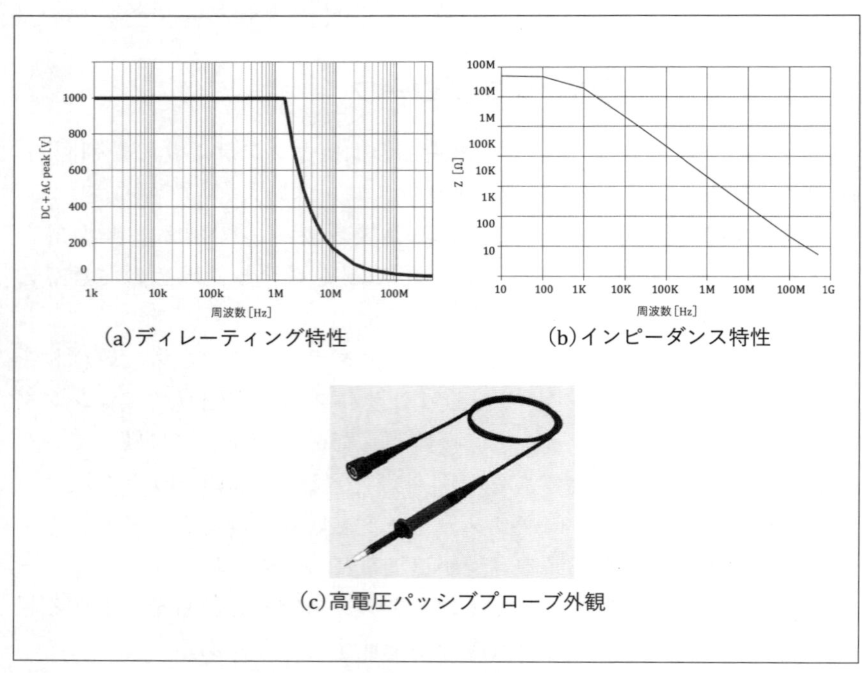

〔図 9.18〕パッシブプローブの特性[2]

態で利用する。波形全体の歪みを抑え，周波数帯域をフラットにするようにマッチング回路の半固定の可変容量で調整する。しかし，オシロスコープとのマッチングが取れないケースがある。例えば，オシロスコープに指定されていないプローブを使うときは，オシロスコープの入力回路とのマッチング不良で波形歪みが生じる。メーカーが指定したプローブを利用する。これは，小信号用から高電圧用までのすべてのプローブについて適用される。また，測定において，ディレーティング特性（図9.18(a)）とインピーダンス特性（図9.18(b)）は重要である。パッシブプローブのディレーティング特性である図9.18(a)は，プローブが設計された能力を超えて高電圧にさらされたときに，安全性や測定の正確性が維持できるかを示す。ディレーティングレートを超える電圧が加わると，プローブが損傷する可能性がある。例えば，1000V耐圧のプローブは13.56MHzにおける耐圧限界は100V程度となってしまう。

パッシブプローブのインピーダンス-周波数特性図9.18(b)は，プローブの周波数依存性を示す。これは，プローブのインピーダンスが周波数に応じてどのように変化するかを示す特性であり，プローブが測定対象の回路とどのように相互作用するかを示す重要なデータである。適切な周波数範囲で測定信号に対して適切な負荷を提供する場合，高周波信号における歪みや測定誤差を最小限に抑えることが可能となる。

9.3.2　高電圧差動プローブ

500MHz帯域の高電圧差動プローブでHブリッジのGaNデバイス基板を測定した例を図9.19に示す。

ターンオン波形及びターンオフ波形は，差動プローブの両端リードをほぼストレートに伸ばして，基板近くで接近するようにV_{ds}＝400Vを測定している。周りには大きな磁界の変化が少ないため，ストレート配線にして波形の急峻さを重視した測定としている。外部電磁界の影響によっては，ツイストペアで配線することもある。しかし，立ち上がりエッジが若干鈍る傾向がある。これはリード間で相互に結合するため，イン

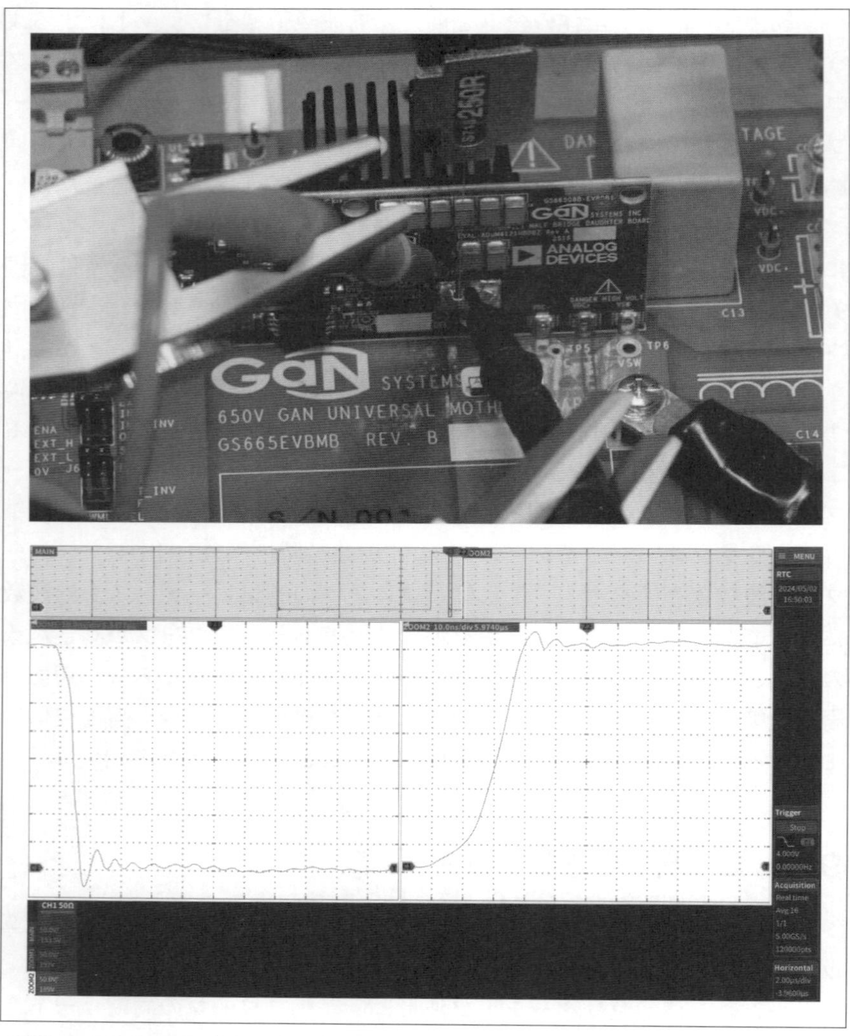

〔図 9.19〕GaN デバイスのスイッチング波形を高電圧差動プローブ測定[2]

ダクタンス成分は下がるが，容量成分が若干上がるためである。

高電圧差動プローブのディレーティング特性図 9.20(a)は，プローブ

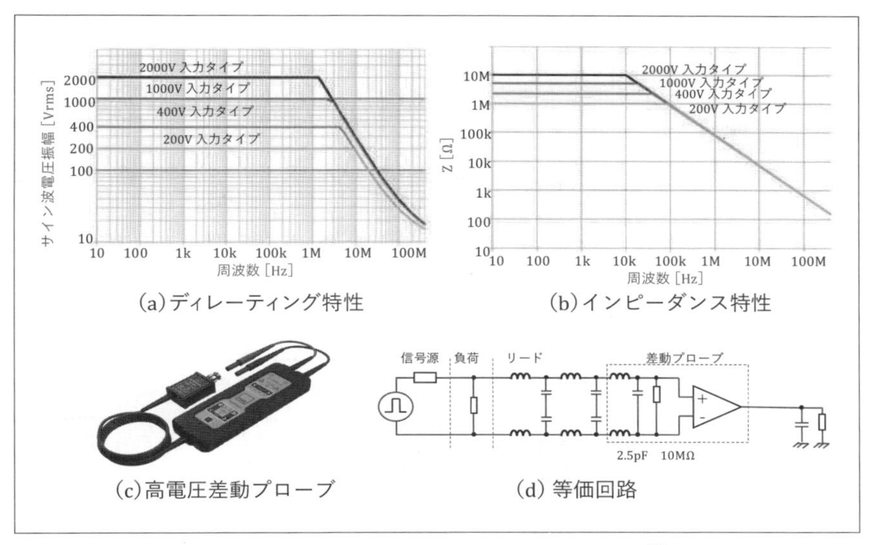

〔図 9.20〕高電圧差動プローブの特性例[3]

が設計された最大電圧よりも高い電圧に耐える能力を示す。これは，プローブの絶縁材料や構造が，高電圧下でどれだけの電気的なストレスに対して安全性を確保できる範囲を示す。

インピーダンス特性図 9.20(b)は，プローブが電気回路にどの程度影響を与えるかを示す。高電圧差動プローブのインピーダンスは，＋－入力のプローブリード間の特性を示す。周波数領域でのインピーダンスの変化は，プローブが高周波信号に対してどの程度影響を及ぼすかも分かる。したがって，高電圧差動プローブのディレーティング特性とインピーダンス特性は，それぞれプローブの耐電圧性能とインピーダンス－周波数特性による挙動を理解する上で重要な指標となる。図 9.20(c)は外観例で，その等価回路が図 9.20(d)で表すことができる。入力部の＋－リードは，配線によるインダクタンスと配線間の容量で構成される。例えば差動プローブ本体内は，基板までの配線インダクタンスと入力抵抗（10MΩ）と入力容量（2.5pF）が入る。アンプ出力は，広帯域差動プローブは DC50Ω，100MHz 前後の帯域のプローブは DC1MΩ 終端で

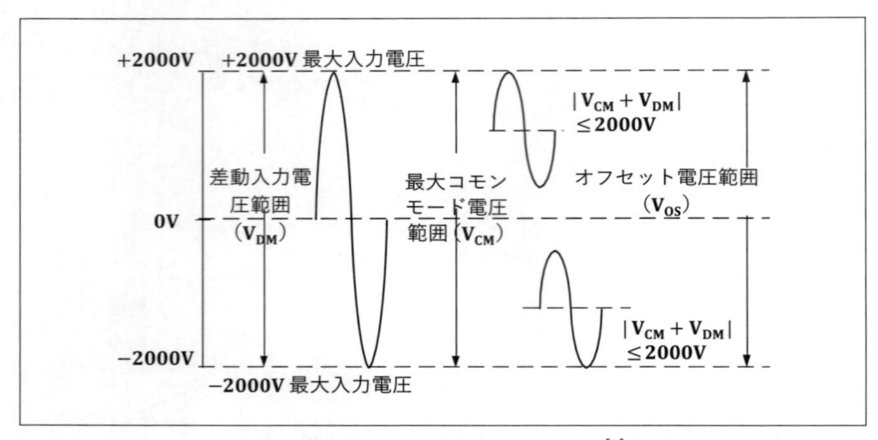

〔図 9.21〕高電圧差動プローブ[3]
2000V 仕様の入力範囲例

測定する例がある。

図 9.21 は，高電圧差動プローブの入力電圧レンジを示している。本プローブの最大入力±2000V 仕様の場合，オフセット電圧範囲は 2000V 以下に制限されるが，浮いた電位の拡大波形を捉えることができる。電源回路のリップル電圧などを観測する際に，オフセットレベルを可変して測定することができるタイプもある。

9.3.3 光アイソレーション電圧プローブ

光アイソレーション電圧プローブは，プロービングポイントと測定器側の電気信号出力を光伝送方式で絶縁しているため，高電圧下での安全な測定を可能にする。この特長により，以下のような利点がある。

高い絶縁性は，光伝送方式を使用することで，電気信号の伝送経路が物理的に絶縁されるため，高電圧下でのプローブと測定器間の絶縁性が非常に高くなる。これにより，高電圧が接地された測定器から離れた場所で安全な測定が可能となる。また，絶縁が保たれるため，コモンモードノイズや干渉が測定結果に影響を与える可能性が低くなる。

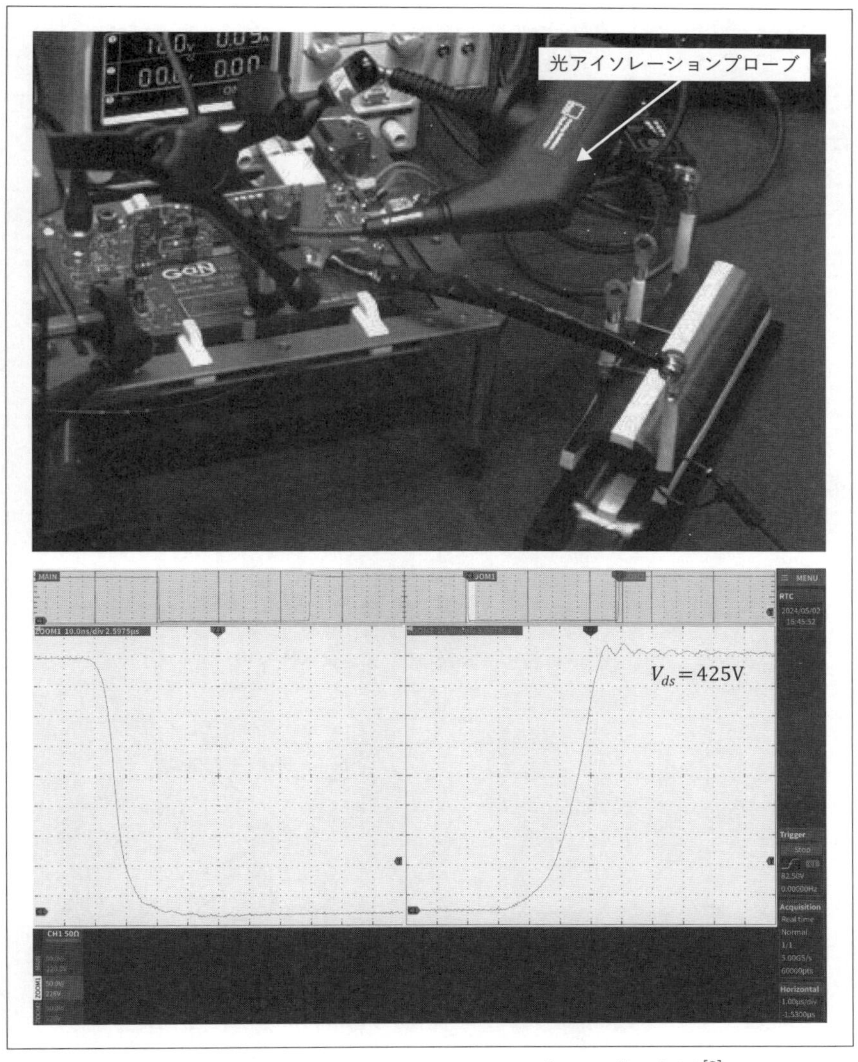

〔図 9.22〕光アイソレーション電圧プローブ測定例[2]

例えば，インバータや電源回路などのゲート信号観測において，光アイソレーション電圧プローブは威力を発揮する。H ブリッジ回路のハイサイドスイッチング V_{ds} を測定する場合，ローサイド側の電位が大きく変動するため，これを除去できるコモンモード特性のプローブが求められる。Si デバイスでは測定しやすかったが，SiC や GaN デバイスのように高速スイッチングするハイサイドは，高周波まで高 CMRR 特性のプローブが必要であり，これを満足するのが光アイソレーション電圧プ

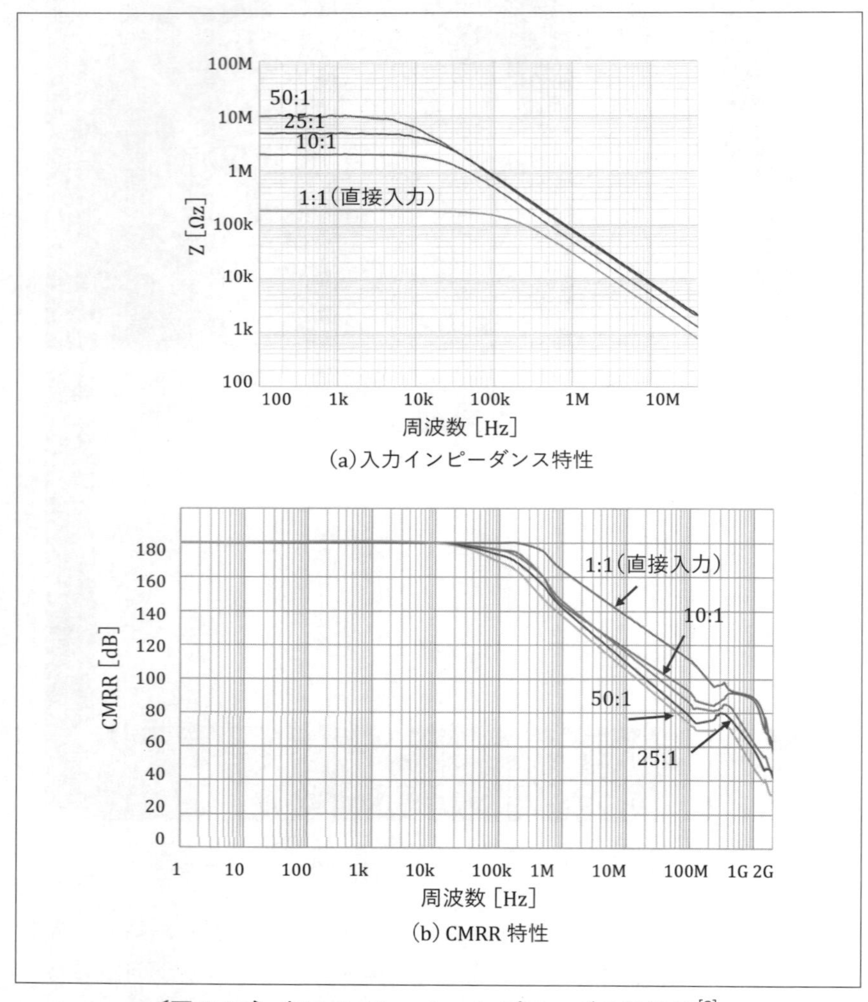

〔図 9.23〕光アイソレーションプローブの特性例[3]

ローブである。

光アイソレーション電圧プローブは，絶縁性の高さとコモンモードノイズの低さにより，幅広い電気回路の測定に適している。特に，高速スイッチングするデバイスの測定や高電圧下での安全な作業において，その有用性が顕著に現れる。

図 9.22 に，H ブリッジ回路のターンオン，ターンオフ波形測定例を示す。V_{ds}＝425V ターンオン，ターンオフスイッチング波形は，歪みが抑えられている。

広帯域プローブであるため，図 9.23 のようにインピーダンス－周波数特性は高周波域でも高入力インピーダンス特性を示しており，電源回路やインバータの測定に対応できる。また，ハイサイドのゲート信号などの測定に影響する CMRR 特性も高周波域まで高い数値を示しており，安定した GaN，SiC デバイスのハイサイド測定を実現できる。

9.3.4　オン電圧クランププローブ

オン電圧クランププローブは，オン損失測定に特化した電圧プローブである。図 9.24 はローサイドのドレイン－ソース間電圧 V_{ds}＝400V である。スイッチングする電圧を 1.5V でクランプしてオシロスコープの 1 段目の CH1 に表示させており，250mV/div に近い幅でオン電圧が変動している。2 段目の CH3 は光アイソレーション電流プローブでドレイン電流 I_d を測定した結果である。3 段目は光アイソレーション電圧プローブを利用してゲート信号 V_{gs}，4 段目に V_{ds}/I_d　動的オン抵抗を演算した結果を示す。

9.3.5　高電圧差動プローブ，電流プローブの干渉

図 9.25 に 250V/10A である。スイッチングするデバイスの電圧・電流計測を行っている。CH1 電流観測では，数 10mA 程度のノイズが出

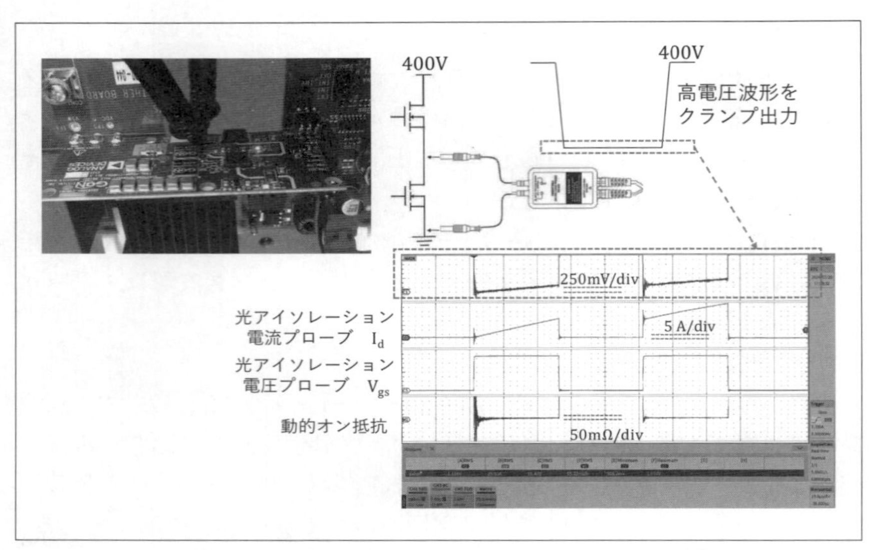

〔図 9.24〕オン電圧クランププローブの測定例[2]

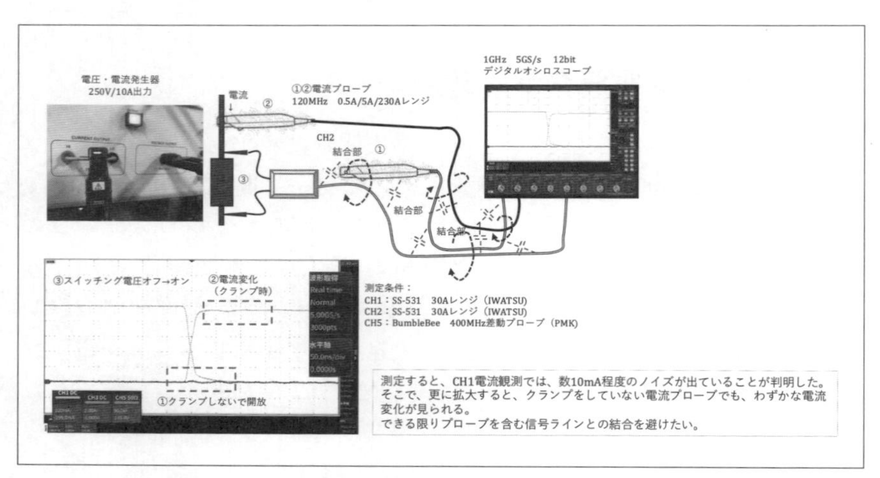

〔図 9.25〕測定側同軸ケーブルのプローブ間結合[2]

ていることが判明した。そこで，更に拡大すると，クランプをしていない電流プローブでも，わずかな電流変化が見られるので，できる限りプローブを含む信号ラインとの結合を避けなければならない。

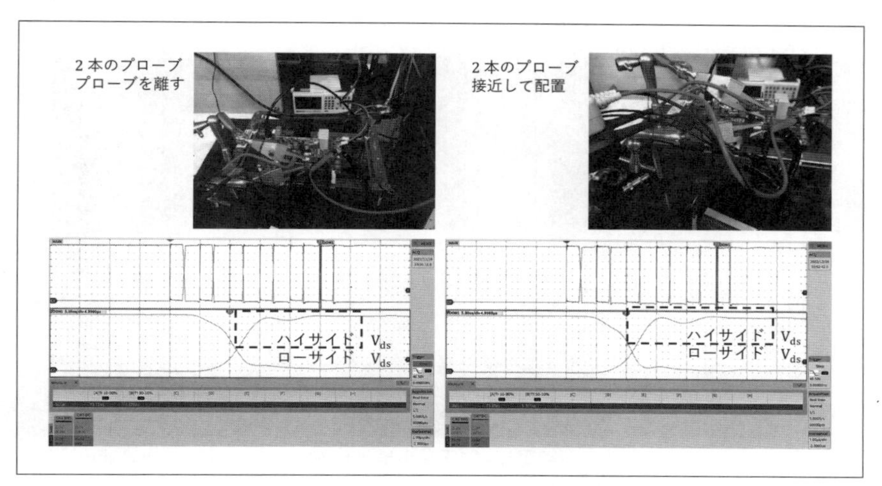

〔図 9.26〕差動プローブの容量結合の影響[2]

9.3.6　差動プローブの容量結合による影響

GaN デバイスのハーフブリッジインバータのハイサイド，ローサイド測定で 2 本のプローブ間においてお互いが干渉する。2 本のプローブ本体及びプローブリードの配線をできる限り遠ざけるために，2 本のプローブの角度は 90 度程度開いてプロービングすると波形歪みの影響は，リード，回路の影響がわずかに現れる程度であったが，2 本のプローブを接近して重ねて配置して測定したが，ハイサイド側に大きな波形歪みが現れていた。この結果から，高電圧差動プローブを重ねて測定することはできる限り避けるべきである（図 9.26）。この他，プローブの出力信号側の同軸ケーブル同士が重なったりすることがあり，同軸ケーブル間での容量結合の影響でさらに波形歪みの発生や，ターンオン，ターンオフ時に波形歪みが現れやすくなるので注意したい。

9.3.7　正確な瞬時電力損失の測定に必要なスキュー校正

電圧プローブや電流プローブには，それぞれの型式や構造によって異

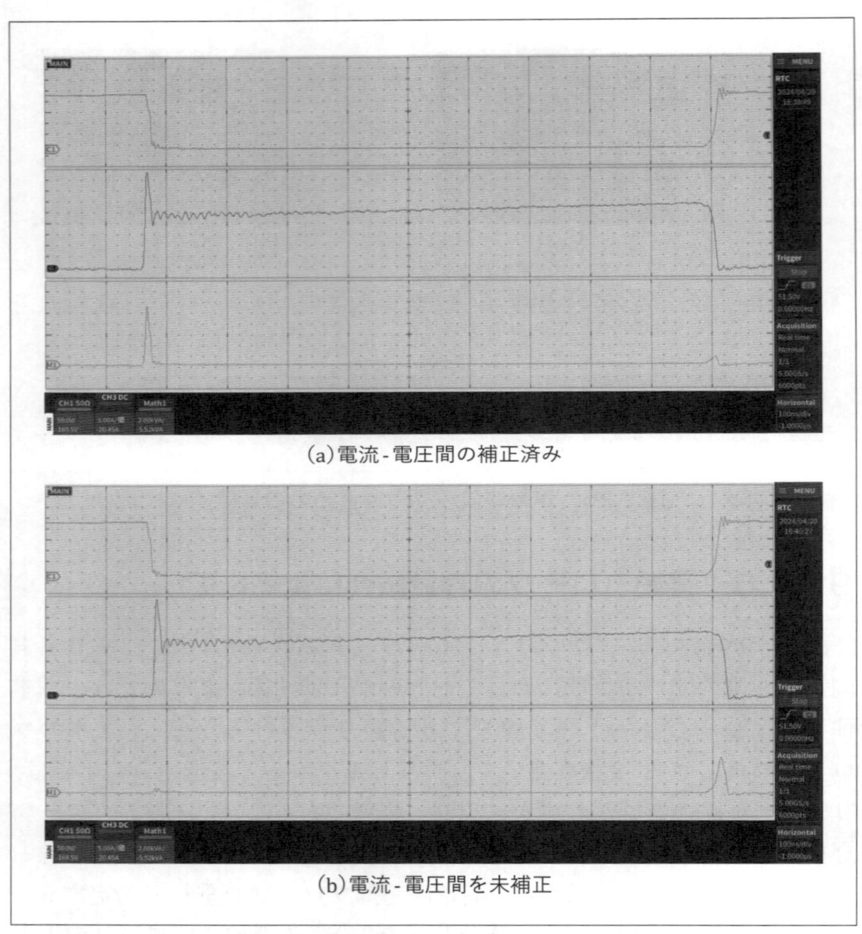

(a)電流-電圧間の補正済み

(b)電流-電圧間を未補正

〔図 9.27〕プローブ間の位相差による損失の違い

なる信号伝搬速度が存在する。一般的に,同軸ケーブルを利用する場合,その長さに応じて信号が伝播するのに時間がかかる。例えば，一般的な同軸ケーブルでは，1m あたり約 5ns の遅延時間が生じる。この遅延時間はプローブから測定対象までの距離に応じて増加する。また，アンプやトランスなどの増幅器や変圧器を介して信号を伝達する場合も，信号が処理される時間がかかる。

ここで，注意が必要である。位相差を小信号レベルで合わせた場合は，大振幅時の位相は変化することもある。このため，パワーエレクトロニクスの計測において正確なプローブ間位相補正をするには，高電圧・大電流信号を利用する。例えば，図 9.27 の様に 2 つの位相の違いがあるドレイン-ソース間 V_{ds} 波形とドレイン電流 I_d 波形がある。図 9.27(a)は電流プローブで測定する方を 10ns 以上位相を補正している。1 段目が V_{ds}，2 段目が I_d，3 段目が $V_{ds} \times I_d$ の電力損失波形である。結果はターンオン損失が大きくなっている。一方，図 9.27(b)は電圧・電流プローブの位相を合わせていない。V_{ds} がオンしてからドレイン電流 I_d が遅れて流れている。このケースでは，ターンオフ損失が大きくなっている。両者より，位相合わせによって電力損失の違いが分かる。

なお，電圧プローブと電流プローブの位相合わせのポイントは，互いの波形が変化し始めるポイントである。振幅の 50% で位相合わせする方法は，確実に周波数特性が一致している場合に限定される。一般的に電流プローブの帯域は低い傾向があるため，測定前に必ず位相補正を行う。また，電流プローブの挿入位置によっても位相差が変わるため，測定時の状態に合わせて，位相補正をしなければならない。

参考文献

[1] 岩崎通信機 カーブトレーサカタログ

[2] 岩崎通信機 高度ポリテクセンター パワーエレクトロニクスセミナー資料

[3] PMK 社（独）差動プローブ取扱説明書

・岩崎通信機　高度ポリテクセンター　セミナー資料

・電気学会全国大会 H31.3 S20-4 GaN デバイス・スイッチング電圧・電流ひずみの低減化

・髙木茂行，長浜竜，服部文哉，今岡淳，佐藤大介，平沢一，向山大介，“エンジニアの悩みを解決　パワーエレクトロニクス”，9 章，10 章，コロナ社，初版 2 刷，(2023)

・Ryu Nagahama. Issues in measuring switching losses of SiC & GaN

devices in an inductor（magnetic device）load. APEC2023, Exhibitor Seminar March, 2023
・Ryu Nagahama. Static and dynamic characteristic tests on magnetic devices PSMA Power Magnetics @ High Frequency2024, workshop Presentations, March, 2024

10章

電気自動車
電気系の計測器

～製品の多角的解析～

本章では，パワーエレクトロニクス計測器として利用される測定器の概要について説明する。オシロスコープ，パワーアナライザなどの測定器を活用し，それぞれの特性と機能を紹介する。また，測定器のハードウェアに対する理解を深めることで，できる限り正確な測定を行うためのポイントにも触れる。これにより，計測器の有効活用と測定精度の向上を図ることを目指す。

10. 1　オシロスコープ

オシロスコープの測定ブロック図を図 10.1 に示す。入力信号はプローブによって取り込まれる。シグナルインテグリティを保つためにアンプに最適なレベルを入力できる様に減衰器によって振幅を調整する。アンプでは，波形ひずみが生じない様に増幅し，一定間隔にサンプリングしてから AD 変換される。この経路とは別に，信号を捕捉制御するためのトリガ回路がある。これは，信号の振幅が特定の閾値を超えた場合にトリガを発生させて信号を表示させる機能を持つ。

測定回路の中で波形再現性を高めるために重要なのが，アナログからデジタルに変換する回路である。アナログ信号は，高分解能 A/D 変換器で波形処理できるようにサンプリングして瞬間的にアナログ量を保持してからデジタルに値に変換し，メモリ回路に波形情報を保持する。

波形情報は，多角的に解析できるように，振幅や立ち上がり時間などのパラメータ演算，周波数分析，波形同士の演算などができ，画面上で波形表示して確認することができる。また，波形データを転送して PC 上で解析も実現できる。

以下に，オシロスコープを利用する上で重要な帯域，サンプリング，分解能について示す。

帯域は，入力信号に対してどの程度の信号が伝達するかを示す出力-周波数特性として数値化される。図 10.1 下図にある様に，入力信号と

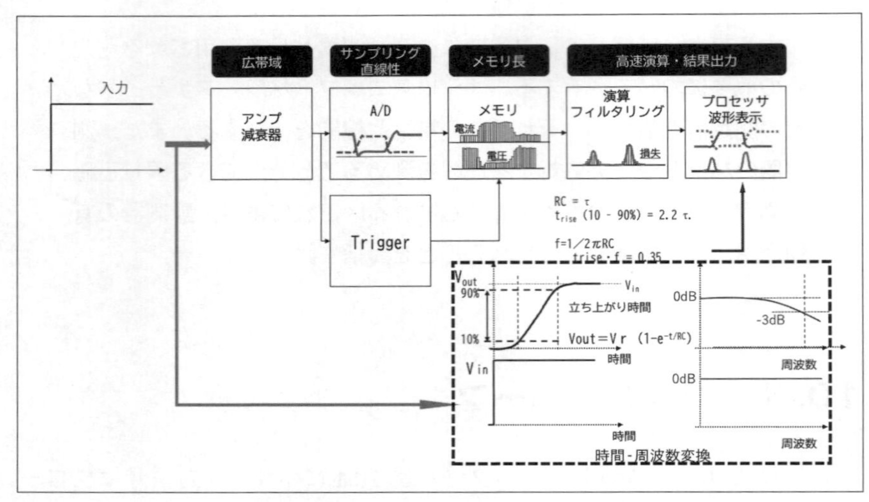

〔図 10.1〕オシロスコープの構成[1]

して立ち上がり時間 0s の信号が入力されたとする。このときの周波数特性は，高周波域でフラットな出力特性をもつ。通常 dB（デシベル）として捉え，0dB は，1V 入力で 1V 出力される状態である。-3dB は，帯域の数値として示される減衰ポイントである。例えば，1GHz の帯域のオシロスコープの場合，1GHz サイン波 1Vp-p が入力されると，0.707Vp-p に減衰する。

帯域は，立ち上がり時間とも深い関係がある。立ち上がり時間（ns）＝0.35/ 周波数（GHz）が RC 回路の指数関数状に立ち上がる信号特性から導かれる。実際には，一定の立ち上がり時間の入力信号があるので，測定される立ち上がり時間は，以下の様に考える。

立ち上がり時間＝$\sqrt{帯域の立ち上がり時間^2 + 入力の立ち上がり時間^2}$

入力 5ns, 帯域 1GHz では　立ち上がり時間（1GHz）＝$\sqrt{0.35^2 + 5^2}$＝5.01ns となる。

図 10.2 にサンプリング速度の違いについて示す。上段はサンプリング間隔が詰まった状態でサンプリングした場合の波形である。下段はサンプリング間隔が 4 倍空いている場合の波形である。サンプリング間

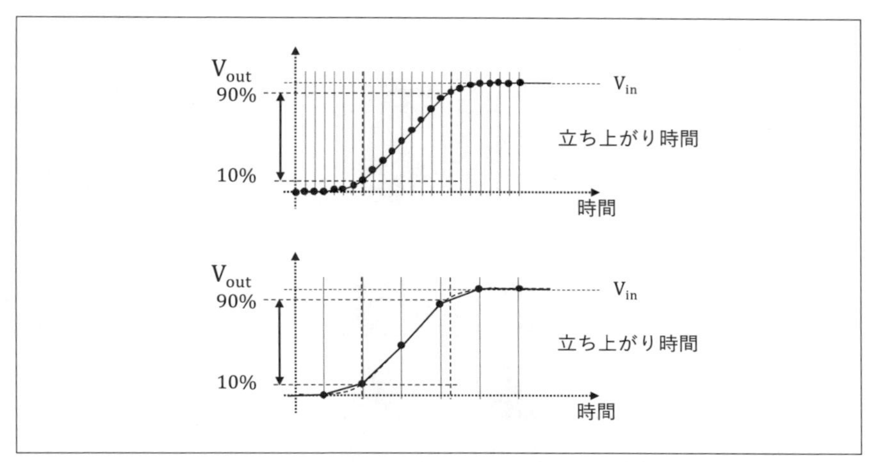

〔図 10.2〕サンプリング速度の違い[1]

隔が粗くなっているため，サンプリング点間以外の波形情報の誤差が大きくなる。特に立ち上がり開始と終了に近づいたところで乖離している様子が分かる。

分解能の差違は損失の測定結果に影響を及ぼす。分解能は縦軸の細かさを表する。この場合，振幅だけのパラメータに影響が出ると思われがちである。しかし，実際にはタイミング精度にも影響する。実際に計算した結果を GaN デバイスのスイッチングを考慮して以下に示す。

図 10.3 の波形で立ち上がり／立ち下がり時間で 0-100% 振幅基準で考えた場合の 6ns 台形波の電流 10A と電圧 100V 波形のスイッチングを仮定する。時間軸精度，分解能レベルは以下のようになる。

8bit 分解時の時間誤差　23.4ps　分解能　電圧 39mV，電流　39mA
12bit 分解時の時間誤差　1.46ps　分解能　電圧 24mV　電流　2.4mA
となる。
ターンオン／オフ損失，スイッチングオン状態の損失は，
ターンオン損失 E_t・ターンオフ損失 E_f は，$\frac{1}{6}V_p \times I_p \times T_{on}$　より
8bit 時　$E_t = E_f = 1\mu Ws$　　12bit 時　$E_t = E_f = 1\mu Ws$　となる。

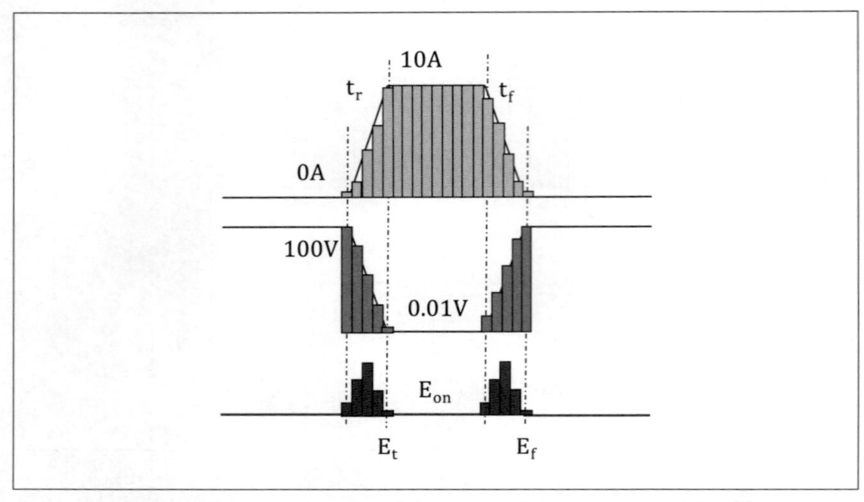

〔図 10.3〕 タイミングと分解能による損失測定への影響[1]

オン時の損失は，8bit 時に E_{on}＝16mWs　12bit 時に E_{on}＝84μWs となる。

この様に，立ち上がり波形がリニアに変化している場合は，波形の歪みがある場合やターンオン損失，ターンオフ損失の差違がほぼないが，オン時の損失の差違は大きく効いてくるようである。これが若干遅いエッジのスピードになると，ターンオン／ターンオフ損失が大きく効いてくるので，測定デバイスに応じて，何処に注視して測定すべきかを考えなければならない。

なお，高分解能測定時には測定器の波形の歪み，ノイズフロア，プローブによる歪みが鮮明に表示されるため，さらなる高分解能化による高精度化は難しい。

10.2　プロービング固定治具

プローブ固定治具は，高電圧を安心して確実にプロービングすることを可能とする高電圧測定に欠かせない治具である。フレームにプリント基板を固定して，そのフレームにプローブを挟んで固定するアームを取り付ける。基板面に対して垂直にして上から押さえつけてプロービングできるので，プローブの接触不具合による回路の誤動作や焼損のリスクを低減することができる。

図 10.4 にプローブ固定治具の例を 2 種類示す。図 10.4(a)は恒温槽対応の温度レンジが広いプローブをフレームに取り付けた例である。図 10.4(b)は，光アイソレーション電圧プローブ及び高電圧差動プローブを固定して，小型 DC-DC 基板を測定している。

(a)恒温槽対応プローブの固定

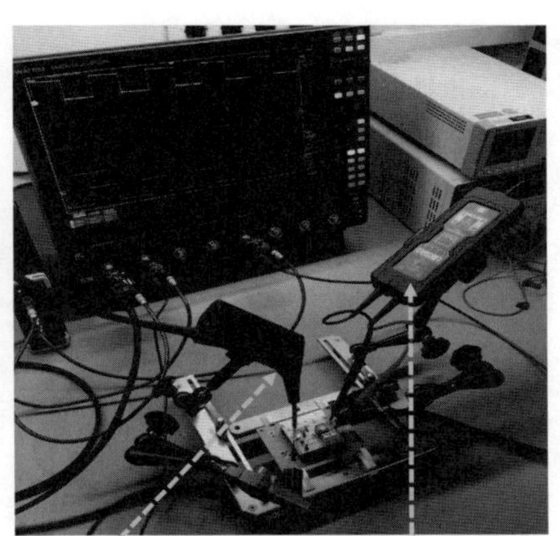

(b)光アイソレーション電圧プローブ，高電圧差動プローブの固定

〔図 10.4〕プローブ固定治具[2]

10. 3　フィードバック解析・インピーダンス解析

電源やインバータシステムの安定性向上には周波数レスポンスアナライザや，受動部品・センサのインピーダンス測定には，周波数レスポンスアナライザやインピーダンスアナライザが利用されている。

まず，測定の課題を記述する。

（a）フィードバック解析用周波数レスポンスアナライザ

周波数レスポンスアナライザは，システムや回路の周波数特性（ゲインと位相）を測定するための機器であり，電源回路のフィードバック特性を評価する際に広く使用される。周波数レスポンスアナライザを使用して被試験回路に入力信号を印加し，出力信号を測定してゲインと位相の周波数特性を取得し，安定性や応答性を評価する。

図 10.5(a)は，電源のフィードバック回路を測定する際の接続事例である。周波数レスポンスアナライザ内部にある信号発生源と出力アンプによって任意の信号レベルや周波数で入出力特性を測定する。CH1 には絶縁トランスを介してフィードバックループにサイン波信号を与える。CH2 は入力された信号によって，電圧変動が発生する。一般に低い周波数の変動に対しては，フィードバックループで出力電圧の安定化を図ることができるが，周波数が高くなるにつれて変動に対して緩慢になる。この CH1，CH2 の信号レベルとその位相関係を解析すると，電源の安定性，ループゲインを見極められる。

ループゲインは，$CH1/CH2 = V_{out}/V_{fb}$ で求められる。

測定時のプロービングは，オシロスコープのプローブと同様に，プローブリードが長くならないようにする。リードが長くなるとインダクタンスや容量が増加するため，正確な周波数応答特性が測定できない場合がある。詳細は，9.3 節電圧プローブの特性を参照してほしい。

（b）インピーダンスアナライザ

インピーダンスアナライザは，抵抗，コンデンサ，インダクタなどの受動部品の電気的インピーダンスを測定し，部品の特性をより詳細に解析し最適な部品選定を行う。

測定する際は，部品のインピーダンスによって測定系を変更する必要性がある。図 10.5(b)の通常時は CH2 の基準インピーダンス（シャント抵抗）と被測定物のそれぞれの両端を測定する通常時のインピーダンス測定の例を示す。

通常時は，Zx＝Zs・CH1/CH2 から導く事ができる。Zx と Zs の接続点はコモンモード信号特性の低減のため，中間点（ゼロ点）となるように測定する。

低インピーダンス時は，Zx＝Zs/((CH1/CH2)−1）である。

低インピーダンス測定では，ケーブルや治具が持つインピーダンスや部品の固定方法などによって，測定結果に大きな誤差を生むことがある。

高入力インピーダンス時は，Zx＝Zs((CH1/CH2)−1）である。

高インピーダンス測定では，外来ノイズや漏れ電流の影響を受けやすいことと，測定器の入力インピーダンスが被測定物よりも高いことを確認し，測定誤差が大きくならないように注意する。

いずれの場合も，測定治具を含めたキャリブレーションを確実に行い，正確な測定結果を得る様にする。また，測定リードを活用して容量測定する際は，校正時のワイヤのインピーダンスが変わらないように，できる限り固定して調整する。リード間の距離が変わることで容量分の補正がずれてしまう。

大容量コンデンサの場合，試験電圧を一定に保つことが難しい場合がある。自動調整機能を利用して試験電圧を監視・調整しながら測定を行うことで，測定中の電圧変動を抑え，正確な測定結果を得ることができる。また，測定時にコンデンサに充電・放電される電流も比例して大きくなるので，低インピーダンス時に測定周波数が高いと充放電電流が増加するため注意しなければならない。

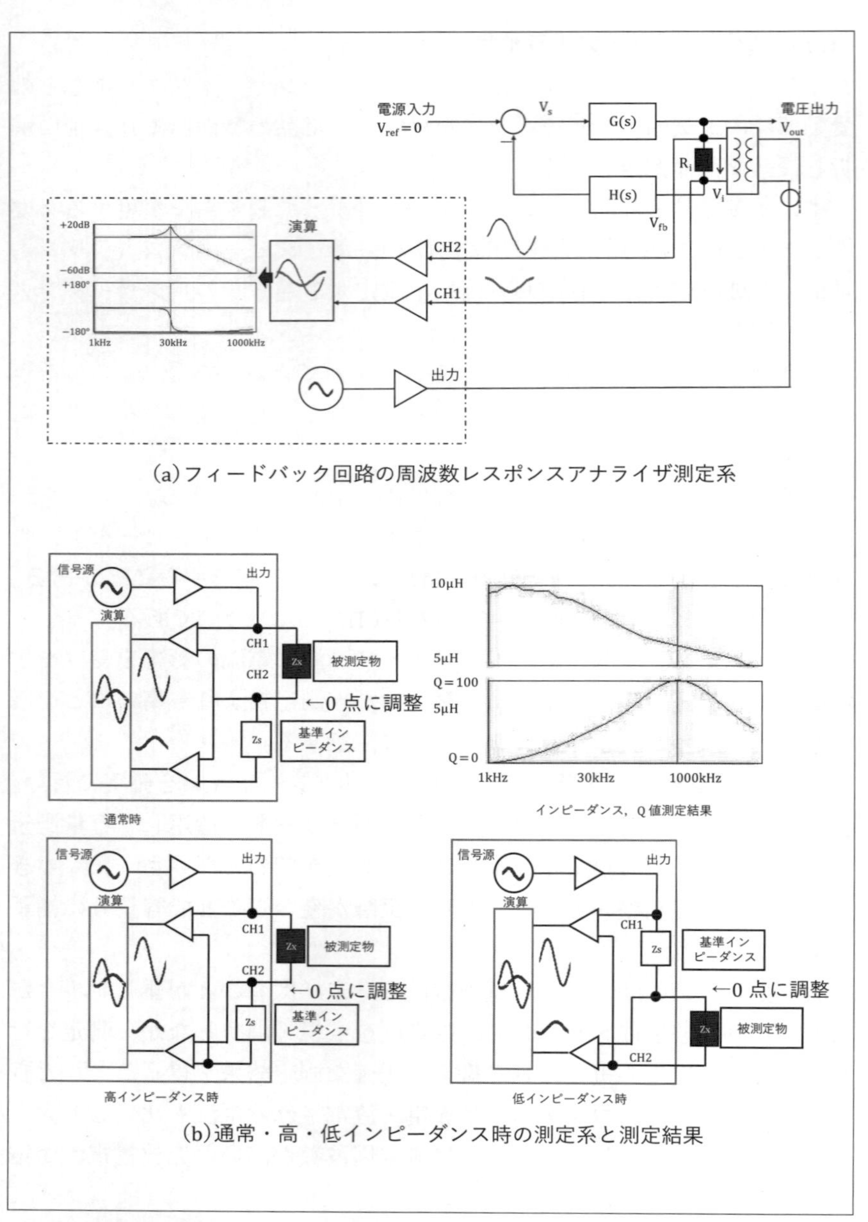

〔図 10.5〕 周波数レスポンスアナライザ・インピーダンスアナライザ[1]

（c）パワーアナライザを活用したインピーダンス計測

大電力でインピーダンスを試験するためにはバイポーラ電源，パワーアナライザと信号発生器を利用する。電力範囲はバイポーラ電源に依存する。この測定方法について図 10.6 に示す。

サイン波 10kHz 信号をバイポーラ電源で増幅し，直接リアクトルに電力供給しているが，ここで要となるのが配線である。配線にはインダクタンス成分があり，配線間には容量の影響も現れるため，極力最短で幅広の銅線を利用して接続する。実験に利用したワイヤは，平編み銅線である。しかし，バスバーなども用いることができる。

測定結果は，2MHz 帯域のパワーアナライザで測定すると 10kHz で 107μH だった。本測定で利用するパワーアナライザは，位相精度が高いタイプが求められる。しかし，さらに高精度で測定するために位相補正機能で 0.01° など電圧と電流を位相補正することができる測定器を活用するとさらに正確なインダクタンス値が求められる。

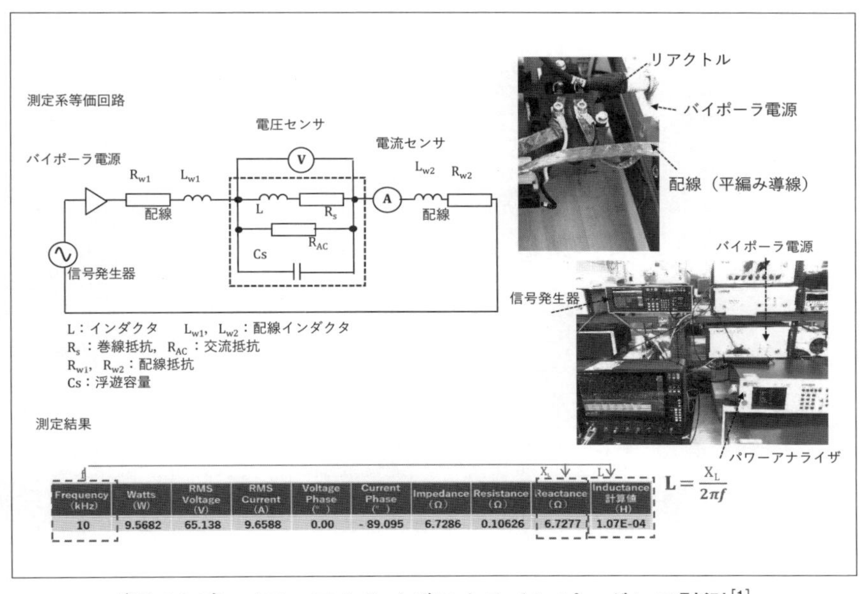

Frequency (kHz)	Watts (W)	RMS Voltage (V)	RMS Current (A)	Voltage Phase (°)	Current Phase (°)	Impedance (Ω)	Resistance (Ω)	Reactance (Ω)	Inductance 計算値 (H)
10	9.5682	65.138	9.6588	0.00	- 89.095	6.7286	0.10626	6.7277	1.07E-04

〔図 10.6〕パワーアナライザによるインピーダンス計測[1]

この測定法において，インダクタンスに直列に数Ω以上の抵抗を挿入することもある。しかし，大電流時は抵抗の電圧降下や熱特性などの影響があるため，正確なインダクタンスの測定が難しい場合がある。

10.4　電力変換効率の測定

（1）測定準備

入力された電力をより効率的に出力する装置が電源・電力変換器である。高電力効率化は，エネルギーの無駄を最小限に抑え，より効率的なエネルギー利用と熱負荷の軽減が図られる。これにより冷却や放熱スペースが小さくできるメリットがあるため，省エネルギー化には欠かせない評価である。

（2）測定に必要な機材

電力変換効率を測定するためには，広帯域・高精度の電力測定器が欠かせない。電圧・電流のセンシング方法や，高調波をどこまで取り込めるかもポイントである。特に変換効率を90％以上から0.1～1％単位で機器の改善を図っている場合は，測定器の性能とセンシング方法にも注意が必要である。以下に必要な測定機材（図10.7）を示す。

・パワーアナライザ	高精度・広帯域
・電流プローブ	低挿入インピーダンス
・負荷	電子負荷装置，抵抗負荷など
・電源	低歪み電源
・温度測定	データロガー，赤外線温度計

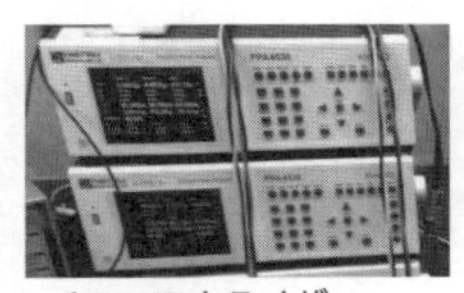
パワーアナライザ

電流センサ

電源

電子負荷装置

赤外線温度計の測定例

〔図10.7〕電力変換効率試験用機材の例

（3）スイッチング電源の電力変換効率試験

AC-DC 変換装置の効率試験は，電力を効率的に変換する能力を測定し，エネルギーの無駄を最小限に抑えることを確認する。一般的に，高い変換効率を持つ装置は省エネルギーであり，環境にやさしいと見なされる。試験中には，入力電圧の安定性や過負荷保護機能の確認が行われる。入力電圧の変動が大きい場合や過負荷時に装置が適切に動作することが確認できる。さらに，効率試験では装置の動作温度も監視され，適切な範囲内で評価する。

図 10.8(a)に電力変換効率の測定系，図 10.8(b)に入出力電力と負荷率の関係，図 10.8(c)に電力変換効率と負荷率の関係を示す。

この効率測定は，高効率になるほど入出力電圧・電流の歪みの影響を受けやすくなる。被測定物に供給する電源の THD（全高調波）をできる限り抑える。例えば，13 次高調波まで全ての歪みの合計を ±0.5% 以

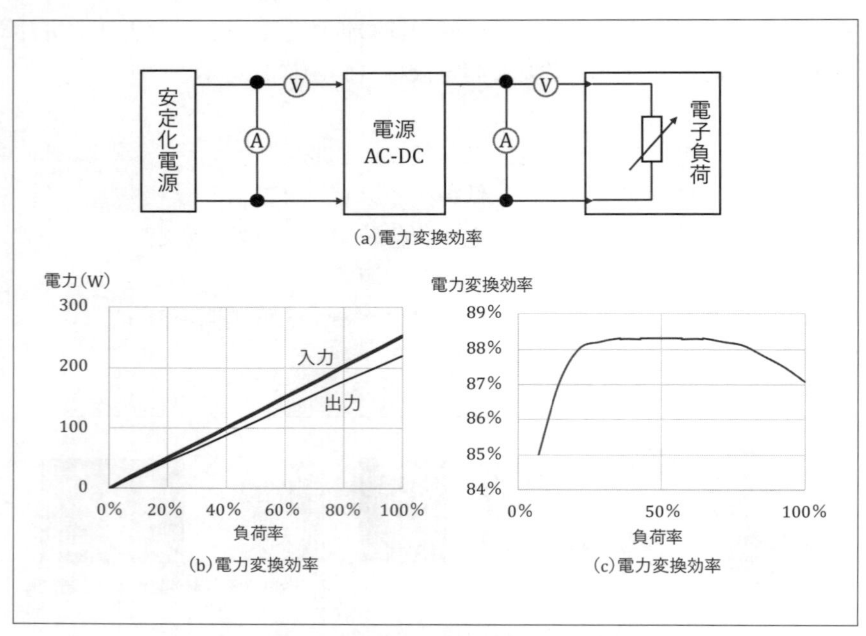

(a)電力変換効率

(b)電力変換効率

(c)電力変換効率

〔図 10.8〕電力変換効率の測定[1]

内にする。基準となる安定化電源の状態から負荷状態を見極めるため，一般には高調波まで観測可能な高精度のパワーアナライザが用いられる。また，電源配線は評価する電源の電源容量に十分対応可能なAWG電線や平編み銅線，バスバーなどを使う。

（4）三相2レベルインバータ評価

三相2レベルインバータ・モータの電力測定においては，一般的にパワーアナライザが使用され，各相の電圧と電流を同時に測定する。電圧・電流のキャリア周波数，SiC/GaNデバイスを利用した駆動を搭載したシステムの電力損失や効率試験は，測定精度や動作周波数域に合わせて測定器を選定する。測定系及び結果について図10.9に示す。

三相2レベルインバータの電力計測方法には，一般的に2つの方法がある。それは，三相3電力計法と三相2電力計法である。3電力計法は，各相に電流計と電圧計が配置された方式で，三相インバータがモータに供給する電力を各相の電力と合計電力を同時に計測する。この方法は，3線式配線や4線式配線の両方に適用可能である。

この方法では全ての相を測定するため，各相の電力数値や位相角の違いによる問題や，出力の偏り，モータの特性，配線の問題などを検出しやすいメリットがある。ただし，3つの電力計が必要なため，測定器の

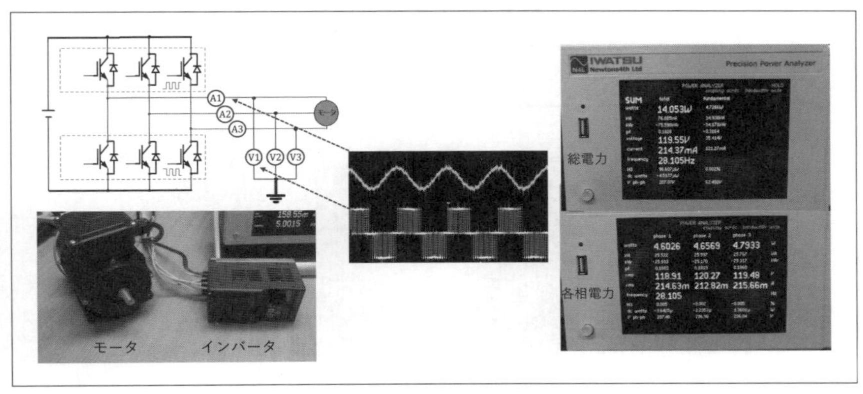

〔図10.9〕三相電力測定

コストは若干高くなる。

実際に図の様な小型モータの測定では，総電力 14.053W（電圧 119.55V　電流 214.37mA　周波数 28.105Hz）を観測した。この内訳を確認すると，各相の電力（4.6025W　4.6659W　4.7933W）と表示され，この和は総電力 14.053W と一致することが分かる。

各相の位相差は 120 度程度ずれていることが分かる（U-V 間　118.91 度　V-W 間　120.27 度　W-U 間　119.48 度）。

周波数は 28.105Hz である。しかし，モータの回転数は 4 極タイプで 120×28.105/4 の場合，843rpm になる。

図 10.10 は，三相 2 レベルインバータ・モータの電力を測定した際に表れた例である。総電力は 14.096W と正常時の図 10.9 の結果と大きな差違はないが，phase1（V1,A1）は 17.723W，phase2（V2,A2）は

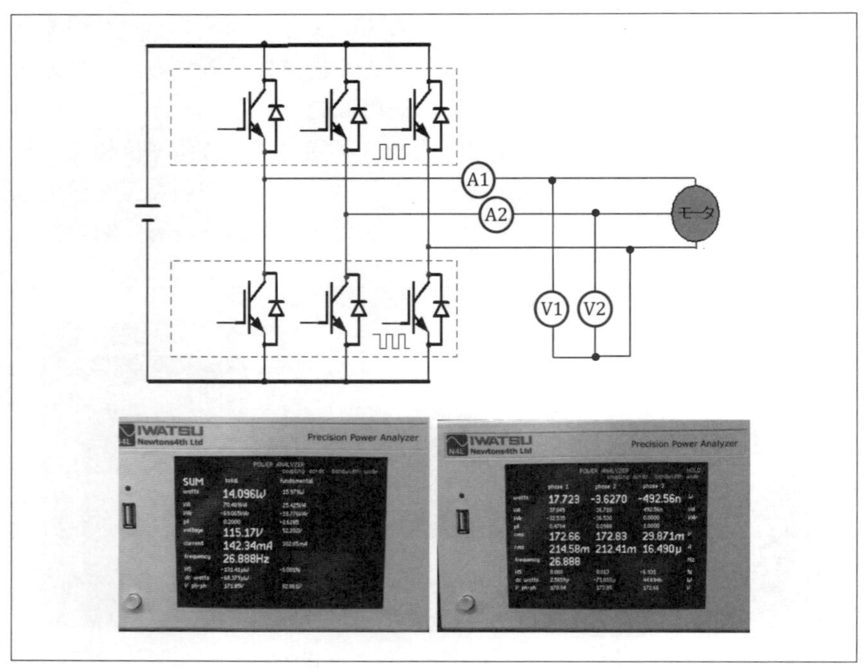

〔図 10.10〕三相２電力計法による測定[1]

−3.627W，phase3（無入力）は −492.56nW と表示されている。電力測定は，電圧・電流の 2 組分のみ利用している。2 電力計法では，各電力計からの数値でシステムの検証をひとめで見極められないことがある。また，三相 4 線式インバータの回路になっている場合は，システム全体の電力を測定することができないので，使用する環境，求めるべき測定パラメータによっては 3 電力計法をお勧めする。

ところで，電力計は負荷側に設置すべきか，供給側に設置すべきだろうかを悩む。同じ配線上で電力計を負荷側と供給側のどちらに取り付けても，回路接続としては変わらないが，それぞれの設置位置には異なる影響がある。

負荷側への取り付けは，負荷そのものの電力消費量や特性を直接的に測定することができる。例えば，モータの場合，実際に消費される電力量や効率，負荷特性などを正確に把握することができる。なぜなら，配線インピーダンスの影響を超えた位置での測定により，モータ入力そのものの特性をより正確に求めることができるからである。

10. 5　測定の課題

(1) パワーアナライザの基本性能

パワーアナライザの回路構成を図 10.11 に示す。入力された電流・電圧は，入力部のアンプ，減衰器で最適なレンジに設定する。歪み成分も含めて正確に電力を計測したい場合は, 帯域制限をかけないで測定する。

この後に，サンプリングと ADC（アナログ - デジタル変換）を介してデジタルデータを演算回路に送り，各周期の電力を計算し，高調波や電力値を数値表示する。周期を特定するには，PLL 回路の原理を利用してクロックを抽出する。この信号を基準にして波形を演算回路で各周期の電力を求めて積算する。積算単位はパワーアナライザで設定する。例えば，1 サイクル毎，1 秒間，1 時間単位での電力計算を行い，画面に数値結果を表示する。

パワーアナライザで最も重要なのは，広帯域でプロービングして測定

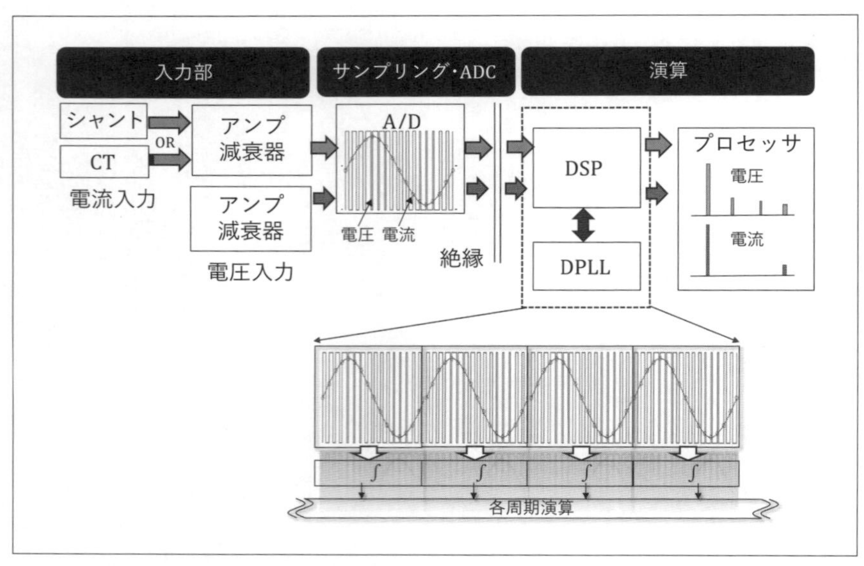

〔図 10.11〕パワーアナライザの構成[1]

できるかである。電流はカレントトランス（CT）若しくはシャント抵抗入力を利用して測定する。CTは一般に貫通型のタイプ（表9.1　電流センサ　参照）を利用し，大電流計測に対応している。一方，シャント抵抗方式は，小電流から50Arms程度までの電流計測に対応する機種がある。いずれの場合も，センサ部の周波数特性が高精度に測定できるかが重要である。

一般的なCTは低周波域では感度,位相特性はフラットである。しかし,高周波域から高域カットオフ周波数にかけて位相特性が変動しながら悪くなる傾向があり，これがインバータシステムなどの電力計測において大きな誤差を生むことがある。

シャント抵抗も位相特性は高周波ほど悪くなる傾向がある。しかし,高性能シャント抵抗を搭載していると，2MHz程度まで高精度で測定できるタイプがある。図10.12にシャント抵抗の位相特性とインピーダンス特性を示す。図10.12(a)における位相特性が高周波まで安定していることは，電圧・電流の位相が高周波領域でも誤差が少なく抑えられるため，波形の歪みが大きい電気機器やキャパシタ，インダクタの損失を測定する際の精度に大きく影響する。

図10.12(b)のインピーダンス特性が広帯域にわたって低いことは,振幅測定の誤差に大きな影響を与える。シャント抵抗を使用した電流計

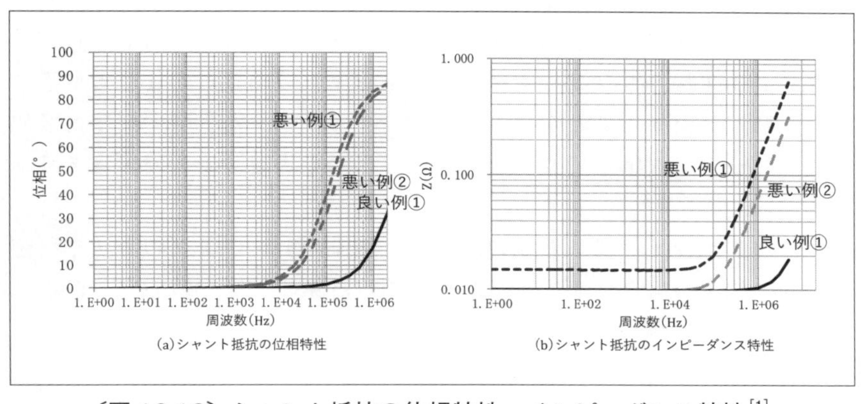

〔図10.12〕シャント抵抗の位相特性　インピーダンス特性[1]

測では，回路に電流センサを通すため，挿入インピーダンスをできるだけ小さく抑えなければならない。

センサ部を通過したアナログ信号はアンプ，減衰器で適正な信号振幅に設定する。入力レンジに対して小さい入力レベル（例：300V　30Aレンジに対して入力レベルが30V　3Aなど）では，ADCの高分解能を十分に生かし切れずに，測定精度が下がってしまう。

ADCの後で波形データをデジタルデータに置き換えられた後に，アイソレータを通して演算処理回路データを転送する。アイソレータでデジタル部と絶縁されているので，各電圧・電流入力はすべて独立して異電位回路を測定できる。

次に，波形データをDFT（離散フーリエ変換）化してから各高調波の電力や総電力を導く。デジタルでサンプリングされたデータは，例えば，サンプル・レートが2Ms/sの場合，1MHzまでの信号成分を正確に得ることができる。この周波数までの信号成分はエイリアシング（エイリアス現象）せず，正確に測定できる。ナイキスト理論によれば，信号のサンプリングにおいては，サンプリング・レートではなく，サンプリング帯域幅が重要である。具体的には，サンプリング･レートをFsとすると，周波数範囲Fs-（Fs/2）からFs+（Fs/2）までの信号成分を得ることができる。さらにフィルタリングすることで，ナイキスト帯域幅以上の周波数成分を完全に減衰させることができる。これにより，信号から不要な周波数成分を除去し，正確な測定が可能になる。その上，FFT方式とは異なり，DFTは，サンプリング・ウィンドウ（時間幅）を任意の整数サンプル数に分解することができるので，インバータ始動時の刻々と変化するスピードに対応して柔軟なウィンドウ幅で周波数分析できるメリットがある。

パワーアナライザによる電力測定は，電流のセンシングの方法や測定器の構造によって違いが生じるため，測定対象の性能や機能などに応じて使い分けるのが望ましい。

（2）温度計測

温度計測には，接触式と非接触式の 2 つの方法がある。大型の電気機器やバッテリなど，多くの計測ポイントがある場合には，データロガーなどと組み合わせて測定が行われることもある。

・非接触式測定

物体の表面から放射される赤外線を検出し，その放射率を基に温度を測定する。このため，測定対象に接触する必要がなく，遠隔からの測定が瞬時に高速で温度を測定する。リアルタイムでの測定や，高速プロセスの監視に適している。測定対象から離れて測定できるため，電気的，機械的に危険な現場でも温度計測できる。図 10.13(a)に赤外線温度計の外観を示す。

・接触式測定

熱電対計測は，極低温から極高温まで対応できる上，適切にキャリブレーションされた熱電対は高い精度で温度を測定できる。一般的には耐久性が高く，長期間安定した測定が可能である。測定方法は，熱電対の接合部を測定対象に接触または挿入し，温度変化に応じて熱電対の温度

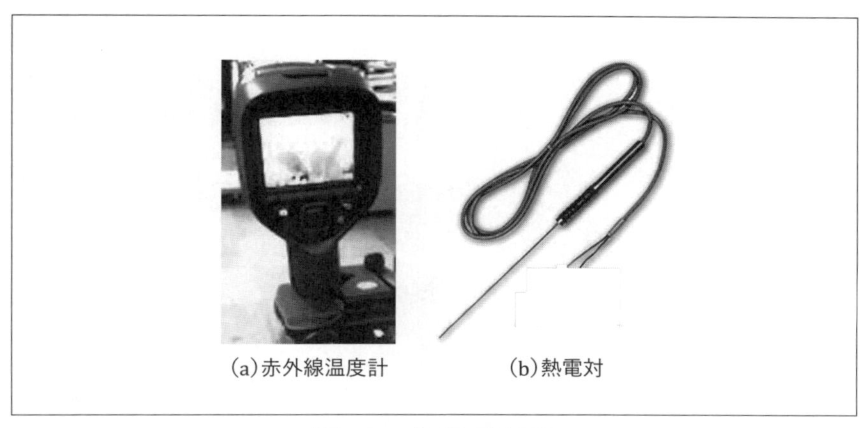

(a)赤外線温度計　　(b)熱電対

〔図 10.13〕温度計測器

差が発生し，これが電圧信号として測定器に送られ，デジタルマルチメータやデータロガーなどで電圧信号を読み取ってから熱電対に対応する温度係数を含めて計算して記録表示する。図 10.13(b)に接触式熱電対の例を示す。

なお，接点の接合方法，取付け位置によって温度が変わることがあるので注意したい。

10.6　安心動作

（1）測定準備

電力変換器の安定動作とノイズに関する測定は，製品の信頼性と周囲への影響を確認するために必要である。安定動作の確認では指定された条件下において機器から異常な電圧が発生していないかなどを確認する。ノイズの確認では実際にノイズを付加して誤動作が発生しないかなどを確認する。

（2）測定に必要な機材

ノイズに関する測定には，信頼性を確認し周囲への影響を最小限に抑えるために，特定の規格に準拠した測定機材が必要である。指定された条件で動作確認をしなければならない。異常電圧の検出にはオシロスコープやノイズに強い安定した電源が求められることがある。

測定に使用する具体的な測定器は，製品仕様や規格によって変わる場合があるため，該当する規格に準拠する方法で試験を実施する。

- ・オシロスコープ　　　広帯域，高分解能
- ・スペクトラムアナライザ　　高周波数分解能，低周波数測定
- ・電圧プローブ　　　　高入力インピーダンス
- ・電流プローブ　　　　低挿入インピーダンス
- ・ノイズ発生装置　　　ノイズガン，TLP 測定用（高電圧パルス源）
- ・ノイズ試験サイト　　シールドされた環境（シールド・ルーム）

ここでは，製品が誤作動しないかを確認する 2 つの静電ノイズ試験であるガン方式と TLP 方式（図 10.14）について示す。

（3）ガンタイプ試験

ガン方式は高い電圧を短時間に印加し，実際の運用条件に近い高エネルギーの静電放電をシミュレートできる。IEC 61000-4-2 標準に準拠しており，試験機器の間での比較が容易である。しかし，放電位置や接触

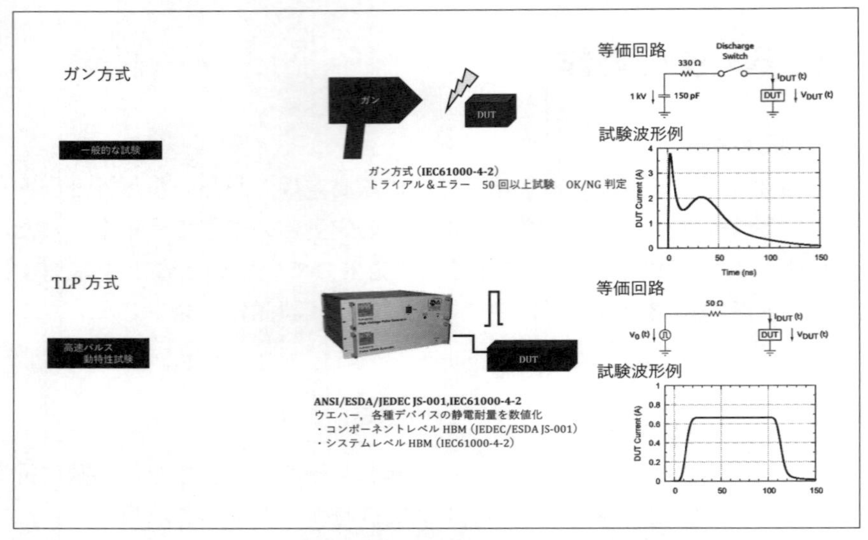

〔図 10.14〕静電ノイズ試験

抵抗など，試験条件の再現性が難しく，テスト毎の安定性が指摘されている。

（4）TLP 測定（Transient Latch-up Pulse）

TLP 方式はパルス幅を調整でき，様々な放電イベントをシミュレートできる。デバイスの機能的な耐性を評価するのに適しており，保護回路の動作評価に有用である。

図 10.15(a)に実際の静電ノイズの流れ，図 10.15(b)に試験結果を示す。静電ノイズは，機器に影響を与えると内部の基板や IC に伝わり，デバイスの損傷を引き起こす可能性がある。このような損傷を防ぐため，通常は保護用のダイオードが実装される。このダイオードは，機器に侵入する過電圧や静電放電を吸収し，信号をグランドにバイパスすることで損傷を防ぐ。

保護ダイオードの作動原理は，通常は順方向バイアス状態でダイオードが導通し，過電圧が発生すると自動的に導通状態になる。この時，ダ

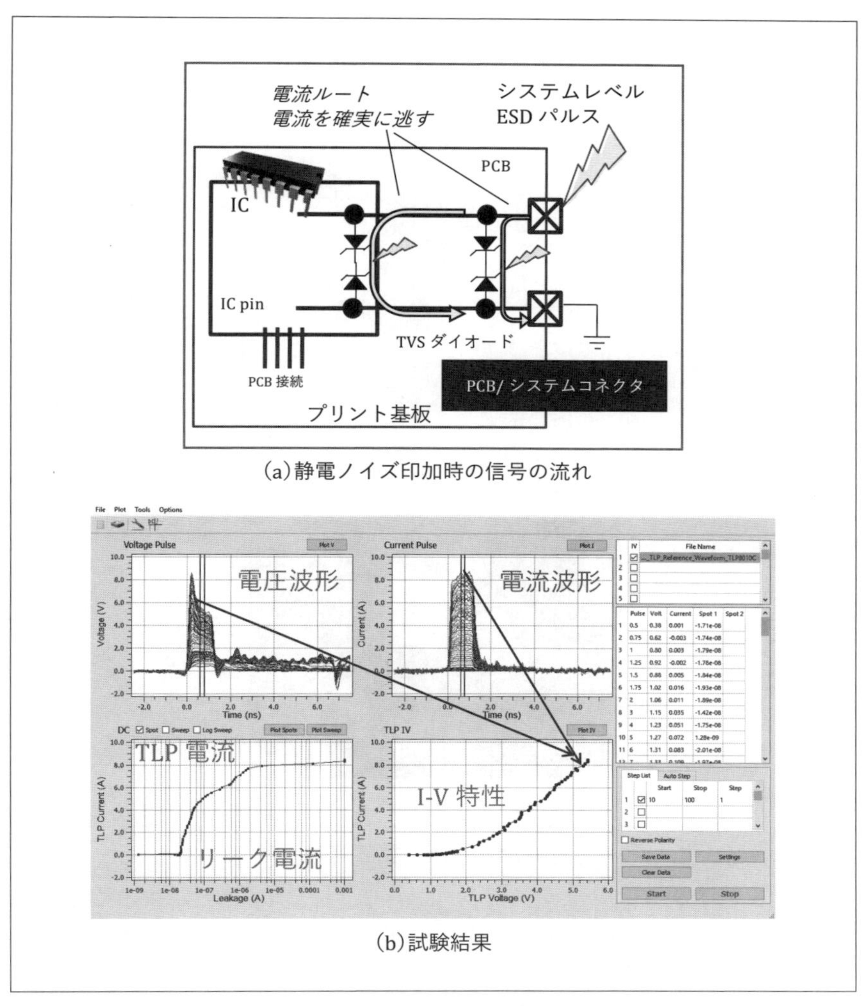

(a)静電ノイズ印加時の信号の流れ

(b)試験結果

〔図 10.15〕TLP 試験

イオードの導通によって過電圧がダイオード上の電圧降下まで抑制され，基板や IC への電流の流入が制限される。

TLP 測定では，ダイオードが過電圧に反応して一時的に導通し，ダイオード上の電圧が短時間で低下する。この現象をスナップバックと呼ぶ。

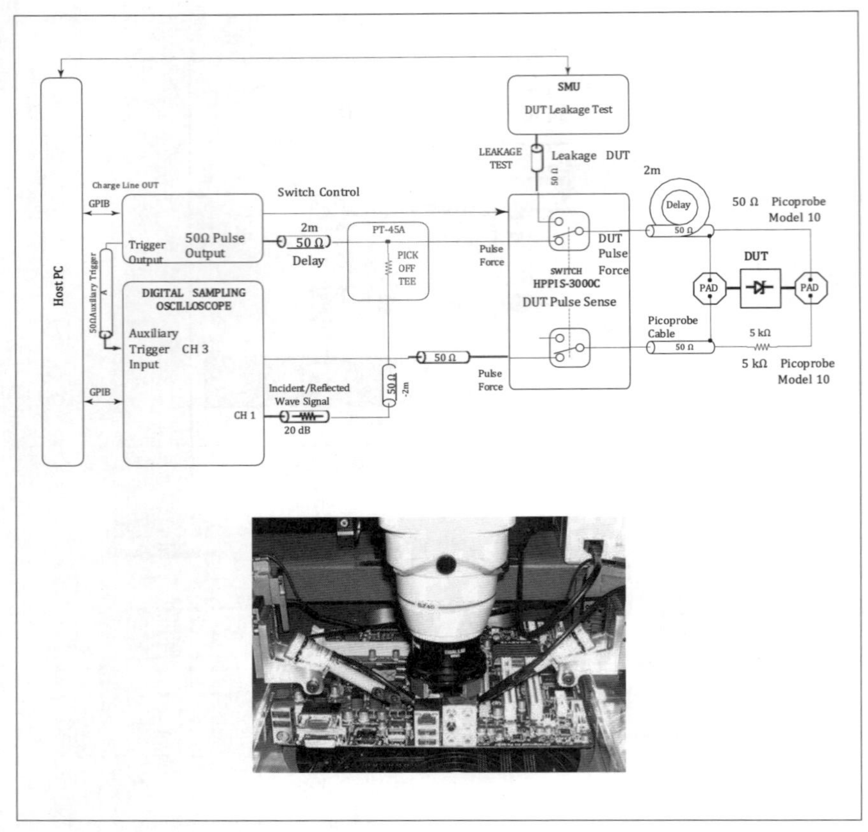

〔図 10.16〕TLP 試験測定系

スナップバックは，過電圧が特定のしきい値を超えるとダイオードが急速に導通し，その後もダイオードの導通が持続する特性を示す。この挙動は，ダイオードが保護機能を果たす際の重要な特性の一つである。

本試験は，非常に速いパルスエッジスピードと高電圧パルスで試験するため，数 GHz 以上の高周波特性が求められ，配線は 50Ω インピーダンスコントロールして測定する。

図 10.16 に測定系の例を示す。被測定物（DUT）のプロービングには，低抵抗状態も確実に測定できるように，ウエハー試験で利用される特殊

な 4 線式ケルビンフィクスチャを使いる。立ち上がり時間は最速で 100ps 開放時に 6kV，50Ω 終端時に 3kV の高電圧パルスである。

この試験方法により，不具合発生時の電流ルートが推測できるため，製品の品質・故障解析評価には欠かせない方法である。

10.7 パワーユニットの測定・評価　まとめ

パワーユニットの測定や評価は，実際の動作回路で確認し，信頼性や性能を評価する。この工程では，適切な測定器を用いて電圧・電流・温度などの測定パラメータを得ることで，回路が設計仕様通りに動作するかを確認し，潜在的な問題の改善や将来発生すると推測される機器状態を多角的に分析して問題点を掘り起こす。そこで得た情報から，安定性，効率，ノイズ体制などの改善により，製品品質の向上を図って行くことが可能である。

参考文献

[1] 岩崎通信機 長浜竜 高度ポリテクセンター セミナー資料
[2] 岩崎通信機 長浜竜 電気学会全国大会，H31.3, s20-4 GaN デバイス・スイッチング電圧・電流ひずみの低減化
・PMK（独）カタログ（品名：SKID）
・HPPI 社（独）技術資料，カタログ
・髙木茂行，長浜竜，服部文哉，今岡淳，佐藤大介，平沢一，向山大介，“エンジニアの悩みを解決　パワーエレクトロニクス”，9 章・10 章，コロナ社，初版 2 刷（2023）
・岩崎通信機 長浜竜，TLP パルスジェネレータを用いた確実な ESD（静電ノイズ）検証，JIPE-49-16，パワーエレクトロニクス学会

11章

エネルギーを回収する回生

～自動車の中の SDGs ～

エンジン車にはできない優れた省エネ技術が回生(Regeneration)である。モータは印加電圧と等しい電圧を発電して回転しており，電圧印加電圧をなくしても回転数に比例した電圧を発生する。これを回収して再利用するのが，回生技術である。この章では，最初に車体の運動方程式から回生で取り出せる電力量について説明する。次に，最も単純なモータのみの実験で，電力が電源に戻る回生動作について紹介する。最後に大人１名が乗車できる電気自動車（EV: Electric vehicle）カートで，車体の運動方程式と実験とを比較する。得られる電力については，走行時の運動エネルギーがそのまま電気エネルギーとして回収できると考えがちだが，走行に伴う空気抵抗や摩擦，電気エネルギーへの変換に伴う損失もあり，これらを除いた電力が回生電力として回収できる。

11．1　電力回生と回生で得られる電力

11．1．1　電力回生の原理

電気自動車あるいは電動化された車において，減速する時にモータの発電機能を使って，運動エネルギーを電気エネルギーに変換するのが回生（Regeneration）である。図 11.1 は電気自動車の(a)加速と(b)減速のエネルギーの流れを示している。図 11.1(a)ではバッテリから電気エネルギーがモータに供給され，運動エネルギー（タイヤの回転）に変換されている。

モータにエネルギーが供給されて電圧が印加されると，モータはそれに見合った回転数で回転する。最も単純な直流モータで無負荷の状態を想定する。モータの回転数を n [rpm]，角速度を ω [rad/s]，モータの起電力定数を K_E，モータの端子電圧を V_t [V] とすると，5.1.2 節(1)で説明したように，式（11.1）の関係が成り立つ[1]。

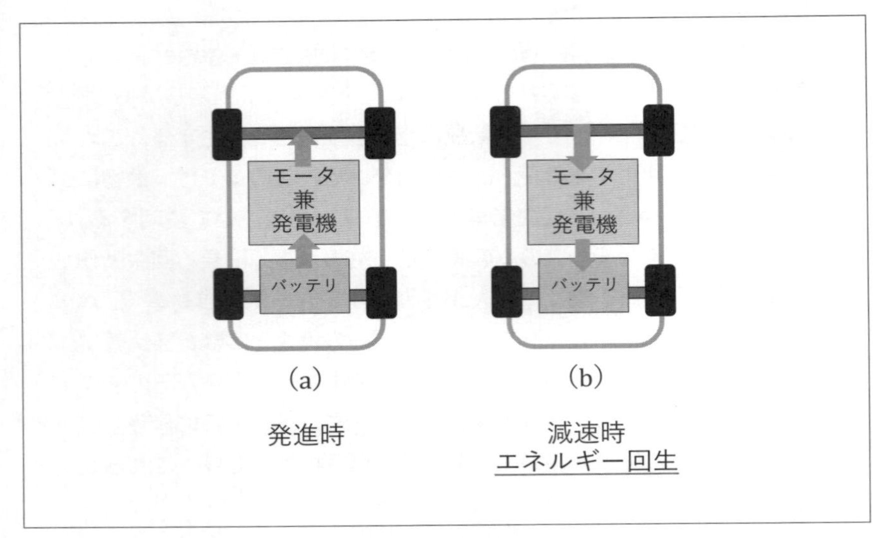

〔図 11.1〕電気自動車の加速と回生
(a)加速時のエネルギーの流れ，(b)回生（減速）時のエネルギーの流れ

$$V_t = K_E\,\omega \tag{11.1}$$

ここで，回転数 n を 60 で割って 1 秒間の回転数とし，2π を掛けて角度に変換したのが角速度であり，式（11.2）の関係となる。

$$\omega = 2\pi\,\frac{n}{60} \qquad (11.2\,(5.2\ 再掲))$$

式（11.1）から，角速度 ω で回転しているモータは電圧 V_t を発電していることがわかる。

図 11.1(b)で減速する前のモータは，その角速度 ω で回転しており，式（11.1）で決まる電圧で発電している。回転しているモータが発電する電力を取り出して，再利用するのが回生である。ここでは，回生の原理を分かりやすく説明するため，最も単純な直流モータで説明したが，電気自動車に最も多く使われている永久磁石同期モータでも，基本的な原理は同じである。

11.1.2　電力回生で回収できるエネルギーは？

11.1.1 項で述べたように，回生はモータが回転している運動エネルギーを取り出して再利用する。走行している電気自動車の運動エネルギー E は，車の質量を m，速度を v とすると，$E=1/2\ mv^2$ となる。車の質量や速度からして，直感的には大きなエネルギーが回収できると思われるが，実際に回収できるエネルギー効率はそれほど高くない。これは，自動車が走行している時は，次のように様々な抵抗を受けるためである。

自動車が走行している時には，空気抵抗 R_{ar}，タイヤが回転に伴う転がり抵抗 R_r などの抵抗を受けている。また，多くの自動車には変速機が付けられて，変速機での抵抗 R_d が発生する。さらに，坂を登るなど走行状態に伴う抵抗 R_c を受ける，また，加速する時には加速のための R_a も発生する（回生時の減速では発生しない）。

これらの抵抗の中で，回生で電力を取り出す時は，モータに発電させることで駆動軸が回転しにくくなるので，転がり抵抗 R_r が増加する。ここで回生による抵抗を R_g とする。自動車が走行時に受ける全抵抗を総走行定数 R とすると式（11.3）となる。総走行抵抗を含むこれらの単位は，いずれも力の単位 [N] である。

$$R = R_{ar} + R_r(+R_g) + R_c + R_a \tag{11.3}$$

回生による抵抗が，転がり抵抗として加わることから括弧付きで R_g に加えている。

電気自動車は式（11.3）に示される抵抗を受けながら減速するため，走行時に自動車が持っていたエネルギーはこれらの抵抗に分配される。R_g として取り出せるエネルギーは，他の抵抗によるエネルギー消費を減算した値となる。大まかに見積もって 10～20％前後となり，11.4.1 項で後述する小型カートの実験では，鉛バッテリを使っていることもあり 3.0% 程度となっている。しかしながら，実際の走行では減速が何度も繰り返され，回生で得られる電力はその分燃費向上につながる。回生効率を高め，省エネ効果を高めることは電気自動車にとって重要な技術項目である。

11.2　回生動作

11.2.1　インバータによる昇圧と回生

11.1 節で，回転するモータは，式（11.1）に示されるように角速度に比例した電圧を発生している。ここで，減速する前にはモータは，バッテリあるいは駆動回路から印加電圧 V_a が印加されて回転している。減速すると角速度（回転数）が低下するため，モータで発生する端子電圧 V_t は，減速前に印加された V_a より低くなる。すなわち，式（11.4）の関係となる。

$$V_a \geq V_t = K_E\omega \tag{11.4}$$

減速時にモータで発生する電圧 V_t は，バッテリなどの電源側より低い電圧となる。バッテリを充電するためには，バッテリより高い電圧が必要となるため，そのままではモータで発生する電力をバッテリに戻すことができない。そこで，3，4 章で説明したインバータを使って，以下に説明するようにモータで発生した電圧を高める昇圧動作を行う。

図 11.2 は，電気自動車で使用される一般的な三相インバータ回路である。各相では，2 つのスイッチング素子が直列に接続され，その中点がモータ各相に接続されている。中点から上側のスイッチング素子をハイサイド，下側のスイッチング素子をローサイドと呼ぶ。モータ駆動時は，この三相インバータ回路で，120 度通電あるいは 180 度通電でモータを駆動する（3.3.2 項(a)参照）。

三相インバータで，モータで発電した電圧を昇圧するためには，ハイサイド側のスイッチング素子を Off し，ローサイド側のスイッチング素子を On/Off する。昇圧動作時の回路動作について，単相の昇圧チョッパと比較して説明したのが図 11.3 である。図 11.3(a)は単相の昇圧チョッパで，負荷抵抗 R をバッテリ V_s に，電源 V_s をモータに変えている。図 11.3(b)はローサイドのスイッチング素子が On 状態の等価回路，

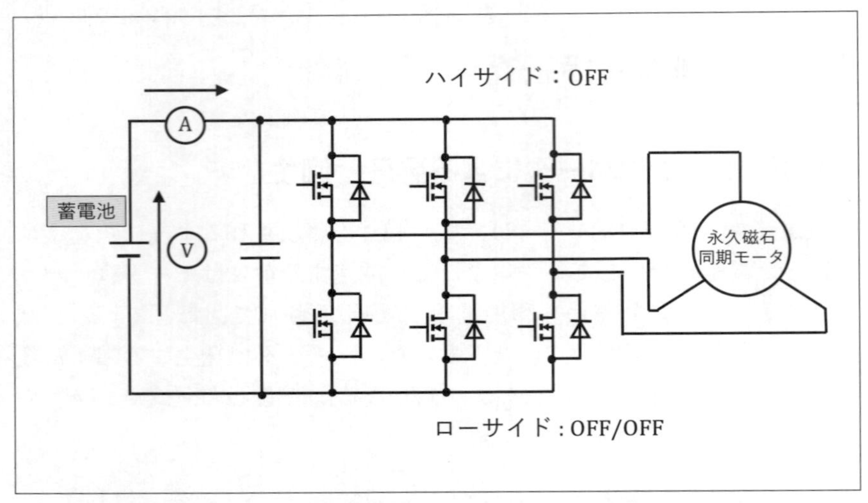

〔図 11.2〕インバータによるモータ駆動と昇圧動作

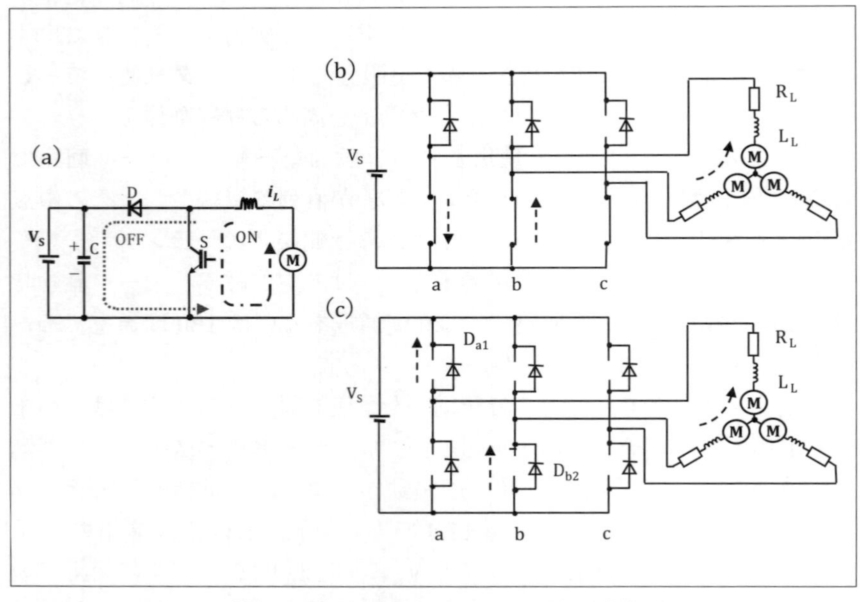

〔図 11.3〕インバータによる昇圧動作

図 11.3(c)はローサイドのスイッチング素子が Off 状態の等価回路である。モータの起電力を M で示し，モータコイルのインダクタを L_L，コイルの抵抗を R_L で示している。これに対応させて(a)の電源 V_s を M に変えている。

図11.3(b)では，ローサイドのスイッチング素子がOnとなり，インバータ側で a 相，b 相，c 相が接続される。モータの回転でインダクタを介して発電された電力が，各相で短絡された回路となる。例えば，図 11.3(b)の点線で示すように，モータの M で発電された電流は a 相，b 相を通って，モータのインダクタ L_L に蓄えられる。これは，2.2.1 項で説明した単相の昇圧チョッパ回路(a)で，スイッチが On している状態に相当し，インダクタ L_L の電流が発電とともに増加する。次に(c)では，ハイサイド，ローサイドともに Off であり，動作するのはダイオードのみとなる。従って発電された電力は，ダイオードを通ってバッテリに流れる。例えば a-b 相間に流れる電流は，点線に示すように D_{a1} →バッテリ V_s → D_{b2} を通ってバッテリ V_s を充電するといった具合である。この動きは，単相の昇圧チョッパ(a)で，スイッチング素子が Off し，インダクタの電流が負荷（(c)のインバータではバッテリ）に流れ，この時にモータの発電 V_t に対して高い負荷電圧(バッテリ電圧 V_a)が発生する。

11.2.2　インバータによる回生動作

前項で説明した回生動作を実際の実験回路で確認する。図 11.4 に実験回路の写真を示す。永久磁石同期モータは，CQ 出版社より販売されているアウターロータ型永久磁石同期モータである[2]。表 11.1 にモータの仕様を示す。外径 115.6 mmϕ，厚み 112.7 mm で，最大定格出力は 200W である。

インバータ基板も CQ 出版社より販売されており，動作電圧 24 V で，120 度通電でモータを駆動する[3]。スイッチングには，MOSFET が使われ，モータ駆動に必要な 200 W 出力を供給できるようになっている。バッテリには，12 V のオートバイ用鉛蓄電池を 2 個直列接続し，インバー

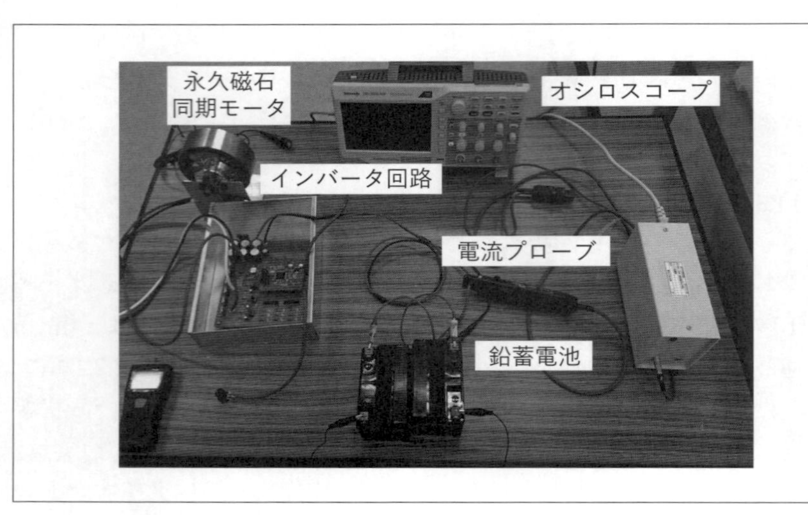

〔図 11.4〕三相インバータによる回生動作実験

〔表 11.1〕永久磁石同期モータの使用

システム電圧	24 V
外観寸法	Φ115.6×102.7 mm
重量	約 2.4 kg
定格出力	60 ～ 200 W（巻き方による）
最高効率	89 %
定格負荷回転数	900 rpm
回転方向	出力軸から見て CW（時計方向）
コイル線径	1 mm

タに電力供給している。

この実験装置で，図 11.2 のモータを駆動する三相インバータ回路を構成している。回生電力を測定するためバッテリ両端の電圧をシングルプローブで測定し，バッテリとインバータ間を流れる電流を測定した。電流測定には，ホール素子で直流成分を測定し，交流成分をカレントトランスフォーマで測定するクランプ式電流プローブを用いている[4]。電

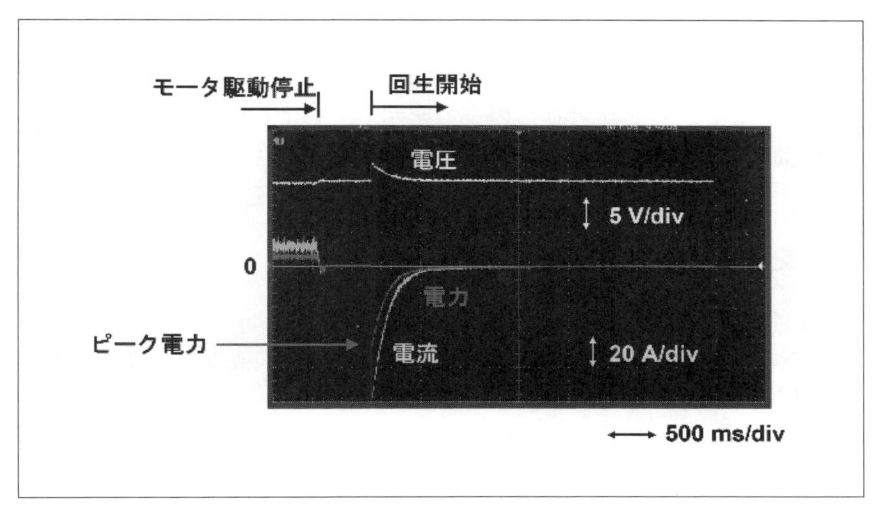

〔図 11.5〕インバータによる回生電力発生

流はバッテリからインバータに流れる電流を正方向の電流と設定している。

図 11.5 は図 11.4 の実験装置を回生動作させた時の波形である[5]。インバータ回路を通常動作させてモータに電力を供給する。この時のバッテリ電圧は 24 V で電流が，バッテリからインバータへと正方向に流れる。回転数が 3000 rpm になったところでモータの駆動を停止するとバッテリからの電力供給を停止し，電流がゼロとなる。次にローサイドを Off, ハイサイドを On/Off させるとモータの発電電圧が昇圧される。バッテリに 24 V より高い電圧が印加され，負方向に大きな電流が流れる。ここで，電流はバッテリからインバータを正方向に取っており，負方向の電流はインバータからバッテリに電流が流れている，すなわち電力回生が起きていることを示している。

この測定は，デジタルオシロスコープを使って測定しており，（電圧波形）×（電流波形）で電力が求まる。この演算波形も図 11.5 に示した。以降，電圧と電流の積で求まる回生を回生電力，回生開始から停止するまでの回生電力の積分値を回生エネルギーと呼ぶ。

電流波形の正方向をバッテリからインバータに設定しているので，正極性の電力はバッテリからインバータに供給される電力，負極性の電力はインバータからバッテリへの電力を示している。得られた波形から，「短時間にピーク値の高い回生電流，回生電力が発生する」ことが分かる。

11.2.3 回生に適した蓄電池

前節で回生電流を測定した結果，回生時にはモータ駆動に比べ5倍以上のピークの高い反転電流が流れる。このため，蓄電池にはピークの高い電流（電力）を充電できる性能が求められる。

蓄電池の性能は，蓄えられるエネルギー量の指標となるエネルギー密度［Wh/kg］と，放電あるいは充電できるピーク電力を示すパワー密度［W/kg］で決まる。電気時自動車の走行性能に相当するのがエネルギー密度である。パワー密度は充電の高速性や，電動の大型ショベルなどで大出力な作業を行う能力に相当する。回生時には高ピークな電力を充電

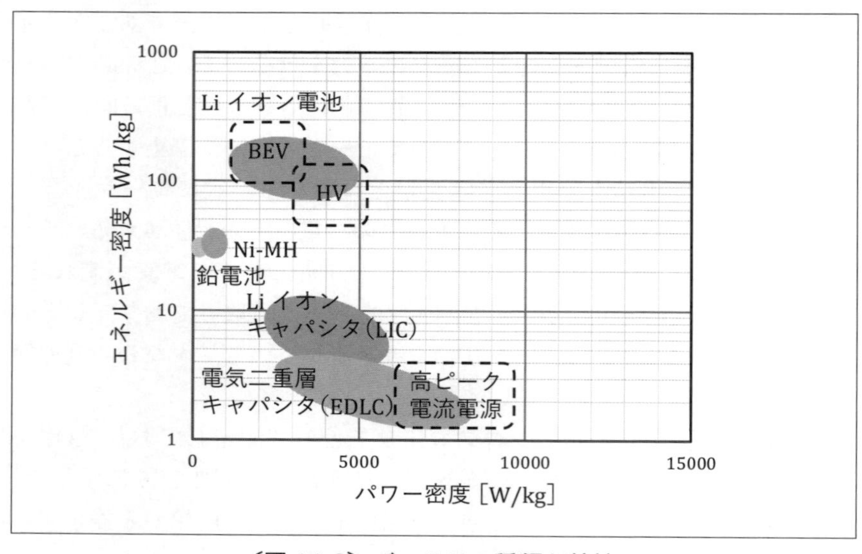

〔図 11.6〕バッテリの種類と特性

する必要があり，パワー密度の高い蓄電池が望ましい。

図 11.6 は，市販されている蓄電池をエネルギー密度とパワー密度で分類した図である。BEV や HV に使われる Li イオン蓄電池は，エネルギー密度は高いが，パワー密度はそれほど高くない。エンジン車に使われている鉛蓄電池は Li イオンよりエネルギー密度とパワー密度が低く，回生で電力を確保するにはあまり適していない。これに対して電気二重層キャパシタ（EDLC Electric double layer capacitor）は，パワー密度は高いがエネルギー密度の低い蓄電池である。Li イオン蓄電池はエネルギー密度が高く，EDLC はピーク密度が高いことから，走行用に Li イオン蓄電池，回生用に EDLC を併用している HV もある。

図 11.6 に示したパワー密度と回生性能を評価するため，図 11.4 に示した実験回路で，蓄電池の回生性能を評価した。表 11.2 に評価に使った蓄電池の外観写真と，性能仕様を示す。代表的な蓄電池として，鉛蓄電池，Li イオン蓄電池，EDLC を用意した。3 種類の蓄電池で，直列本数を調整し，いずれも 24 V を出力とした。この蓄電池を図 11.4 の鉛蓄電池に変えて，回転数を 3000 rpm に高めた後，回生電力を測定した。蓄電できる電力容量は，同じにするのが望ましいが，回路構成と蓄電池

〔表 11.2〕回生性能を評価した蓄電池

項目＼種類	鉛蓄電池	Liイオン蓄電池	二重層キャパシタ
外観写真			
電流容量［mAh］	3000	2000	414
使用本数［本］	2	6	10
電力容量［Wh］	72.0	50.4	10.4
1本あたりの電圧［V］	12.0	4.2	2.5
直列電圧［V］	24.0	25.2	25.0

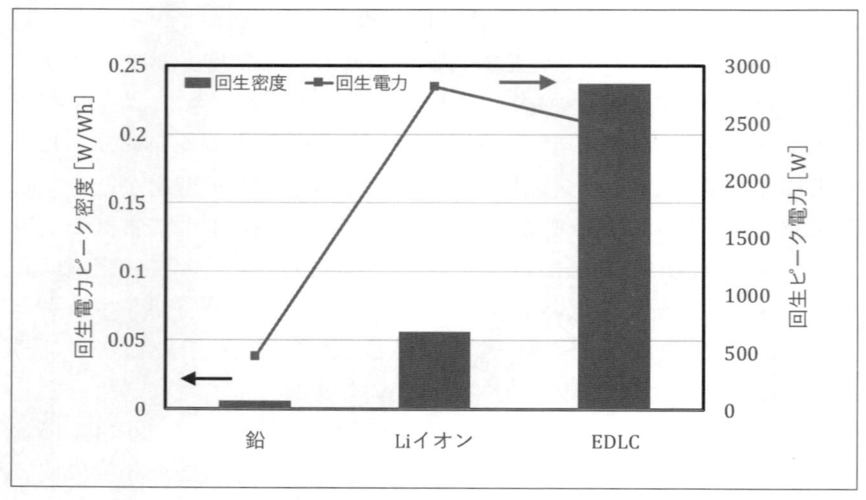

〔図 11.7〕バッテリと回生特性

のサイズから必ずしも同じにできてはいない。電力容量が大きくなれば，回生のピーク電力も高くなるので，実験で得られたピーク電力を電力容量 Wh で割り，回生電力ピーク密度 [W/Wh] として規格化した。

図 11.7 は，回生で得られた回生ピーク電圧と，回生ピーク密度である。実際のピーク電力は折れ線グラフの値となり，Li イオンと EDLC で近い値となった。しかしながら，Li イオンに比べ EDLC は電力容量が小さく，上述したように電力容量 Wh で割って回生電力ピーク密度に規格化すると，図 11.7 の棒グラフのようになる。結果として，EDLC，Li 蓄電池，鉛蓄電池の順に高くなり，図 11.6 で示したパワー密度［W/kg］が高い順になった。

このように，回生で発生する高いピーク電流・電力を効率良く回生するためには，パワー密度の高い蓄電池が望ましい。

11.3　回生動作の解析モデル

11.1 節で述べたように，回生は電気自動車の運動エネルギーを電気エネルギーに変化させて取り出す。回生電力量を知るためには，車両から失われるエネルギーについて計算する必要がある。このために，運動方程式を解いて，走行状態から停止までのエネルギーの流れを解析する。この節では，回生の解析に必要な運動方程式を紹介し，実際の EV カートでの解析例を 11.4.2 項で示す。

図 11.8 は，走行している電気自動車で，運動方程式に関連するパラメータを示す図である。下り坂では，モータに電力を供給しなくても，モータを回転させることができ，大きな回生エネルギーが得られる。この図に関連した運動方程式を，式（11.5）～式（11.11）に示す。ここでは，取り出せる量を求めるモデルを考えているが，実際にはバッテリを充電するための充電損失も発生するので，最終的にはこれも考慮する必要がある。

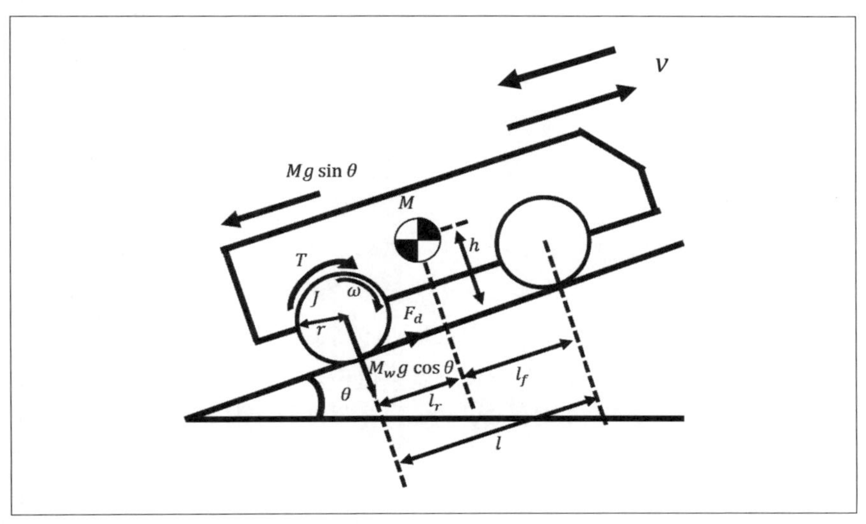

〔図 11.8〕回生電力を計算するための解析モデル

$$E = \frac{mv^2}{2} + mgh \tag{11.5}$$

$$v = v_0 + at \tag{11.6}$$

$$a = \frac{R}{m} \tag{11.7}$$

$$R = R_{ar} + R_r(+R_g) + R_c + R_a \tag{11.3 再掲}$$

$$R_r = \mu_r \cdot W \tag{11.8}$$

$$R_{ar} = \frac{1}{2} \cdot C_d \cdot \rho \cdot A \cdot v^2 \tag{11.9}$$

$$R_c = W \cdot sin\theta \tag{11.10}$$

$$R_a = (W + W_r)\frac{a}{g} \tag{11.11}$$

ここで，v_0：初速度［m/s］，a：加速度［m/s^2］，t：時刻［s］，m：重量［kg］，W：重量［N］(mg)，R：総走行抵抗［N］，R_r：転がり抵抗［N］，μ_r：転がり抵抗係数，R_{ar}：空気抵抗［N］，R_c：登坂抵抗［N］，R_a：加速抵抗［N］，C_d：空気抵抗係数，ρ：空気密度［kg/m^3］，A：全影投影面積［m^2］，W_r：回転部相当重量［N］である。また，回生による走行抵抗の増加 R_g である。

式（11.5）は電気自動車が持つすべてのエネルギーで，走行による運動エネルギーと位置のエネルギーの合計となる。式（11.6）は速度の時間変化を示す式，式（11.7）は運動に伴う加速を示す式である。R に関しては，11.1.2 項で説明した走行時の抵抗の式で，回生の解析に必要なため，再掲した。式（11.8）～式（11.11）はそれぞれの抵抗値を計算する式である。これらの式を連立させ，回生開始からの経過時間 t に対する速度変化を式（11.6）から求め，時間毎の回生電力を計算し，停止するまでの回生電力を積分した値が回生エネルギーとなる。

式（11.5）～（11.11）の運動方程式から求まる回生電力と実験から求まる回生電力が一致することを次節以降で確認する。

11.4 小型カートによる回生実験

11.1 節から 11.3 節で回生の原理や基本的動作，解析式について説明してきた。この節では，大人 1 名が乗車できる電動 EV カートを使って実際の回生動作について説明する。11.4.1 項では EV カートを使った実験結果を示し，11.4.2 項では 11.3 節で説明した解析モデルから算出される回生エネルギー量と実測された回生量の比較を行う[6]。

11.4.1 小型カートの回生実験

図 11.9 に実験に用いた小型 EV カートの外観写真を示す。このカートは CQ 出版から販売されており，CQ レース用のカートである[7]。車体に関する仕様を表 11.3 に示す。全長 1420 mm，幅 780 mm で大人 1 名が乗車可能となっている。車体重量は 25 kg で，標準的な大人の体重 65 kg を想定して，全車重 90 kg と見積もっている。前輪・後輪のタイ

〔図 11.9〕回生実験用 EV カート

〔表 11.3〕回生実験用 EV カートの仕様

車体全長［mm］	1420
全幅［mm］	780
全高［mm］	406
重量［kg］	90（車体 25 kg＋乗車者体重）
タイヤ半径［mm］	200

ヤには，半径 200 mm の自転車用タイヤを使用している。

電動カートの駆動系には，11.2 節で回生動作を説明した永久磁石同期モータ，インバータ，バッテリを用いている。駆動用の永久磁石同期モータは，後輪で車体を後方から見て右側に取り付けられている。永久磁石同期モータと駆動輪はチェーンで結合されており，そのギヤー比は，永久磁石同期モータ：車軸＝3.75：1 となっている。永久磁石同期モータのトルクが 1 Nm の時，駆動輪は 3.75 Nm で駆動される。

EV カートには，図 11.10 に示される制御・計測システムが取り付けてられており，PC からの制御指令で動作し，走行データを取得できるよう構成されている。測定しているのは，モータを駆動している駆動輪の回転数，付随輪（駆動されていない後輪）の回転数，インバータ基板に供給される直流と電圧（バッテリ電圧）である。電圧は分圧抵抗，電流はカレントトランス（9.2.4 項参照），回転数はホール素子（6.1.2 項(1)参照）により測定している。

この EV カートを使って，平地で一定速度まで加速し，回生により減速する実験を行った。バッテリには，11.2.3 項と同じオートバイ用の鉛蓄電池を用いた。回生開始の速度は 20，25，30 km/h で，メカブレーキを使わず，回生によってのみ停止させた。回生時の電圧，電流波形の積から回生電力を求め，これを積分して回生エネルギー E_g を求めた。ここで，式（11.12）から回生効率 η_E を求めた。

$$\eta_E = E_g \,/ \left(\frac{1}{2}mv^2 + mgh\right) \qquad (11.12)$$

今回の実験では，平地で行っているので，分母の第 2 項 mgh はゼロと

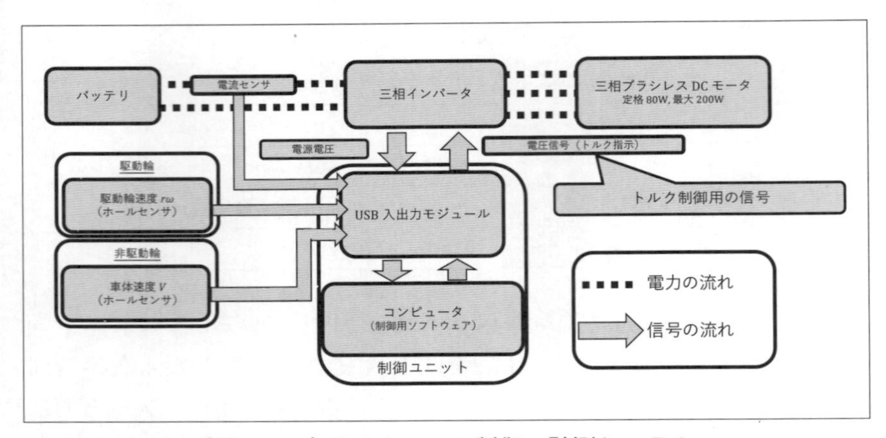

〔図 11.10〕EV カートの制御・計測システム

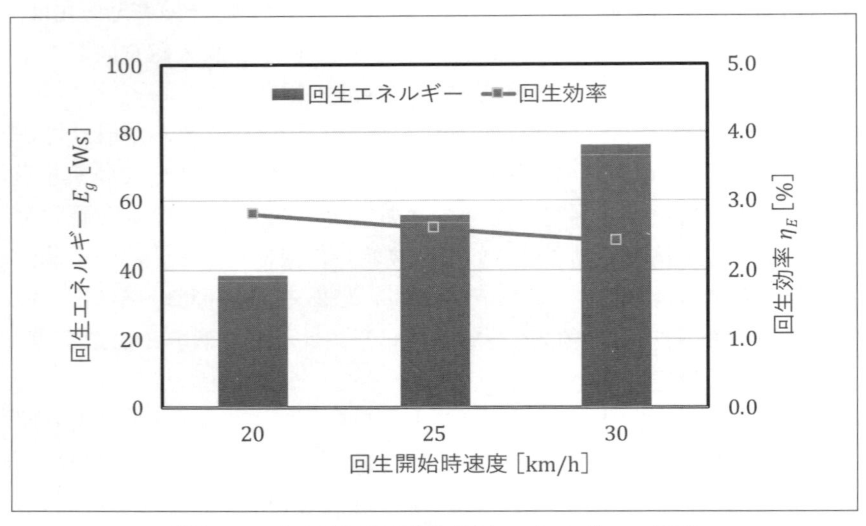

〔図 11.11〕回生時速度と回生エネルギー・効率

した。計算で得られた効率を，図 11.11 に示した。回生エネルギーは，回生開始速度とともに増加している。回生効率は，回生開始速度が 20，25，30 km/h に対して，2.8，2.6，2.4％となり回生開始速度とともにわずかに低下することが分かる。回生効率が低いのは，鉛蓄電池を使っているのが一因と考えられる。

11.4.2　小型カートの回生電力解析

11.4.1 項で実験した EV カートの回生エネルギーについて，11.3 節で示した解析式を使って計算し，両者を比較する。計算では，回生開始速度を式（11.6）の初期値 v_0 として与え，式（11.7）に示すように総走行抵抗 R を質量 m で割った a を使ってカートの速度変化を計算する。式（11.8）～（11.11）を使って EV カートでのそれぞれの抵抗を求めるためのパラメータ値を表 11.4 に示す。[7]

11.3 節で述べたように回生動作による回生抵抗 R_g は，式（11.3）に示すように転がり抵抗 R_r に加わる。両者を切り分けるため，駆動輪を空転させ，転がり抵抗 R_r のみで停止させた場合と回生動作を加えて R_r+R_g で停止させた場合の停止時間を比較した。図 11.12 は，回生開始時の時速を 30 km/h に相当する回転数とした時の回転停止までの速度変化である。回生無しでは停止するまでの時間が，回生有りよりも長い。両者の差から，R_r のみと R_r+R_g の比を求め，R_r:$(R_r+R_g)=1$:1.6 となった。この結果から，回生時の走行抵抗は回生無時の 1.6 倍として，解析を行った。

解析によって求められた回生エネルギーを図 11.13 に示す。実験結果と比較するため，11.4.1 項の実験結果も示した。実験結果の方が幾分高い結果を示しているが，解析と実験結果はほぼ同じ値を示している両者

〔表 11.4〕回生解析に用いた パラメータ

項目	値
車体質量 m [kg]	90
転がり抵抗係数 μ_r	0.01
空気抵抗係数 R_{ar} [N]	0.091
空気密度 ρ [kg/m^3]	1.29
全影投影面積 A [m^2]	0.296

の違いは，図 11.13 での R_g の見積り，実験誤差などによると考えられる。これらの結果から，回生エネルギーは，走行時に発生する他の抵抗分を差し引いた分を転がり抵抗の増加分として取り出すモデルで，計算でき

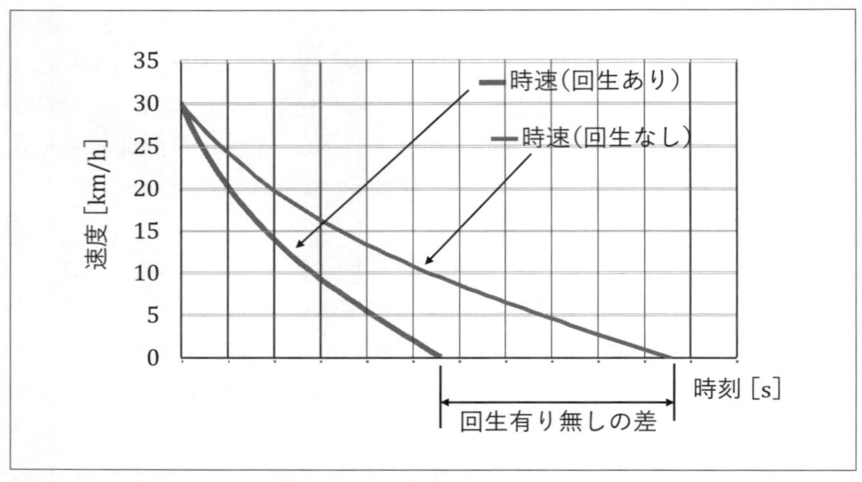

〔図 11.12〕回生時速度と回生エネルギー・効率

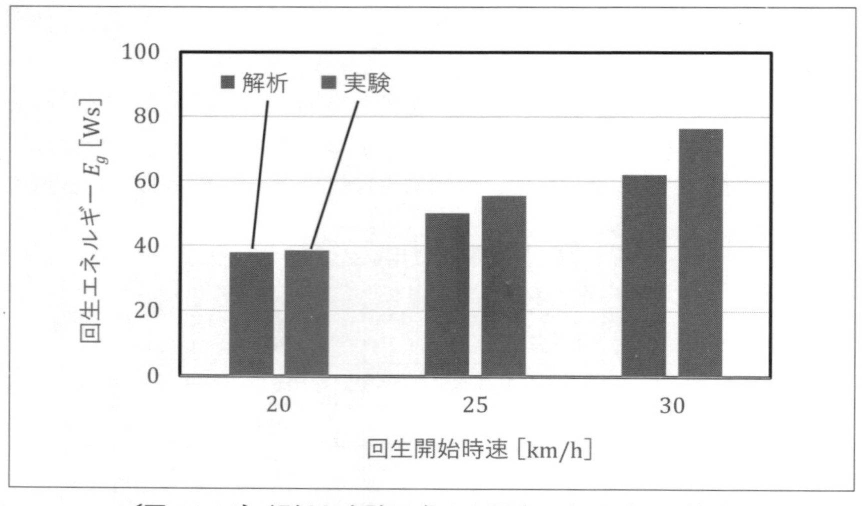

〔図 11.13〕解析と実験で求めた回生エネルギーの比較

ることが分かる。また，計算での回生効率も低くなったのは，計算の根拠となる回生による走行抵抗 R_g を，図 11.12 の実験から求めており，鉛蓄電池で充電効率が低いことが反映されたと推定している。

本章で示したように，回生エネルギーは，走行時に電気自動車が持つ運動エネルギーの 10 ～ 20 % 程度と見積もられる。また，回生エネルギーは 11.3 節で示した転がり抵抗増加分とすることが示された解析モデルから，おおよその値を見積ることができる。

参考文献

[1] 森本雅之："よくわかる電気機器"，森北出版，第 2 版 2 刷，pp.132–134（2021）

[2] CQ 出版ホームページ：https://www.cqpub.co.jp/hanbai/books/I/I000102.htm

[3] CQ 出版ホームページ：https://www.cqpub.co.jp/hanbai/books/I/I000375.htm

[4] 髙木茂行，長浜竜："これでなっとく　パワーエレクトロニクス"，コロナ社，pp.191 − 193

[5] S. Takagi, K. Kitamura, S. Takahashi, A. Sasaki, Y. Kataoka, H. Hirabayashi, "Evaluation of Charging Characteristics of New Li-Ion Battery with WO3 Electrode Using Regenerative Power from A PMSM", Proceedings of 9th International Power Electronics and Motion Control Conference, pp.28-32（2019）

[6] 友部太一，髙木茂行："EV カート用いた回生電力向上に関する研究"，電気学会　産業応用部門大会（2022）

[7] CQ 出版ホームページ：https://shop.cqpub.co.jp/detail/1824/
MOTOR エレクトロニクス No.1

12章

バッテリマネージメント

～多段多並列のバッテリを管理～

現在の電気自動車の多くが，Li イオン蓄電池を多段直列及び複数並列に接続したバッテリを使っている。それまでの蓄電池が化学反応を電力取り出しの主反応としたのに対し，Li イオン蓄電池では主にLi イオンの移動を使って電力を取り出している。ここでは，Li イオン蓄電池の構造と充放電原理を述べた後，その評価方法について説明する。さらに，多段直列及び並列接続されたLi イオン蓄電池モジュールで，個々のバッテリを管理する手法（マネージメント）について，実例をもとに解説する。

12. 1　電気自動車用バッテリとして多用されるLi 蓄電池

11 章の図 11.6 で示したように，蓄電池の性能指標には，エネルギー密度 [Wh/kg] あるいは [Wh/l] とパワー密度 [W/kg] あるいは [W/l] がある。分母の kg と ℓ（リットル）は，製品性能の重要性が質量となるか体積になるかで使い分けられる。電気自動車で最も重要な性能は走行距離であり，エネルギー密度が重要となる。このため，実用化されている電気自動車の多くには，Li イオン蓄電池が用いられている。

表 12.1 は，エンジン車で最も一般的に用いられている鉛蓄電池との性能を比較した表である。Li イオン蓄電池最大のメリットは，エネルギー密度が高いことにある。鉛蓄電池に比べて 4～6 倍高くなっている。同じ体積の鉛蓄電池と Li イオン蓄電池を，同じ構造の電気自動車で同じ体積だけ搭載した場合，例えば，鉛蓄電池での走行距離が 100 km であるのに対し，Li イオン蓄電池では 400 km の走行が可能となる。Li イオン蓄電池の方が充電時間も短く，エネルギー効率も高くなっている。詳細は 12.2 節で説明するが，蓄電池で主となる充放電原理が鉛蓄電池では化学反応を利用しているのに対し，Li イオン蓄電池では Li イオンの移動を利用しているためである。一方，Li イオン蓄電池のディメリットは，そのコストである。100 円で得られるエネルギー容量が，鉛蓄電

〔表 12.1〕鉛蓄電池と Li イオン蓄電池の比較

	項目	鉛蓄電池	Li イオン蓄電池
メリット	エネルギー密度（Wh/l）	60 ～ 75	250 ～ 676
	充放電電圧（V）	2.01	3.7 ～ 3.8
	充電時間	長い（化学変化）	短い（Li^+ の移動）
	エネルギー効率（%）	87	97
ディメリット	エネルギーコスト（Wh/100 円）	7 ～ 18	1.5

池では 7 ～ 18 Wh であるのに対し，Li イオン蓄電池は 1.5 Wh であり，10 倍程度と高い。

エネルギー密度で優れた性能を持つ Li イオン蓄電池であるが，実用化されたのは比較的新しい。現在，使用されている Li イオン蓄電池は，2019 年にノーベル賞を受賞した吉野らにより，その基本構造が開発された。1983 年に負極にポリアセチレン，正極にコバルト酸リチウム（$LiCoO_2$）を使ったリチウムイオン蓄電池の原型が創出された。1985 年には現在の Li イオン蓄電池の基本構造となる負極に炭素材料，正極にコバルト酸リチウムと使った Li イオン蓄電が開発された。Li イオン蓄電池は，発火の可能性が高く，実用化は困難と言われていた。

しかしながら，1991 年にソニーエナジーテックが電子機器用の二次電池として製品化に成功した。1996 年には，自動車用蓄電池として，負極に炭素材料，正極にマンガン酸リチウム（$LiMn_2O_4$）とする蓄電池が実用化された。正極に $LiCoO_2$ を用いる構造よりエネルギー密度は低下するが，発火性が低くなる。現在では，低コスト化に向け，正極にリン酸鉄を用いる Li イオン蓄電池の開発も進んでいる。

12.2　リチウムイオン蓄電池の動作原理・等価回路

12.1 節で鉛蓄電池と Li イオン蓄電池の特性について比較した。こうした特性の差が発生する理由について，図 12.1 で説明する。(a)は鉛蓄電池の構造，(b)は Li イオン蓄電池の構造である。

12.2.1　充放電に化学反応を使う鉛蓄電池

鉛蓄電池では，H_2SO_4 溶液中に鉛（Pb）電極と，酸化鉛（PbO_2）電極が設置される。正極と負極では式（12.1），負極では式（12.2）の反応が起きる。

正極　$PbSO_4 + 2H_2O \Leftrightarrow PbO_2 + 4H+ + SO_4{}^{2-} + 2e^-$　(12.1)

負極　$PbSO_4 + 2e^- \Leftrightarrow Pb + SO_4{}^{2-}$　(12.2)

充電：左辺から右辺への反応，　放電：右辺から左辺への反応

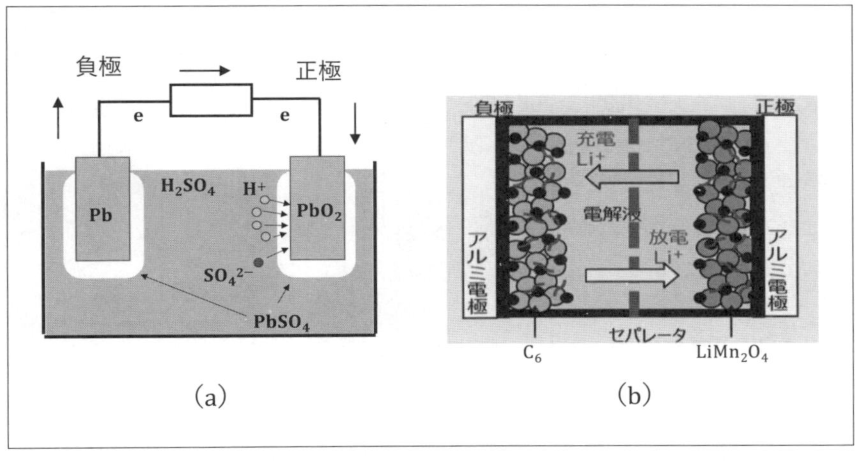

〔図 12.1〕蓄電池の構造　(a)鉛蓄電池，(b) Li イオン蓄電池

ここで，充電では式（12.1）と式（12.2）の反応が左から右に進み，放電では式（12.1）と式（12.2）が右から左に進む。負極に着目すると充放電が比較的簡単に理解できる。充電では，$PbSO_4$ に電子が加わり，$Pb+SO_4^{2-}$ となり，SO_4^{2-} の形で電荷が蓄えられる。放電では Pb と SO_4^{2-} が結合して $PbSO_4$ と電子が生成され，この電子が放出される。

12.2.2 Li イオンの移動と化学反応を使う Li イオン蓄電池

次に，図 12.1(b)で Li イオン蓄電池の充放電動作について述べる。12.1 節で説明したように，電気自動車の用の Li イオン蓄電池では，負極にカーボン，正極に $LiMn_2O_4$ が用いられる。蓄電池は電解液に満たされ，正極と負極はセパレータと呼ばれる分離壁で分離されている。電解液は，有機溶媒（90%前後），リチウム塩（約 10%），添加剤（微量）で構成されている。Li イオンを正極と負極間でスムーズに移動する媒体となっている。

セパレータは電池の内部で正極と負極を分離するために用いられる樹脂製の微多孔膜である。市販されている Li イオン蓄電のセパレータは，ほとんどがポリエチレンやポリプロピレン，いわゆるポリオレフィン系の樹脂でできている。正極と負極が接触して短絡発生を防ぐための電気絶縁性を確保，機械的な強度向上を高めている。セパレータにはこうした機能と同時に，充放電に伴うリチウムイオンの移動を妨げないイオン透過性も要求されている。

Li イオン蓄電池の正極と負極での反応は，式（12.3），式（12.4）でそれぞれ表される。

$$\text{正極}\quad LiMn_2O_4 \Leftrightarrow Li_{1-x}Mn_2O_4 + x\,Li^+ + x\,e^- \qquad (12.3)$$

$$\text{負極}\quad x\,Li^+ + x\,e^- + 6C \Leftrightarrow Li_xC_6 \qquad (12.4)$$

充電：左辺から右辺への反応，　放電：右辺から左辺への反応充電時には，正極にあったLi^+イオンが負極に移動し，負極からの供給される電子と炭素と結合して$Li_x C_6$となる。放電時には，負極の$Li_x C_6$で分解されてLi^+と電子となり，Li イオンは正極に移動し，負極から電子が放出される。正極と負極では電極にLi^+に結合あるいは分離が発生し，電解液内でLi^+移動することにより充放電が発生する。

ここで，鉛蓄電池では，H_2SO_4溶液が$4H^+$と$SO_4{}^{2-}$とに分解あるいは結合する化学反応により充放電が起きている。これに対して，Li イオン蓄電池では，Li^+イオンの移動と電極への結合・分離により充放電が起きており，電解液自体の分解・結合といった化学反応は発生していない。電解液の分解・結合を利用しないことで，Li イオン蓄電池は以下のような特徴を持つ。

①溶液の化学反応を伴わないので充放電時間が短くなる。

②充放電に伴う温度上昇や短絡などの異常が発生しなければ，電解液の劣化が抑制される。

③電解液は単にLi^+の移動に使われていることから，移動媒質を液体から固体に変えることができる。現在，精力的に研究されている固体電池は，Li イオン蓄電のこの特性を活用した蓄電池である。

12.2.3　蓄電池の等価回路

（a）電解液を使った蓄電池の等価回路

ここまで，エンジン自動車，電気自動車で最も良く使われる鉛蓄電池と Li イオン蓄電池の特徴と原理について説明してきた。ここでは，図12.2(a)に示す両蓄電池を含む電解液を使った蓄電池の等価回路について考える[1]。なお，この項の(a)で説明する等価回路と次の(b)で説明するインピーダンス円については，参考文献［1］のテキストでより詳細に説明されているので参考にされたい。

一般に電解液を含む蓄電池では，正極と負極の2つの電極が電解液中で対向している。2つの電極が対向する構造は，キャパシタを構成し，電解液の導電性は抵抗成分となることから，キャパシタC_1と抵抗R_1が

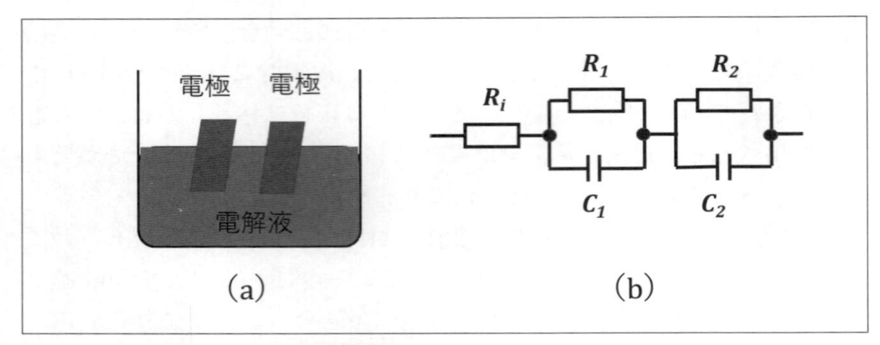

〔図 12.2〕(a)蓄電池の内部構造，(b)等価回路

並列に接続された構造となる。蓄電池によっては電圧を確保するため，抵抗 R_2 とキャパシタ C_2 の並列構造が直列接続されることもある。また，電極や電池を構成する上で内部抵抗 R_i が発生する。従って，電解液を用いた蓄電池の一般的な等価回路は図 12.2(b)のように R と C の並列回路が直列接続された回路となり，式で表すと式（12.5）となる[2]。

$$R_i + \frac{1}{1\Big/\frac{1}{j\omega c_1} + 1/R_1} + \cdots = R_i + \frac{1}{j\omega C_1 + 1/R_1} \cdots$$

$$= R_i + \frac{R_1}{j\omega C_1 R_1 + 1} \cdots \qquad (12.5)$$

ここで，ω は等価回路の角周波数で，$\omega=2\pi f$ となる。また 2 項目以降の … は R_2 と C_2 の並列回路分を表している。

(b) インピーダンス円

式（12.5）は蓄電池の等価回路あるいは蓄電池特性を求めるために，有効な関係式である。この式を変形したインピーダンス円から，R_i，R_1，C_1 を求めることができる。「12.3　リチウムイオン蓄電池の測定」で説明するコールコールプロット測定は，このインピーダンス円が測定原理となっている。

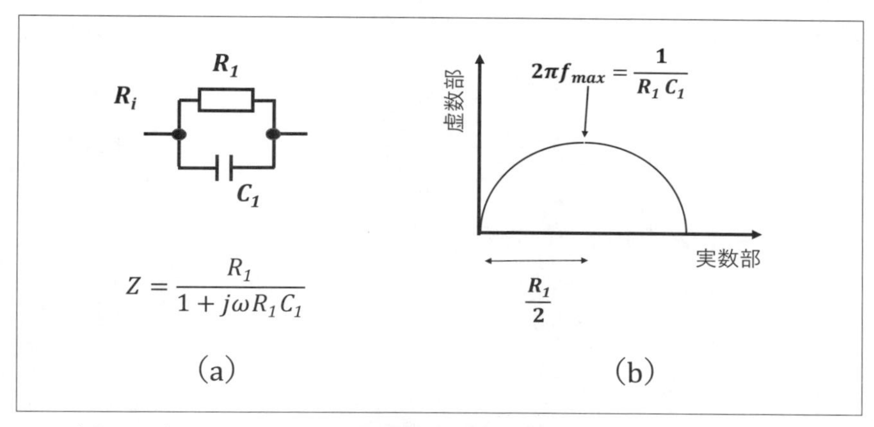

〔図 12.3〕(a)キャパシタと抵抗の並列回路,(b)インピーダンス円

ここでは,最も単純な等価回路として,式(12.5)の2項 $R_1/(j\omega C_1 R_1+1)$ を変形して,インピーダンス円を導く[2]。図 12.2(b)の回路に対応する式(12.5)の2項で周波数 f を変えて,その実部と虚部を計算する。計算結果を縦軸が虚部,横軸が実部の複素平面にプロットすると,図 12.3(b)に示すような半円,すなわちインピーダンス円となる。

上述した f を変えたプロットがインピーダンス円になることを式(12.5)から導く。式(12.5)で分子分母に分母の共役複素数を掛けて分母を実数化すると,式(12.6)となる。

$$\frac{R_1}{j\omega C_1 R_1 + 1} = \frac{R_1(1 - j\omega R_1 C_1)}{(1j + \omega R_1 C_1)(1 - j\omega R_1 C_1)}$$

$$= \frac{R_1}{1 + (\omega R_1 C_1)^2} - j\frac{\omega R_1^2 C_1}{1 + (\omega R_1 C_1)^2} = \boldsymbol{Z}' - j\boldsymbol{Z}'' \qquad (12.6)$$

ここで,実部を Z',虚部を Z'' とおいた。虚部を実部で割ると,式(12.7)となる。

$$\frac{Z''}{Z'} = \frac{\omega R_1^2 C_1}{1 + (\omega R_1 C_1)^2} \Big/ \frac{R_1}{1 + (\omega R_1 C_1)^2} = \omega R_1 C_1 \qquad (12.7)$$

式（12.7）の関係を，実部のインピーダンス Z' に代入し，式（12.8）となる。

$$Z' = \frac{R_1}{1+(\omega R_1 C_1)^2} = \frac{R_1}{1+\left({Z''}/{Z'}\right)^2} \tag{12.8}$$

両辺に $1+(Z''/Z')^2$ を掛けて変形し，式（12.9）となる。

$$\left(1+\left(\frac{Z''}{Z'}\right)^2\right)Z' = R_1, \quad 1+\left(\frac{Z''}{Z'}\right)^2 = \frac{R_1}{Z'} \tag{12.9}$$

両辺に（Z'）^{2} を掛け，右辺に $-(R_1/2)^2+(R_1/2)^2(=0)$ を加えて変形すると，式（12.10）が得られる。

$$(Z')^2+(Z'')^2 = R_1 Z'$$

$$(Z')^2+(Z'')^2 = R_1 Z' - \left(\frac{R_1}{2}\right)^2 + \left(\frac{R_1}{2}\right)^2$$

$$(Z')^2 - R_1 Z' + \left(\frac{R_1}{2}\right)^2 + (Z'')^2 = \left(\frac{R_2}{2}\right)^2$$

$$\left(Z' - \frac{R_1}{2}\right)^2 + (Z'')^2 = \left(\frac{R_1}{2}\right)^2 \tag{12.10}$$

式（12.10）は，実軸と虚実の座標系で，図 12.3(b)に示すように中心が（$R_1/2$，0）で半径が $R_1/2$ の円を表している。これがインピーダンス円である。

図 12.3(b)のインピーダンス円では，虚数部が最大となる周波数 f_{max} で，式（12.11）の関係が成立する[2]。

$$2\pi f_{max} = \frac{1}{R_1\, C_1} \tag{12.11}$$

R_1 は半円の半径から求められるので，f_{max} がと R_1 から C_1 を求めることができる。

12.3　リチウムイオン蓄電池の測定

12.3.1　リチウムイオン蓄電池の特性項目

リチウムイオン蓄電池の性能を特徴付ける主要な特性値を表 12.2 に示す。なお，リチウムイオン蓄電池の特性指標としては充電状態を示す SOC（State of Charge）などの指標もあるが，ここでは各蓄電池のハード的な特性値を取り上げた。これらの値をいろいろな方法で測定する。以下，それぞれの特性値について簡単に説明する。

（a）充電容量

基本的な特性が充電容量で，蓄電池に蓄えられるエネルギー量である。この値を蓄電池の質量あるいは体積で割ると 11 章の図 11.6 で説明したエネルギー密度となる。単位には Wh，Ah が使われる。1 Ah は 1 A の電流を 1 時間流せる容量であることを表している。従って，1 Ah＝1 A×3,600 s＝3,600 As＝3,600［C］となる。Wh も同じ考えで，1 W の電力を 1 時間供給できることを示している。蓄電池では，定格動作範囲では電圧があまり低下しないので，1 Ah に定格電圧をかければ，ほぼ

〔表 12.2〕Li イオン蓄電池の特性項目と測定方法

Li イオン蓄電池の特性項目	測定方法
充電容量［Wh］or［Ah］	充電特性
充放電効率［%］	・充電特性 ・放電特性
内部抵抗［Ω］	・定電流法 ・コールコールプロット
等価回路の R_1, C_1,・・・	・コールコールプロット
ピーク電力［W］	高ピーク電力波形（回生）
C レート	充放電特性

Wh の単位となる。

（b）充放電効率

充電したエネルギーから取り出せるエネルギーの割合で，単に効率とも呼ばれる。すなわち，（出力エネルギー）／（入力エネルギー）×100％である。

（c）内部抵抗

蓄電池を使用する時，蓄電池内部で発生する抵抗の合計である。電解質内部の抵抗はもちろん，正極・負極の接続抵抗などすべての抵抗を含む。蓄電池から電流を取り出す時には損失となるため(b)の充放電効率に大きな影響を与える。蓄電池の内部抵抗が R_i，蓄電池の充電電圧が V の場合，V/R_i 以上の電流は取り出せず，ピーク電流を制限する要素となる。同様に，充電時には充電電流の制限と損失要因となり，極めて重要な特性値である。

（d）等価回路の抵抗・キャパシタ

図 12.2 で説明したように蓄電池は，電解質内に置かれた対抗する 2 枚の電極で構成されておいる。このため，蓄電池の等価回路は図 12.3 のように抵抗とキャパシタの並列回路となる。等価回路を表す R_1, C_1 である。

（e）ピーク電力

単位時間に取り出せるピーク電力である。取り出せる電力ピーク，充電できる最大電力（電流）の指標となる。この値を質量あるいは体積で割った値が，11 章の図 11.6 のパワー密度 [W/kg] あるいは [W/l] となる。

（f）C レート

蓄電池を充電あるいは放電する場合に，定格電流に対する流れる電流の割合である。定格電流が 1 A である場合，0.6 A の電流を放出しているあるいは0.6 Aで充電した時のCレートは0.6となる。

測定では，これら(a)～(f)で述べた特性値をいろいろな方法で測定することになる。この節では，最も代表的な測定方法である充放電測定による充電容量，充放電効率の測定，インピーダンスアナライザを使った内部抵抗と等価回路の値測定について12.3.3項で説明する。

12.3.2　充放電特性

(a) 測定方法・測定回路

バッテリは充電し，放電して使用する。従って，受電特性と放電特性を測定することでバッテリ特性を測定することができる。もっとも単純で分かりやすい測定方法としては，充電放電時の電流を一定とし，電圧を測定する方法である。図12.4(a)に充電回路，(b)に放電回路を示す。(a)では電源からの電流を一定とし，(b)では電子負荷を使うことで電流

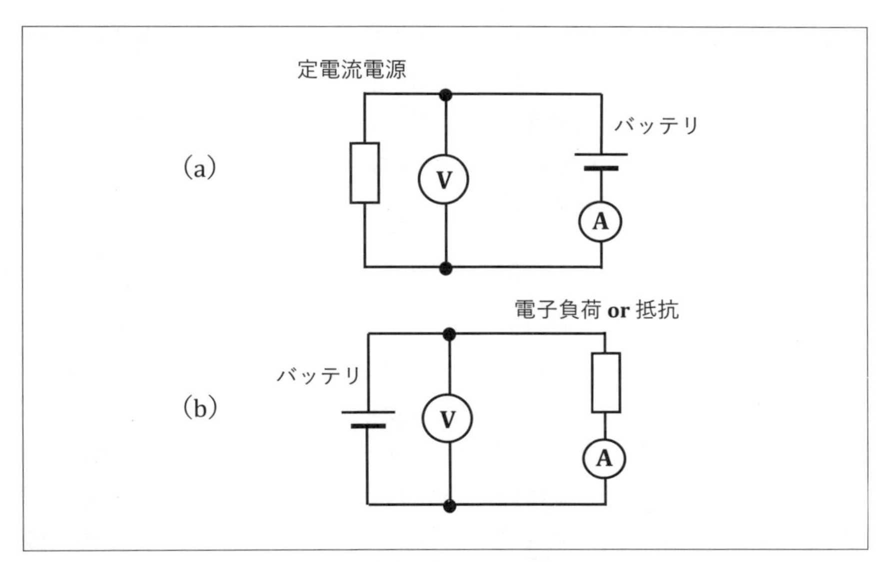

〔図12.4〕バッテリの充放電回路　(a)充電回路，(b)放電回路

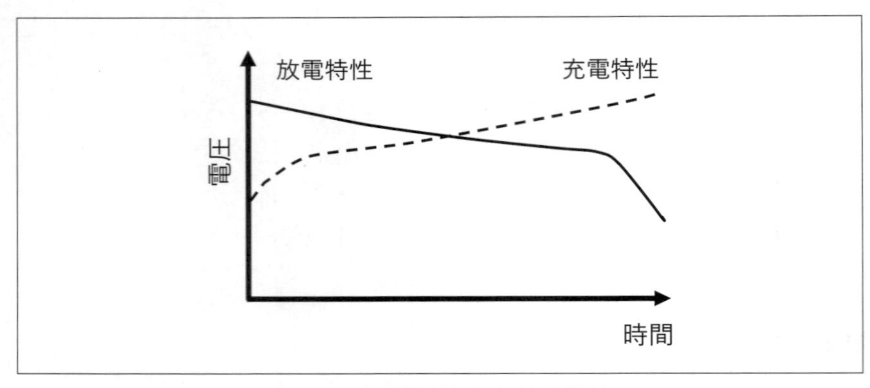

〔図 12.5〕典型的な充放電特性

を一定にする。放電回路では，電子負荷でなく抵抗でも測定が可能であるが，この場合は電流が時間的に変化するので電流を正確に測定する必要がある。

図 12.5 は，定電流で充電，放電した場合の典型的な特性カーブである。放電特性では，放電を継続すると，電圧が大きく低下する領域となり，ここまでが蓄電池を安定的に使える定格電圧領域となる。充電時の電流を積分し，3600 秒で割ると充電された電流の総量が［Ah］単位で求まる。同様に，放電時の電流を積分して 3600 秒で割ると放電された電流の総量が［Ah］単位で求まる。放電された電流の総量を受電された電流の総量で割ると効率が求まる。

（b）実測例

実際の測定例として，図 12.6 に示すリチウムイオン蓄電池で充放電特性を測定した。このリチウムイオン蓄電池は，学生フォーミュラの参加チームへの提供部品として，（株）共創から提供されている[4]。Li イオン蓄電両端の平板金属がプラスとマイナスの電極である。図 12.6 の右側には，公開されている仕様値を示す。このリチウムイオン蓄電池を図 12.4(a)の充電回路と(b)の放電回路で，充放電特性を測定した。図 12.7 に放電特性の測定に使用した実験装置の写真を示す。一定電流を

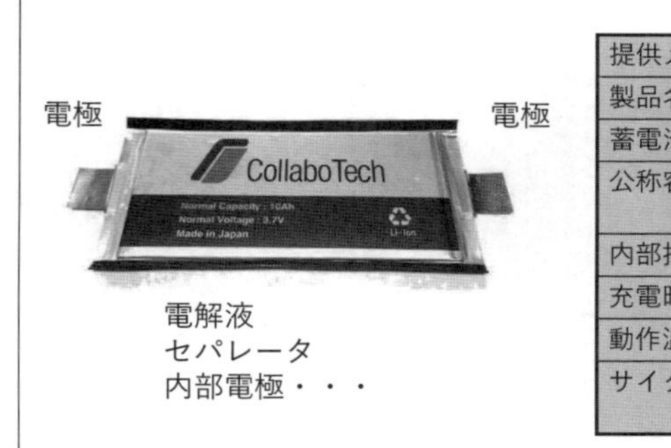

提供メーカ	株式会社　共創
製品名	マイティーン
蓄電池タイプ	ラミネートセル
公称容量	10 Ah （2.7～4.2 V　0.2C充電容量）
内部抵抗	4.5 mΩ以下
充電時間	30～60 分
動作温度範囲	−10～60 °C
サイクル寿命	3,000 回以上 （25°C，標準充放電時）

〔図 12.6〕 測定したリチウムイオン蓄電池の仕様

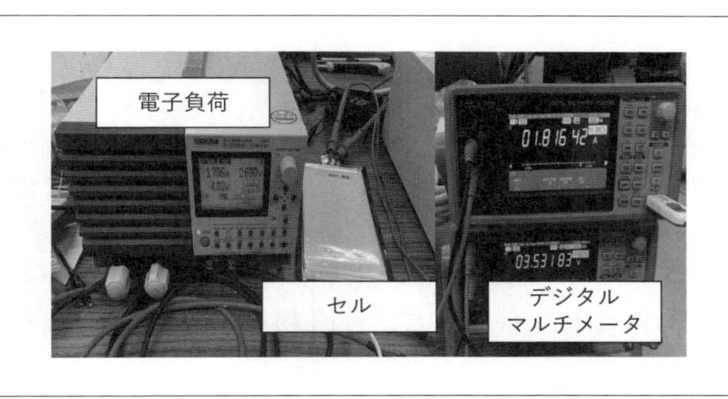

〔図 12.7〕 放電特性の測定回路

放電させるために電子負荷を使用し，電圧を電流はデジタルマルチメータで測定した。

図 12.8 の(a)に充電特性，(b)に放電特性を示す。(a)の充電特性では，放電電流を一定の 5 A とした。リチウムイオン蓄電池の電圧が 2.9 V から 4.2 V になるまでに 7404 秒を要し，充電した総電流（容量）は式(12.12)から 10.283 Ah となる。

$$5\ [\mathrm{A}] \times 7404\ [\mathrm{s}] \div 3600 = 10.28\ [\mathrm{Ah}] \tag{12.12}$$

この方法で充電した後，一定電流の 2 A で放電させた。図 12.8(b)の放

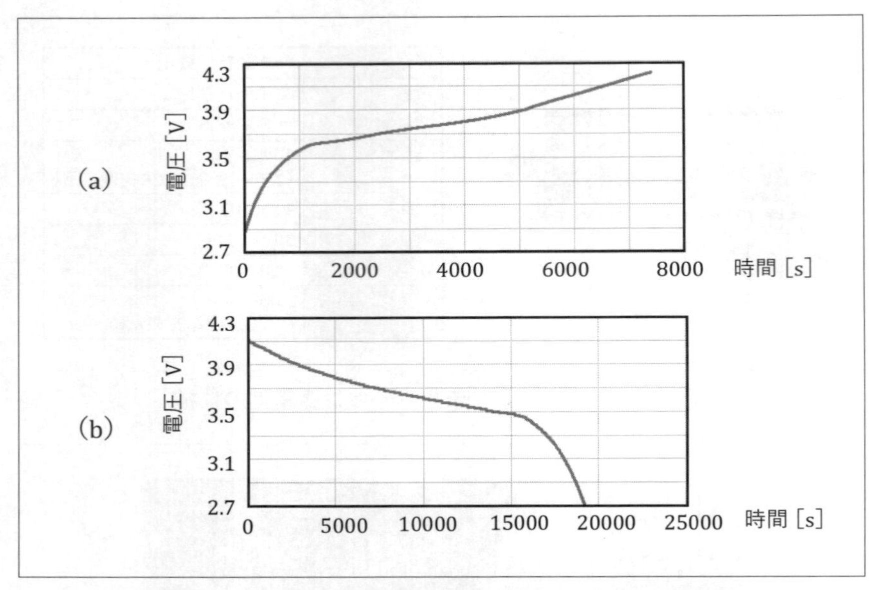

〔図 12.8〕 Li イオンの充放電特性　(a)充電特性，(b)放電特性

電特性に示したとおり，放電後の電圧が，充電開始電圧 2.9 V になるまでに放電された総電流（容量）は式（12.13）より Ah となる。

$$2\ [\mathrm{A}] \times 18000\ [\mathrm{s}] \div 3600 = 10.00\ [\mathrm{Ah}] \tag{12.13}$$

式（12.12）から充電容量が 10.28 Ah，式（12.13）から放電容量が 10.00 Ah となった。図 12.6 に示した仕様では，2.7～4.2 V の公称容量が 10 Ah であることが示されている。今回の結果では，2.9～4.2 V の容量で 10 Ah 以上となっており，使用開始直後の蓄電池であることから仕様の公称容量より高くなったと考えられる。また，放電容量 10.00 Ah と充電容量 10.28 Ah を比較することとで，充放電効率 97.3％が得られた。

12.3.3　コールコールプロット

（a）測定方法・測定回路

もう一つの代表的な測定方法であるコールコールプロットの測定方法について説明する。図 12.9 に示されるインピーダンスアナライザ（10.3 節(b)参照）にリチウムイオン蓄電池を接続して測定を行う。インピーダンスアナライザからはリチウムイオン蓄電池に正弦波が加えられ，バッテリに流れる電流波形が測定される。電流の値，位相のずれから，加えた正弦波に対する実部と虚部のインピーダンスが求められる[3]。

インピーダンスアナライザの周波数を変化させ，それぞれの周波数でリチウムイオン蓄電池の実部と虚部をプロットすると，図 12.10 に示すインピーダンス円が得られる（12.2 節参照）。バッテリに印加する正弦波を高めていくと，測定点が右から左に測定されていく。右側の測定点の周波数が一番低く，左側の測定点が一番高くなる。これがコールコールプロット測定である。コールコールプロットからは，以下の値を読み取ることができる[2]。

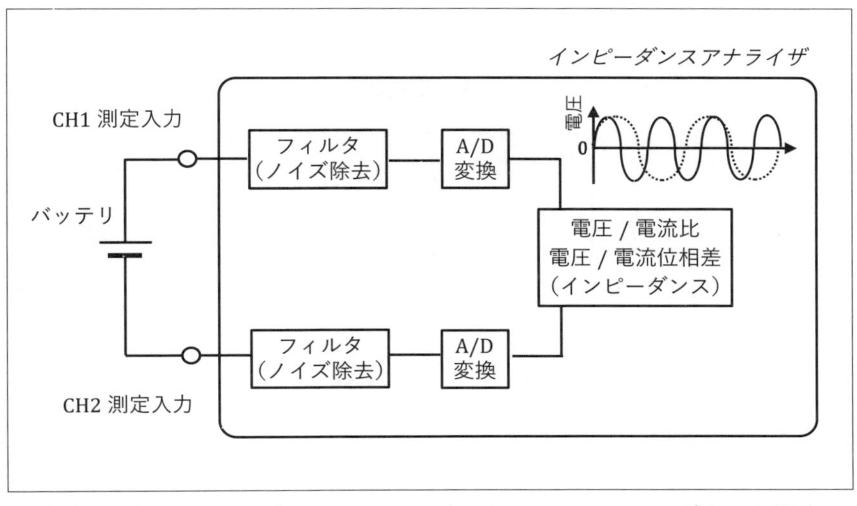

〔図 12.9〕インピーダンスアナライザによるコールコールプロット測定

・内部抵抗 R_i：原点から単位円の始まりまでが内部抵抗である。
・並列抵抗 R_1：インピーダンス円の半径が，$R_1/2$ に相当する。
・並列キャパシタ C_1：虚数インピーダンスが最大となる周波数 f_{max} と R_1 を読みとれば，式（12.11）から C_1 を求めることができる。

蓄電池によっては，2 つ以上の半円が得られることもある。また，図 12.10 の点線で示したように半円の右側に円の一部がプロットされることもある。この場合，周波数をさらに低下させると右側に半円がプロットされる。しかしながら周波数を 0.1, 0.01, 0.001 Hz と下げるにしたがって，周期が長くなり測定時間が長くなる。0.001 Hz の周期は 1000 秒となるため 1 点の測定に約 16.7 分が必要となり，長時間の測定が必要なる。なお，抵抗とキャパシタの並列回路で，キャパシタは位相遅れとなるので，測定されるインピーダンス円はマイナス側となるが，測定器によっては図 12.10 に示すようにプラス側に記載する。

インピーダンスアナライザを使って，コールコールプロットを求める方法を説明してきた。これに対して，量産製品などの品質管理向けに Li イオン蓄電池の測定に特化したバッテリインピーダンスアナライザ

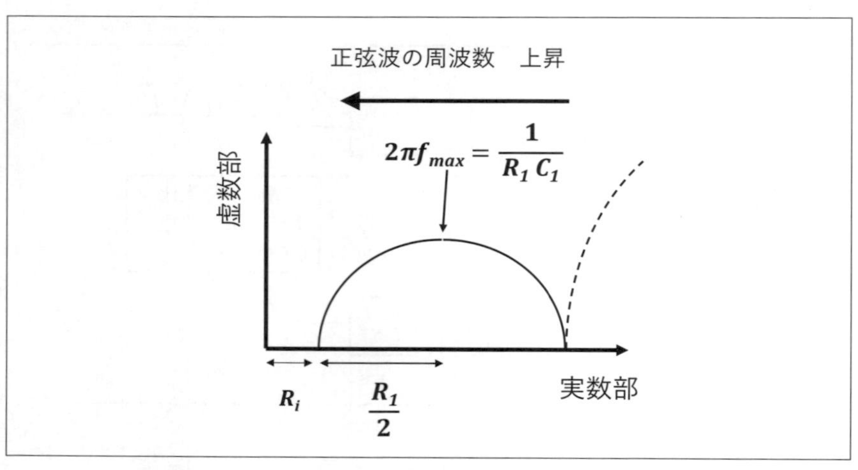

〔図 12.10〕コールコールプロットの典型的な測定結果

も販売されている。後者は，Li イオン蓄電池の特性を簡単な操作で再現性高く測定できるが，例えば一般の Li イオン蓄電池に対して内部抵抗が高い新しい蓄電デバイスなどの測定はできない。一般の Li イオン蓄電池にはバッテリインピーダンスアナライザ，新規デバイスの測定にはインピーダンスアナライザと使い分けるのが良い。バッテリインピーダンスアナライザの測定例を(b)，新規開発デバイスの測定例を(c)に示す。

（b）バッテリインピーダンスアナライザによる実測

バッテリインピーダンスアナライザ（BT4560，日置電機（株））により，12.3.2 項(b)で紹介した Li イオン蓄電池（(株) 共創）の特性を測定した。図 12.11 に測定時の写真を示す。装置に付属したプローバを Li イオン蓄電池に接続して測定する。

図 12.12 は，測定したコールコールプロットである。2 つの円が重なった測定結果となっている。推定される半円を点線で示した。コールコールプットの円が実軸からスタートする点から内部抵抗 R_i を読むと，6.9

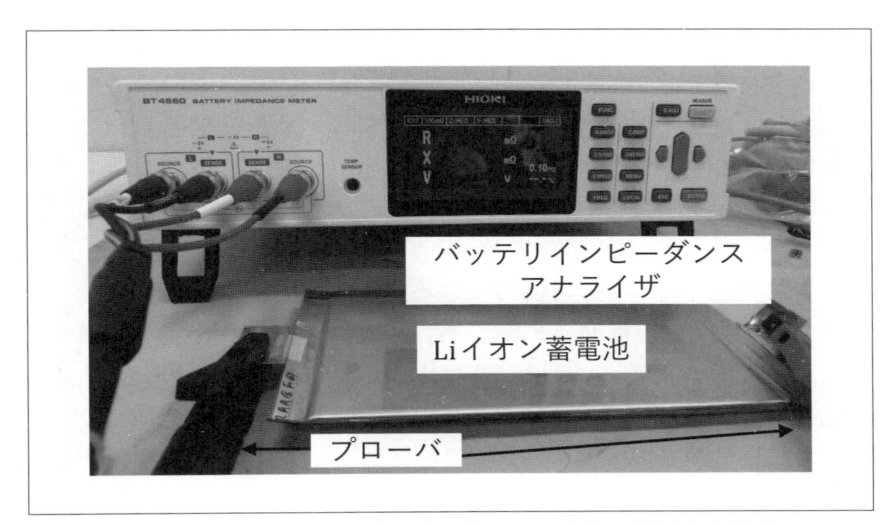

〔図 12.11〕バッテリインピーダンスアナライザによる測定

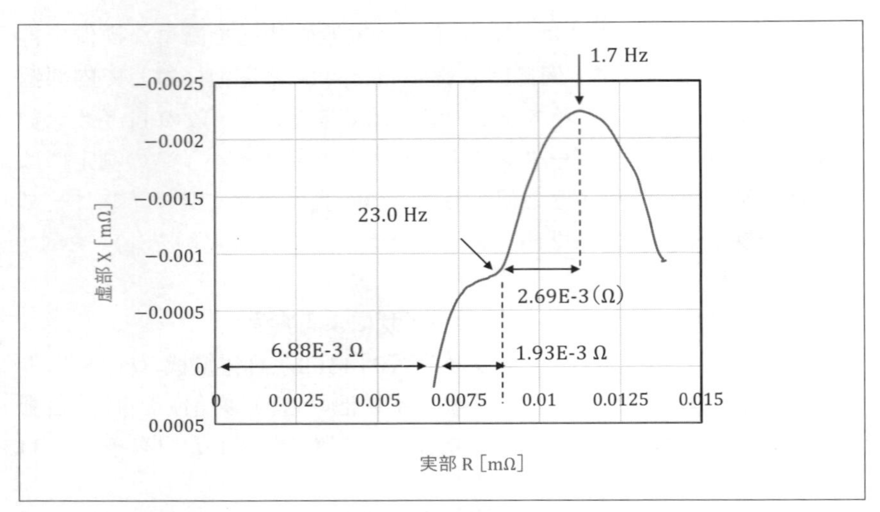

〔図 12.12〕Li イオン蓄電池の測定

mΩ となり，図 12.6 の表に示す内部抵抗に近い値となった。推定した半円を使って測定した低抵抗側の抵抗 R_1 が 3.9 mΩ，高抵抗側の抵抗 R_2 が 5.38 mΩ となった。

それぞれの半円で虚部 X が最大となる周波数 f_{max} は，R_1 側が 23.0Hz，R_2 側が 1.7Hz であった。式（12.11）から求めた抵抗 R_1 側の C_1 は 1.8 F，高抵抗側の C_2 は 17.4 F と求まる。このように一般の Li イオン蓄電池の性能はバッテリインピーダンスアナライザで簡単に測定できる。

（c）インピーダンスアナライザによる実測例

次に新規開発の蓄電デバイスの特性をインピーダンスアナライザで測定した例を示す。東芝マテリアル（株）と共同開発している Li イオン蓄電のコールコールプロットを測定した例である[5]。図 12.13(a) に示すように，この蓄電池では，負極の材質をカーボンから WO_3 に変えている。一般の Li イオン蓄電池では負極のカーボンがポーラス状になっており，Li イオンは負極カーボンの内部まで侵入する。多くの Li イオ

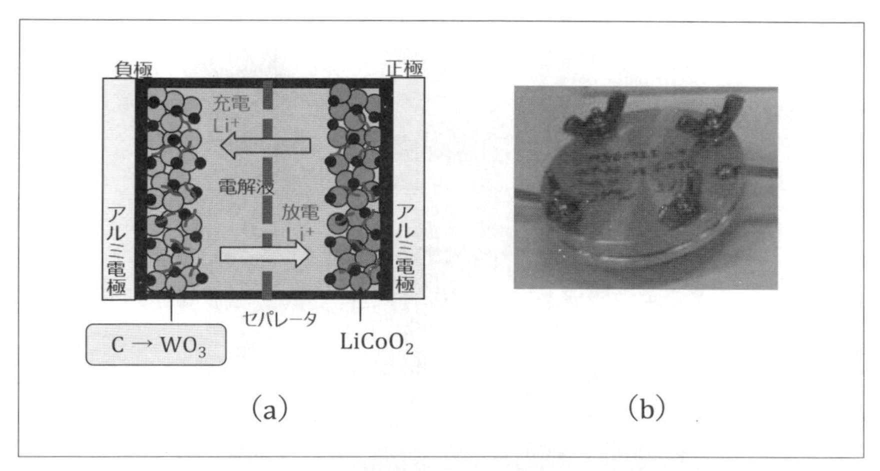

〔図 12.13〕Li イオンの充放電特性　(a)構造図，(b)試作電池の外観写真

ンを吸着して容量を高くすることができる。しかしながら，Li イオンが負極内部に侵入するため，吸着・放出が遅くなり，ピーク電力が低く充電時間が長くなる。

そこで図 12.13(a)に示すように，この蓄電池では，負極の材質をカーボンから WO_3 に変えている。負極材料をカーボンから WO_3 に変えることにより，Li イオンは WO_3 表面に吸着する。容量は低下するがピーク電力が高くなり，放電時間を短くできる。これにより，Li イオン蓄電池のパワー密度 [W/kg] を高めることができる（11 章の 11.2.3 項）。試作した蓄電池の外観写真を，図 12.13(b)に示す。試作品であるため，電極との接触抵抗が大きく，(b)構造の蓄電池で内部抵抗 R_i が大きくなっている。市販の Li イオン蓄電池では，内部抵抗が数 mΩ と低く，コールコールプロットではほとんどゼロと測定される。

測定にはインピーダンスアナライザは，図 12.14 に示す PSM1750（岩崎通信機株式会社）を用いた。振幅 2 V の正弦波を印加し，周波数は 0.1 〜1 MHz とした。図 12.15 に測定結果を示す。図 12.10 で説明した典型的な測定結果に対応した結果が得られている。インピーダンス円については，虚数部成分が縮小された半円となっている。実際の蓄電池測定

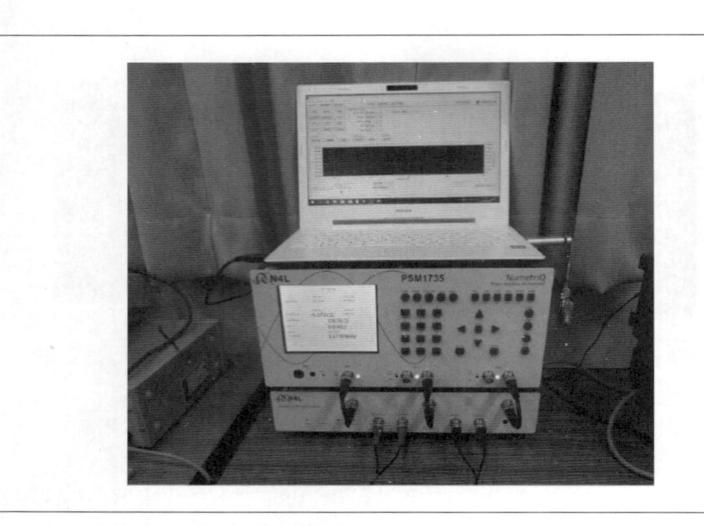

〔図 12.14〕測定に使用したインピーダンスアナライザ

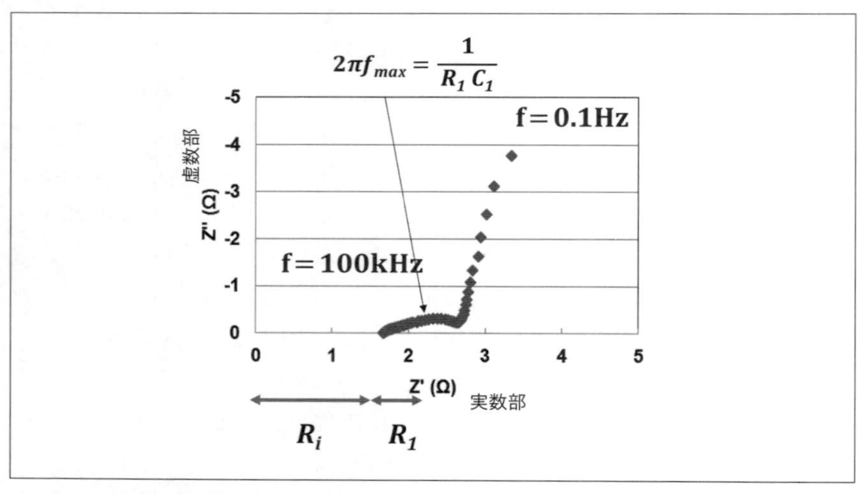

〔図 12.15〕新型 Li イオン蓄電池のコールコールプロット

で，しばしば観測される現象である[6]。

測定結果から内部抵抗，等価回路の R_1，虚数部が最大となる f_{max} を以下のように読みとることができる。

・内部抵抗 R_i= 1.65 Ω
・並列抵抗 R_1= 1.15 Ω
・虚数部が再度なる周波数 f_{max}= 100 kHz
・並列キャパシタ：C_1= 2.75 μF

内部抵抗は，試作品であるため，大部分は接触抵抗と推定される。また，並列キャパシタ C_1 は式（12.11）に R_1，f_{max} を代入して求めた。

以上のように，インピーダンスアナライザを使って，Li イオン蓄電池の主要特性値である内部抵抗，等価回路の抵抗 R_1，キャパシタ C_1 を測定することができる。

12.4　モジュール化とマネージメント

12.4.1　モジュール化とバッテリマネージメント

電気自動車に使われるモータは200～400 Vが一般的である。これに対して，Liイオン蓄電池の電圧は最大に充電しても4.2 V程度である。2章の昇圧チョッパで説明したようにバッテリ電圧を昇圧することもできるが，その倍率は4～6倍である。このため，モータ駆動に必要な電圧を確保するためには，Liイオン蓄電池を直列接続する必要がある。同様に，4章のインバータで説明したように，電気自動車のモータには100 A程度の電流を流す必要があり，Liイオン蓄電池を図12.16のように直並列に接続する必要がある。

こうした直並列によるLi蓄電池は，電気自動車によっては1000個を超えることもある。テスラ社が製品化した最初の電気自動車では，6000個以上のLiイオン蓄電池が使用された。こうしたモジュール化さ

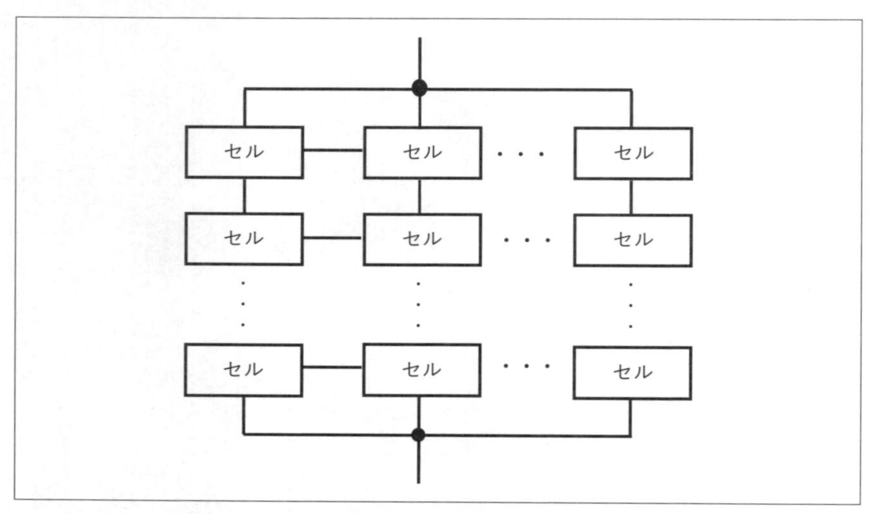

〔図12.16〕バッテリの直並列接続

れた複数のLiイオン蓄電池の状態を管理するのがバッテリマネージメントである[7][8]。図12.17に，図12.16の一部をバッテリマネージメントする例のブロック図を示す。

マネージメントでは，Liイオン蓄電池の保護と状態モニタが行われる。また，各Liイオンの電圧を測定し，他の蓄電池に比べ電圧が高い場合には，基板に電流を流して充電電圧を下げ，充電電圧を均一化できる。しかしながら，基板側回路に異常が発生した場合には，蓄電池から大電流が流れ，基板及び他の蓄電池を破壊する可能性がある。このため，各セルにヒューズを接続して，一定以上の電流が流れるのを抑制するように構成されている。

状態モニタの中で最も重要な項目はLiイオン蓄電池の電圧である。それぞれの蓄電池の電圧をモニタし，他の蓄電池との電圧を比較すれば，蓄電池の充電性能，放電性能，劣化状態が分かる。もう一つの重要な項目が，Liイオン蓄電の温度である。12.1節で説明したように，Liイオン蓄電池は電極表面の化学反応と電解液中のLiイオンの移動により充電と放電が繰り返される。このため，劣化の主因は，電解液の劣化であ

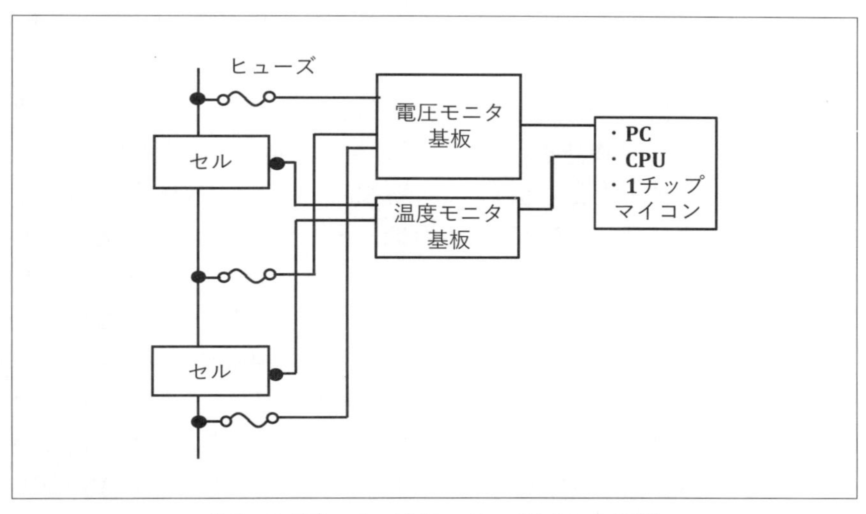

〔図12.17〕バッテリマネージメント回路

り，これは電解液の温度上昇が主因である[9]。従ってLiイオン蓄電池セルの温度をモニタし，温度上昇を抑制する必要がある。

図12.17に示すように，各セルの電圧はLiイオン蓄電池の両端電圧を測定し，電圧モニタ基板でA/D変換する。Liイオン蓄電の温度は，サーミスタの抵抗値，熱電対の起電力を測定，温度モニタ基板でA/D変換する。温度の測定点は，温度上昇が最も高くなる本体の電解液部分が好ましいが，サーミスタの取り付けが容易なLiイオン蓄電池の電極部でも良い。電圧モニタ基板，温度モニタ基板からの測定データは，PCあるいは制御基板のCPUあるいは1チップマイコンに伝送され，異常信号を出力するなどのデータ処理が行われる。

12.4.2 バッテリマネージメントの例

(a) バッテリセル構成

ここでは，バッテリマネージメントが理解しやすいように，学生フォーミュラのレギュレーションに従って構成したバッテリマネージメント回路を紹介する。市販の電気自動車では，電圧測定用の専用のICチップが搭載されているが，マネージメントの考え方・方法は基本的に同じである。

図12.18の左側に，図12.6で紹介したLiイオンのバッテリセルを積み重ねたモジュール構造を示す。Liイオン蓄電池12個を積み重ね，1つの蓄電池にプラス極と，もう一つの蓄電池を接続し直列接続を構成している。電極の接続はネジ止めでも可能であるが，超音波で融着するのが一般的である。また，上下の電極が短絡しないように絶縁テープなどで絶縁する。図12.18の右側にヒューズの写真を示す。溶断した場合の交換を考慮し，ヒューズユニットとして1つの基板にまとめてある。

図12.19に電圧モニタ基板（右）と温度モニタ基板（左）の写真を示す。温度モニタは設計して製作した基板であり，電圧モニタ基板は市販の基板でANALOG DEVICE社（旧LINEAR TECHNOLOGYでANALOG DEVICE社に買収）のLTC6811-1である[10]。この基板はバッテリマネー

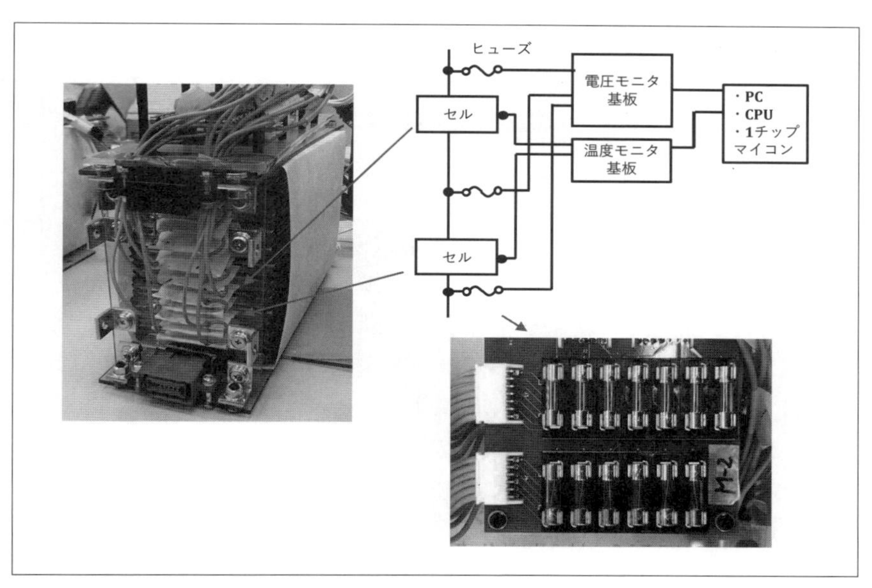

〔図 12.18〕(左)バッテリセルの直列接続, (右)ヒューズユニット

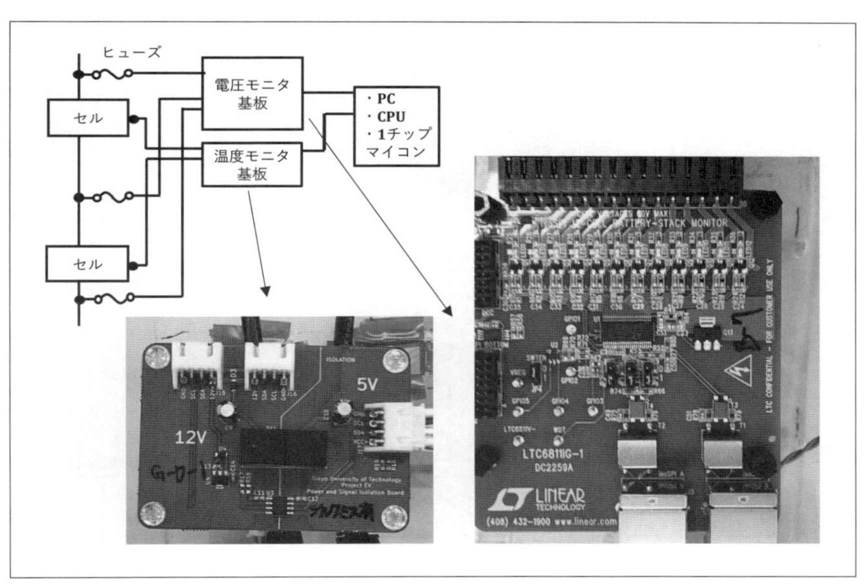

〔図 12.19〕(左)温度モニタ基板, (右)電圧モニタ基板

ジメント用に開発されており，12個のバッテリセル電圧を測定することができる。測定精度は1.2 mVで，0～5 Vの測定が可能である。温度モニタ基板はサーミスタの抵抗が温度により変化する性質を利用して測定している。

(b) バッテリセルモジュールの充放電試験

(a)で説明したバッテリセルモジュールに電圧モニタ基板を接続し，充放電特性を測定した結果を紹介する。図12.20に評価実験の構成を示す。バッテリセルモジュールは，Liイオン蓄電池のセルを12個直列に接続している。放電時は電子負荷により，充電時は定電流電源により，それぞれ一定電流5 Aで放電と充電を行った。今回の評価では，定電圧電源，電子負荷を使って定電流での充電，放電を行うため，セルの温度上昇と暴走が発生しないため，セルの温度測定とヒューズユニットを外した構成とした。

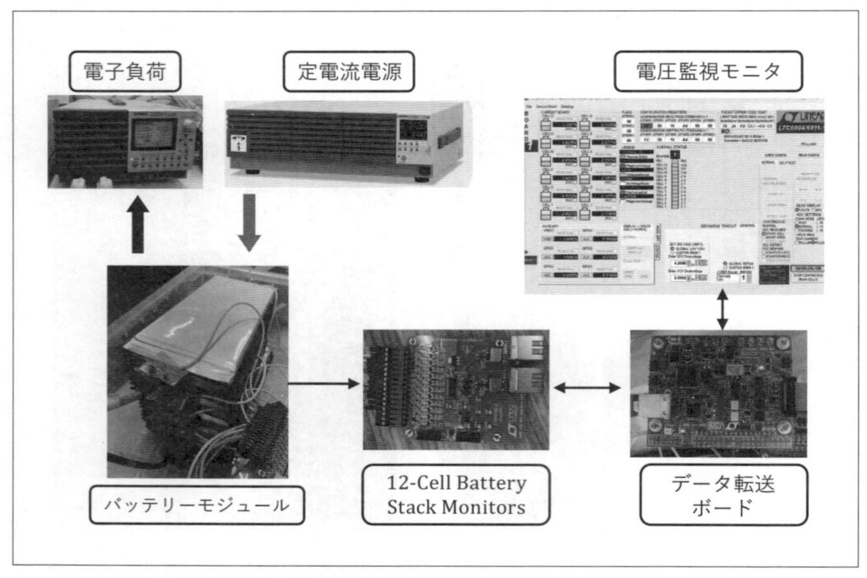

〔図12.20〕充放電電圧をモニタする試験の装置構成

バッテリセルの電圧は電圧モニタ基板 LTC6811-1 で測定されて A/D 変換され，データ転送ボード ANALOG DEVICE 社 DC590B を介しパソコン（PC）に転送される[11]。Web 上に公開されているソフトウェアを，PC にインストールすると，バッテリセルそれぞれの電圧を表示することができる。この PC 画面を図 12.21 に示す。

バッテリセルモジュールの充電時のモニタ状況を図 12.21(a)に，放電時のモニタ状況を図 12.21(b)に示す。実際の PC 画面では，それぞれのセル電圧が，蓄電の高さレベル（緑）として示されている（図 12.21 ではグレイの表示）。充電時(a)で設定以上の電圧となった場合には，左上の点線で囲んだ CELL12 のように表示レベルが高くなり（赤）で表示される（図 12.21(a)では縦線の表示レベル）。一方，放電時(b)では，設定以下の電圧となった場合，右下の下から 2 番目で点線により囲まれた CELL2 のように，表示レベルが低くなり（黄色）で表示される（図 12.21(b)斜め線の表示レベル）。

充電試験と放電試験での各セル電圧の時間変化を，それぞれ，図 12.22(a)と(b)に示す。それぞれのセルが図 12.8 の単一セルで示した特

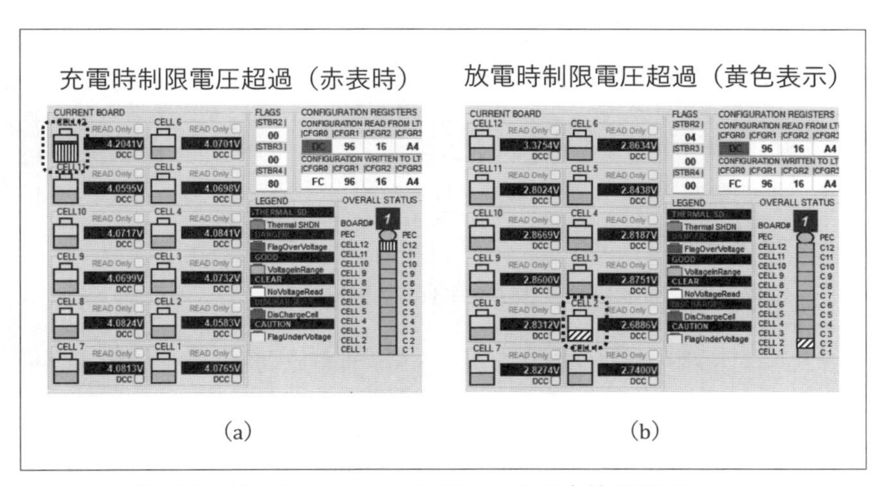

〔図 12.21〕バッテリセルモジュールの充放電電圧モニタ
(a)充電時，(b)放電時

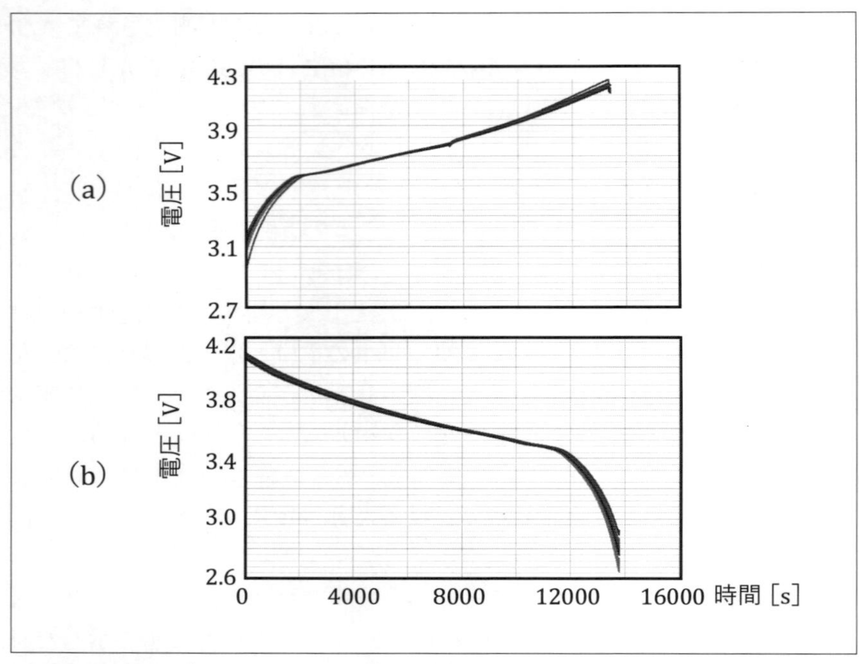

〔図 12.22〕セルモジュールの充放電特性　(a)充電特性，(b)放電特性

性と同様な特性示している。充電の開始と終了，放電の終了でそれぞれのセル電圧にわずかなバラツキが発生するが，中間の充電領域，放電領域ではほぼ同じセル電圧となっている。セル電圧の平均が 3.5 V から 4.2 V までの充電電流を，式（12.12）と同様に計算すると式（12.14）となり，電流容量は 16.77 Ah と求められる。

$$5\ [\mathrm{A}] \times 12074.4\ [\mathrm{s}] \div 3600 = 16.77\ [\mathrm{Ah}] \qquad (12.14)$$

一方，充電後の各バッテリセルを 3.5 V まで放電した場合，電流容量は式（12.15）より 15.18 Ah となる。

$$5\ [\mathrm{A}] \times 10929.6\ [\mathrm{s}] \div 3600 = 15.18\ [\mathrm{Ah}] \qquad (12.15)$$

図 12.6 右側表の仕様より低い 3.5 V の電圧範囲で Li イオンバッテリを

使っていることから,充電,放電ともに電流容量は公称容量より高くなっている。また，充電時の電流容量に対する放電時の電流容量を比較することから，充放電効率は90.50％となった。融着で固定しており，接続抵抗などが発生し，単一セルより効率が低下したと考えられる。

参考文献

［1］板垣昌幸：“電気化学インピーダンス法”，丸善出版，pp.30～37，第2版（2017）

［2］板垣昌幸：“電気化学インピーダンス法”，丸善出版，pp.68～74，第2版（2017）

［3］高木茂行，長浜竜，服部文哉，今岡淳，佐藤大介，平沢浩一，向山大索：”エンジニアの悩みを解決　パワーエレクトロニクス“，コロナ社，pp.264～270（2020）

［4］株式会社　共創ホームページ：http://www.collabotech.jp/

［5］S. Takagi, K. Kitamura, S. Takahashi, A. Sasaki, Y. Kataoka, H. Hirabayashi:”Evaluation of Charging Characteristics of New Li-Ion Battery with WO3 Electrode Using Regenerative Power from A PMSM”, 2020 IEEE 9th International Power Electronics and Motion Control Conference（IPEMC2020-ECCE Asia）, pp.28–32（2020）.

［6］板垣昌幸：“電気化学インピーダンス法”，pp.77～80，丸善出版，第2版（2017）

［7］電気学会・移動体用エネルギーストレージ応用システム技術調査専門委員会：“電池システム技術”，オーム社，pp.18～21（2012）

［8］電気学会・移動体用エネルギーストレージ応用システム技術調査専門委員会：“電池システム技術”，オーム社，pp.33～38（2012）

［9］杉原英治，芦田光平，舟木剛：“自然エネルギー発電の出力変動補償向けたMn系リチウムイオン電池セルの容量劣化特性に関する一考察”，平成28年電気学会産業応用部門大会，Y-17（2016）

［10］ANALOG DEVICE ホームページ：https://www.analog.com/jp/products/ltc6811-1.html

［11］ANALOG DEVICE ホームページ：https://www.analog.com/jp/resources/evaluation-hardware-and-software/evaluation-boards-kits/dc590b.html

13章

制御（フィードバック制御・スリップ制御）

～モータ制御と車体制御～

電気自動車の駆動系は電気電子部品で構成されており，内燃機関であるエンジンより制御に対する応答が早い。電気自動車の制御系ではこの特徴を生かすことが期待される。とくに，モータを駆動する電装系の制御，スリップを含む車体制御は重要な制御アイテムである。電気自動車の制御は，自動車全体あるいは制御対象を数学モデルで記述するモデルベース制御（MBC Model-base control）と，数学モデルを構築しないモデルフリー制御（MFC Model-free control）に大別される。この章では，モデルベース制御（MBC）としてモータ駆動制御を，モデルフリー制御（MFC）として車体のスリップ制御を取り上げる。

13.1 電気自動車の制御

13.1.1 電気自動車の制御と高速トルク反応

電気自動車では，車輪の駆動源がエンジンからモータとなることで，その制御特性も変化する。図 13.1 は電気自動車でモータを駆動に関連する主な制御対象を示した図である。モータ駆動を直接制御するのは，図の上部に示すバッテリ，双方向チョッパ，インバータである。これらに関連する制御入力，制御対象が下部に示すブレーキ，ハンドルである。これらは電子コントローラ（ECU；Electronic control unit）に接続されて，電気自動車を駆動する制御が行われる。

ここで，エンジン駆動とモータ駆動に対する制御の違いを考える。エンジン車，電気自動車ともに電子制御が取り入れられている。エンジン車では，エンジンの動作状況に応じてピストンに噴霧されるガソリン量が制御される。電気自動車のモータでは，インバータを介してその回転が電子制御される。両者の最大の相違点はエンジンでは電子制御の対象がガソリン噴霧量であるのに対し，モータではその動作状態を決定する

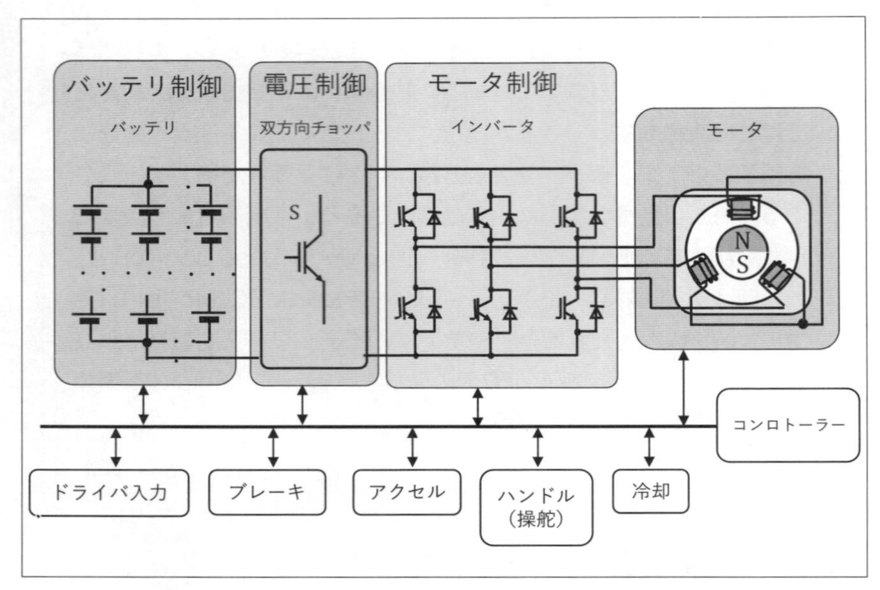

〔図 13.1〕電気自動車の電装系と制御

電圧と電流を直接制御できることである。

電圧，電流でモータを直接制御できることから，電気器自動車の制御が高速であるという特長が得られる。トルクの応答性がガソリン車では 500 ms であるのに対し，電気自動車では 5 ms と約 100 倍も高速となる[1]。電気自動車では最終的にはメカ部品を駆動するため，トルクの高速応答性がそのまま走行の応答性に反映されるわけでないが，エンジン車より数倍高いトルク応答性能を有している。

13. 1. 2　電気自動車の制御方法

電気自動車の制御に限らず，図 13.2 に示すように，一般に制御を行う方法は，モデルベース制御（MBC　Model-based control）とモデルフリー制御（MFC　Model-free control）に大別される[2]。モデルベース制御では，制御対象を数学モデルあるいは伝達関数で記述し，この数学モ

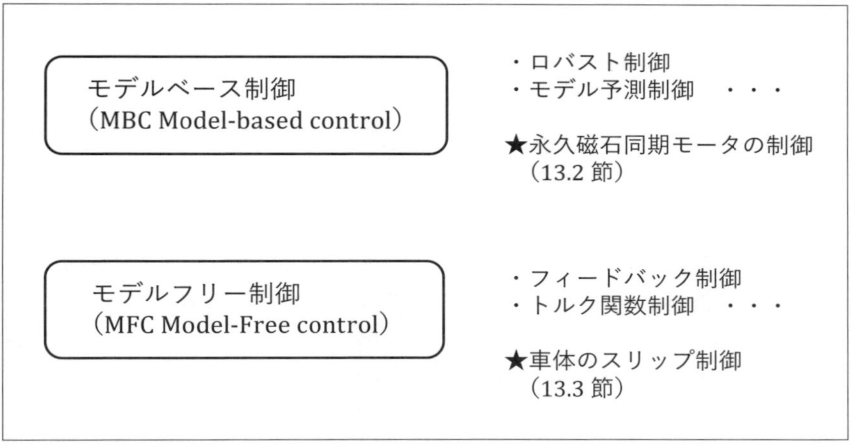

モデルベース制御
（MBC Model-based control）

・ロバスト制御
・モデル予測制御　・・・

★永久磁石同期モータの制御
（13.2 節）

モデルフリー制御
（MFC Model-Free control）

・フィードバック制御
・トルク関数制御　・・・

★車体のスリップ制御
（13.3 節）

〔図 13.2〕電気自動車の制御手法

デルをもとに制御する手法である。数学モデルがあることから，外乱に対して制御系の安定性を確保するロバスト制御や，将来を予測して制御を行うモデル予測制御が可能となる。

これに対して，モデルフリー制御では制御対象のモデルを用いず，実際の操作に対する動きを基に制御を設計する。永久磁石同期モータの駆動はベクトル制御によるモデリングできており，モデルベース制御が可能である。この章で取り上げるもう一つのスリップ制御では，スリップと走行の関係から制御を決めておりモデルフリーベースとなっている。こちらの制御も最終的にはモデル化し，モデルベース制御とすることが望ましい。

モデルベース制御として 13.2 節で永久磁石同期モータをインバータで制御する方法を紹介し，13.3 節で車輪のスリップを制御対象としてトルク関数で抑制する方法を紹介する。

13. 1. 3　モデルベース制御の開発の流れ

図 13.3 にモデルベース制御を開発する一連の流れを示す。図中には，

具体例として次節で取り上げる永久磁石同期モータ制御の説明する項番号を括弧で示してある。開発においては，最初に対象となる制御系の動きを物理・化学解析式で記述する。電気自動車の走行であれば，運動法方程式での記述がこれに相当する。モデルベース制御では，現象を数学モデルで記述することから，制御系のシミュレーションも可能となる。制御用のソフトウェアをシミュレーション上で検証し，制御の妥当性を事前に検証することができる。このようにシミュレーションで検証しながら制御開発する手法はモデルベース開発と呼ばれている。

数学モデルが構築できると，次はこれをラプラス変換して伝達関数を求める。伝達関数では，数学モデルの微分と積分を掛け算と割り算に変換することができ，制御の流れをブロック線図で表すことができる。また，制御系によっては，数学モデルによる制御の流れを直接 MATLAB/Simulink に入力することもでき，これを並列の矢印で示している。

MATLAB/ Simulink は，MathWork 社（The MathWorks, Inc.）から供給されているソフトウェアである。制御の流れを示すブロック線図のモデ

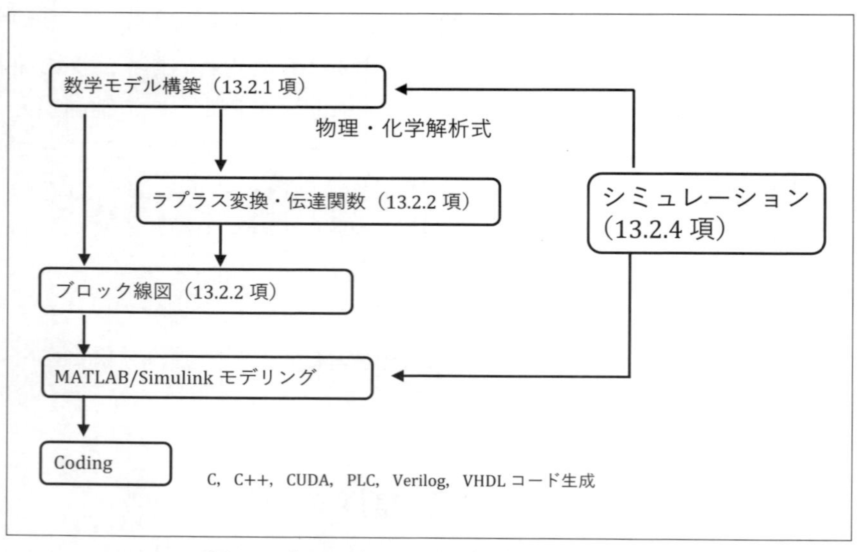

〔図 13.3〕モデルベース制御の開発フロー

ルを Simulink で構築すると，それを実現する C，C++，CUDA などの言語のコードを自動生成できる。さらには，一般の制御で使われる PLC（Programmable Logic Controller，商品名ではシーケンサ）でも，MATLAB/ Simulink からのコードでプログラミングできるモデルが提供されている。

MATLAB/ Simulink はブロック図を作成するだけで，それを実現するコードを自動生成できる。例えば，C 言語のソフト開発で，C 言語で変数名を定義したり，サブルーチンを作成したといったコード作成を自動発生できる。この利便性から電気自動車を含む一般の制御ソフト開発での標準的ツールになりつつある。

13.2　永久磁石同期モータのモデルベース制御

前節で説明した図 13.3 のモデルベース制御の具体例として，永久磁石同期モータの制御について説明する。数学のモデル式からブロック線図を構築する流れと，制御性能についてシミュレーションで評価検証した例を紹介する。

13.2.1　数学モデルとラプラス変換

図 13.4 は，6 章の 6.2 節で説明したロータの磁束方向に d 軸，その垂直方向に q 軸を設定した永久磁石同期モータの座標系である。この座標系で，d 軸方向の電圧，電流，自己インダクタンスを，それぞれ，v_d，i_d，L_d，q 軸方向の電圧，電流，自己インダクタンスを，それぞれ，v_q，i_q，L_q，とする。また，角速度を ω，コイルの抵抗を R とすると，永久磁石同期モータの電圧方程式は式（13.1）となる。

$$\begin{bmatrix} v_d \\ v_q \end{bmatrix} = \begin{bmatrix} R + pL_d & -\omega L_q \\ \omega L_d & R + pL_q \end{bmatrix} \begin{bmatrix} i_d \\ i_q \end{bmatrix} + \begin{bmatrix} 0 \\ \omega\psi \end{bmatrix} \tag{13.1}$$

ここで，ψ は磁束，p は微分を示す演算子で $p = d/dt$ である。

この式を，行列形式でなく，v_d と v_q で書くと，式（13.2），式（13.3）となる。

$$v_d = (R + pL_d)i_d - \omega L_q i_q \tag{13.2}$$

$$v_q = \omega L_d i_d + \left(R + pL_q\right)i_q + \omega\psi \tag{13.3}$$

ここで，式（13.2），式（13.3）をラプラス変換する[3]。ラプラス変換では，時間領域の時間 t の関数を，周波数領域の s 関数に変換する。変換方法にはいくつかのルールがあるが，大まかな原則は以下の 3 項

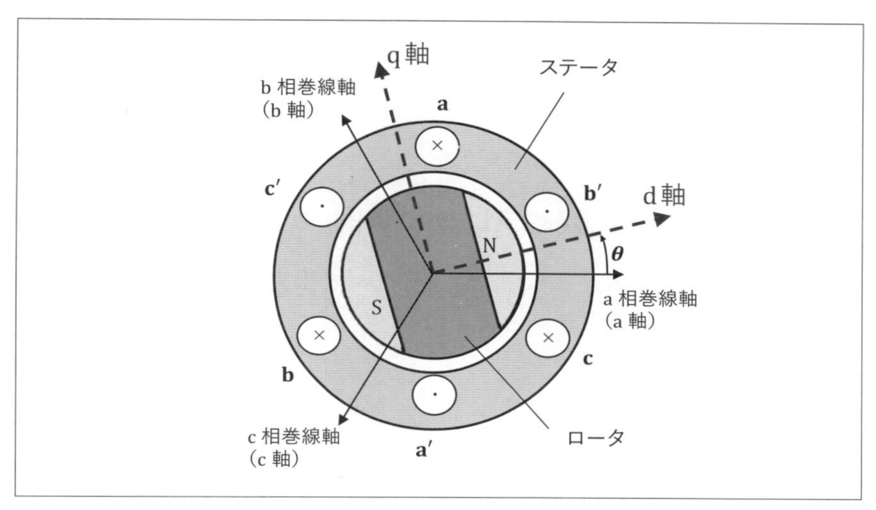

〔図 13.4〕永久磁石同期モータのベクトル制御座標系

目である。

①定数は定数のままで変化しない。
②積分演算はラプラス変換では，s の割り算に変換される。
③微分演算はラプラス変換では，s の掛け算に変換される。

永久磁石同期モータのパラメータ v_d，i_d，v_q，i_q をラプラス変換した関数を，$V_d(s)$，$I_d(s)$，$V_q(s)$，$I_q(s)$ とする。この時，変換された関数がどんな関数になるかは気にしないで，変換後の関数を便宜的に $V_d(s)$，$I_d(s)$，$V_q(s)$，$I_q(s)$ と置いていると理解すれば良い。①～③のルールに従って，式（13.2）と式（13.3）をラプラス変換すると，式（13.4）と式（13.5）となる。

$$V_d(s) = (R + sL_d)I_d(s) - \omega L_q I_q(s) \tag{13.4}$$

$$V_q(s) = \omega L_d I_d(s) + \left(R + sL_q\right)I_q(s) + \omega\psi \tag{13.5}$$

式（13.2）と式（13.4）とを比較すると，v_d，i_d が $V_d(s)$，$I_d(s)$ となり，$pL_d i_d$ が微分であることから，ルールの③を使って $sL_d I_d(s)$ に変換されていることが分かる。式（13.3）から式への変換も同じである。

13.2.2 伝達関数とブロック線図

一般にラプラス変換された入力関数 $X(s)$ と出力関数 $Y(s)$ があり，その関係が図 13.5(a)に示されるように，式（13.6）の関係で表されるとき，$G(s)$ を伝達関数と呼ぶ。

$$Y(s) = G(s)\,X(s) \tag{13.6}$$

式（13.4）と式（13.5）は，V_d と I_d 及び I_q，V_q と I_d 及び I_q との関係を示している。式（13.4）と式（13.5）を伝達関数（13.6）のような形に変形し，式（13.7）と式（13.8）となる。

$$I_d = \left(V_d + \omega L_q I_q\right)\left(\frac{1}{R_a + sL_d}\right) \tag{13.7}$$

$$I_q = \left(V_q - \omega L_d I_d - \omega\psi\right)\left(\frac{1}{R_a + sL_q}\right) \tag{13.8}$$

伝達関数は，ブロック線図を使って相互の関係を視覚的に表すことができ，制御系の応答性改善策を検討するのに有益な手法である。ブロック線図では，入力関数に対して行なわれる制御作用（関数）を四角のブロックで示す。作図上での主なルールを図 13.5 の(b)～(d)に示しており，まとめると以下のようになる[4]。

(1) 複数の伝達関数が連続して作用する場合は矢印を介して直列に記述する（図 13.5(b)）。伝達関数は掛け算となる。
(2) 伝達関数が加算，減算される場合は，○で矢印を合流させ，加算では＋，減算では－を表示する（図 13.5(c)）。
(3) 伝達関数からの出力がモニターされ，目標とされる値との差に応じて制御するフィードバック制御の場合，モニター点に黒丸を記し，目標とされる値に矢印を戻す（図 13.5(d)）。

ここで，(1)の矢印は信号線，(2)の○は加え合わせ点，(3)の黒丸は引き出し線，ブロックで囲まれた関数は伝達要素と呼ばれる。

これらのルールに従って，式（13.4）と式（13.5）のブロック線図を求める。式（13.7）の d 軸側のブロック線図は，以下のようになる。

・V_d と $\omega L_q I_q$ が加えられた項と $1/R_a+sL_d$ が掛けられているので，(1) ルールに従って，$V_d+\omega L_q I_q$ から矢印を引いて $1/R_a+sL_d$ (③) のブロックにつなげる。

・$\omega L_q I_q$ (②) は，ωL_q と I_q を掛けているので q 軸側の I_q からの矢印で ωL_q をつなげる。

・$V_d+\omega L_q I_q$ は V_d (①) と $\omega L_q I_q$ (②) を加えているので加え合わせ点(A)

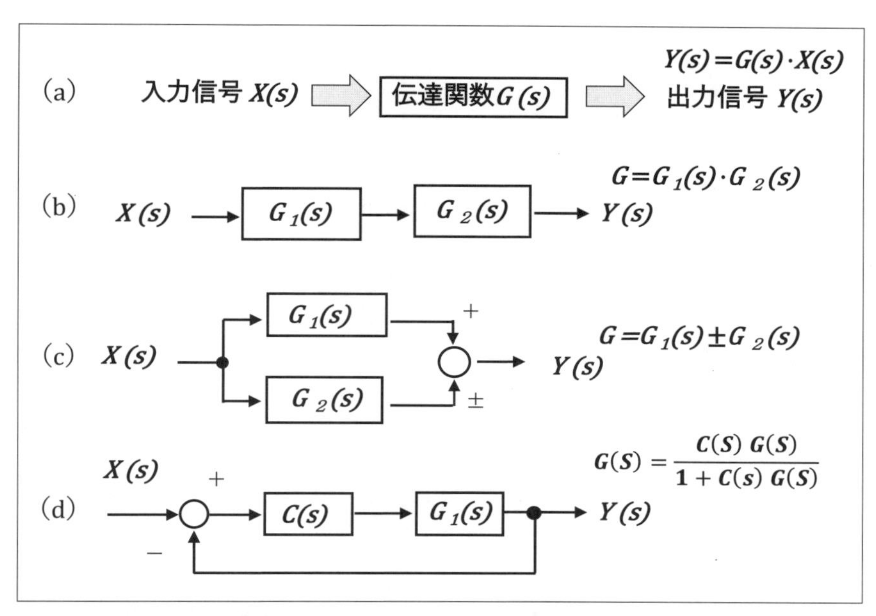

〔図 13.5〕伝達関数とブロック線図　(a)伝達関数，(b)伝達関数の積
(c) 伝達関数の加算・減算，(d)フィードバックの伝達関数

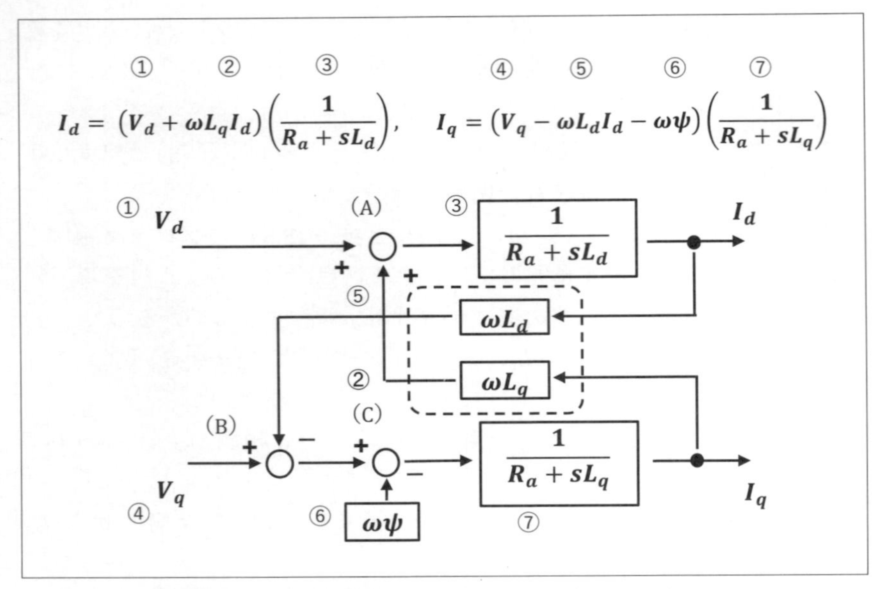

〔図 13.6〕永久磁石同期モータのブロック線図

で加え，符号を＋としている。

同様なルールで，q 軸側のブロック図も書くことができる。q 軸では，V_q（④）から $\omega L_q I_q$（⑤）を加え合わせ点(B)の○で，$\omega\psi$（⑥）を加え合わせ点(C)で引いている。なお，d 軸には q 軸側の電流 $\omega L_q I_q$ が，q 軸には d 軸側の電流 $\omega L_d I_d$ が流れ込んでおり，d 軸と q 軸の相互に流れ込んでいることから干渉項と呼ばれている（図 13.6 点線で囲まれた項）。

13. 2. 3 PI 制御

図 13.6 は永久磁石同期モータでの電圧と電流の関係を伝達関数で記述しており，この関係で回転数が決まる。通常の動作では，目標値を設定し外乱に対して回転数やトルクを一定に保持する。このためには，例えば，電流 I_d と I_q の目標値を設定し，その値を保持する制御方法がとられる。目標値との差を比例項 P（Proportional）と積分項 I（Integral）

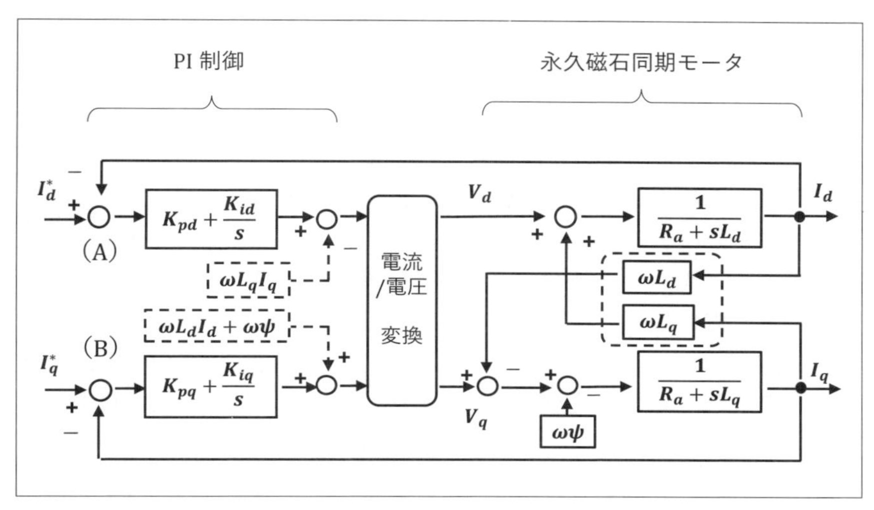

〔図 13.7〕永久磁石同期モータの PI 制御

を使って制御するのが PI 制御である。基本的には，目標値との差に比例する値で補正するが，調整しきれない誤差が発生して積算していく。これを補正するのが積分項である。

図 13.7 は永久磁石同期モータに PI 制御ブロックを組込んだブロック線図である。PI 制御と上部に記載した部分が PI 制御用のブロックである。図 13.7 で左端にある I_d^* と I_q^* の左肩に＊がついているのは，制御の目標値であることを示している。左端にある I_d と I_q の値をモニターし，加え合わせ点(A)と(B)で I_d^* と I_d の差，I_q^* と I_q の差を取り，PI 制御ブロックで次の電流指令値を出力する。永久磁石同期モータの制御ブロックは電圧指令になっているので，“電流 / 電圧 変換”のブロックで電圧指令値に変換される。ブロック線図では図 13.7 のように示されるが実際には式（13.1）で電圧に変換され，d-q 座標から α，β 座標に逆変換され，三相二相の逆変換で三相電圧に変換される。(6.2.3 項(2)，6.3 節，図 13.9 参照)

PI 制御ブロックの d 軸については，$K_{pd}+K_{id}/s$ のうち K_{pd} は比例項で，K_{id}/s は積分項である。K_{pd} は目標値と現在値の差にかける倍数で，この

値 s を大きくすると両者の差を補正する作用が大きくなり，ゲインと呼ばれる。13.2.1 項でラプラス変換のルール②で，目標値との誤差を合計する積分項は積分なので s で割るに変換されている K_{id} は積分する時間を決める項である時定数と呼ばれる。q 軸についての PI 制御ブロックも，同じ考え方から $K_{pq}+K_{iq}/s$ の形となる。

永久磁石同期モータで重要な出力はトルクであり，これを決定するのが電流であるため，電流による制御が一般的である。図 13.7 では電流を出力としている。これに対して，永久磁石同期モータの制御ブロックでは，V_d と V_q が入力値となっている。そこで，PI 制御と永久磁石同期モータ制御の間に“電流 / 電圧 変換”のブロックを入れている。なお，この電圧 / 電流 変換ブロック，永久磁石同期モータの仕様から K_{pd}，K_{id}，K_{pq}，K_{iq} を決める詳しい方法については，参考文献 [5]，[6] に詳しく記載されているので，参考にされたい。

13.2.4　非干渉制御とシミュレーションによる検証

図 13.7 右側の点線で囲まれた部分では，d 軸に q 軸側の電流 $\omega L_q I_q$ が，q 軸に d 軸側の電流 $\omega L_d I_d$ が流れ込んでいる。すなわち，d 軸は q 軸電流の影響を受け，q 軸は d 軸電流の影響を受け，干渉項と呼ばれている。実際のモータ制御では，干渉項の存在により，目標値に達するまでに時間を要し，制御不安定の一因となる。

これを抑制する方法として，考えられたのが非干渉制御である。PI 制御のブロック線図の中に記載された干渉項を打ち消す項を追加する方法である。d 軸と q 軸が干渉するには，永久磁石同期モータ制御の伝達関数で d 軸に $\omega L_q I_q$ が加わるためである。そこで，PI 制御のブロックに，これを打ち消す $-\omega L_q I_q$ を加える。同様に，q 軸の干渉をなくすため，$\omega L_q I_q+\omega\psi$ を加える。すなわち，図 13.7 の PI 制御の中で，点線で囲まれた項を加算あるは減算する。少しトリッキーな方法と感じるかもしれないが，実際にこの方法で d 軸，q 軸の干渉を無くすことができ非干渉制御と呼ばれている。

この節で説明しているモデルベース開発では，数学モデルに基づいた制御をすることが最大の特長である。数学モデルに基づくことからシミュレーションによる評価が可能となる。図 13.8 は永久磁石同期モータの制御系を PSIM でモデル化した図である[6]。PSIM は Altair Engineering Inc. から提供されているパワーエレクトロニクスに特化したシミュレータである[7]。図 13.8 の回路モデルには，図 13.7 のブロック線図に対応する部分に，その名称を記載してある。例えば，ブロック線図の PI 制御は，左下の点線部に対応し，電流 / 電圧変換のブロックはその横である。

この図に非干渉制御の制御ブロックを加えたのが図 13.9 である。図ではゲート信号を発生する回路のみを示している。図 13.8 の永久磁石同期モータの制御系と，図 13.9 の非干渉制御を加えた永久磁石同期モー

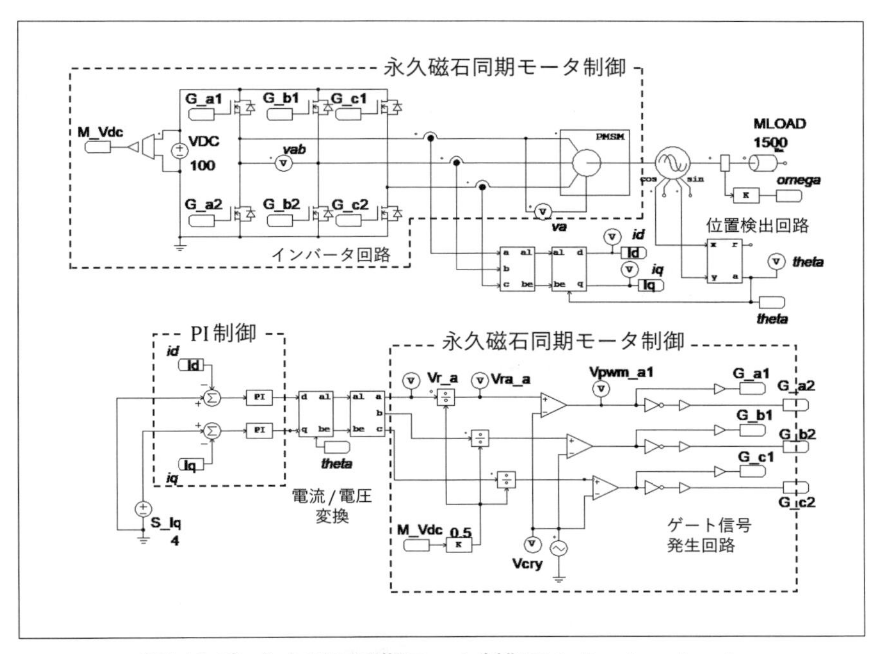

〔図 13.8〕永久磁石同期モータ制御のシミュレーション
（非干渉制御無し）

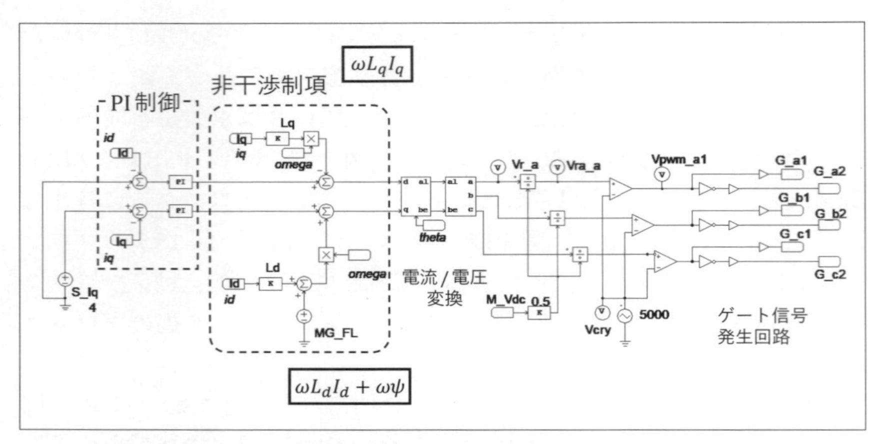

〔図 13.9〕永久磁石同期モータ制御のシミュレーション（非干渉制御追加）

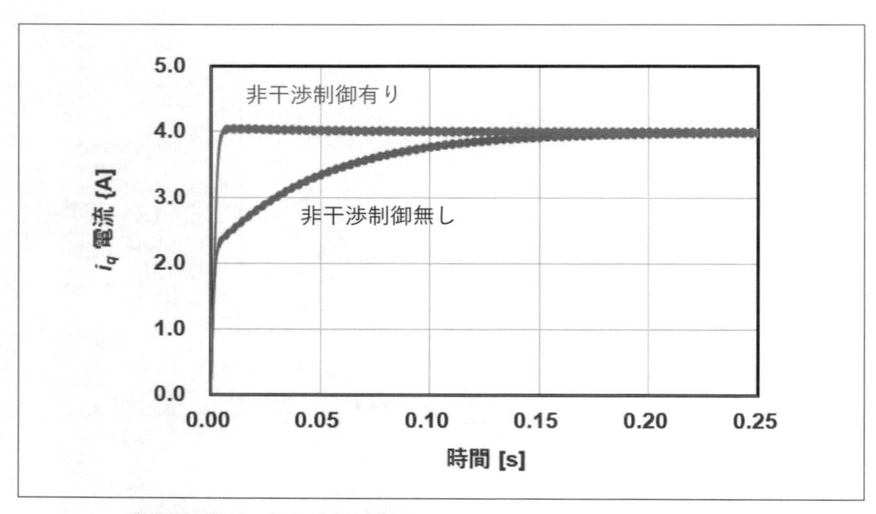

〔図 13.10〕永久磁石同期モータのシミュレーション結果

タの制御系で，静止していたモータを始動させて回転させるシミュレーションを行った。

この結果を図 13.10 に示す。モータを駆動する i_q 電流は非干渉制御なしでは，定常状態になるまでに 0.20 秒以上を要しているのに対し，非干渉制御を加えた結果は，0.03 秒で一定値の定常状態に達している。非干渉制御を加えて，相互に影響し合う干渉項を打消すことで，高速かつ安定な制御を実現できる。こうした制御系の性能をシミュレーションで検証できるのがモデルベース開発で，最大のメリットである。

13.3 電気自動車のスリップ現象（モデルフリー制御）

電気自動車のスリップをモデルフリー制御で抑制する例を示す。13.3.1 項でスリップ現象をモデル化し，13.3.2 項でスリップ抑制のためのトルク関数制御について説明し，13.3.3 項で制御方法と EV カートでの実験結果を紹介する[8]。スリップの発生と抑制を数式あるいは伝達関数でモデル化することなく，スリップ量を検知してそれに応じてモータで発生させるトルク量を制御している。

13.3.1 スリップ現象

（1）スリップモデル

スリップ現象を考えるための車両運動モデルを図 13.11 に示す。このモデルでの運動方程式は，以下の式（13.9）～（13.12）となる。基本的には 11 章で述べた運動方程式と同じであるが，11 章では回生を解析対象として走行摩擦 R を考慮しているのに対し，スリップモデルではスリップを扱うことから，スリップ率 λ を考慮し，走行抵抗 R は考慮していない。

走行状態のパラメータとして登り坂の角度を θ，重力加速度を g［N］とする。車体に関するパラメータとして，車両総重量 M［kg］，前輪と後輪の間隔（ホイルベース）を L［m］，タイヤの半径を r［m］とし，車体に印加されるトルクを T とする。

$$M\frac{dV}{dt} = nF_d - Mg\sin\theta \tag{13.9}$$

$$J\frac{d\omega}{dt} = T - rF_d \tag{13.10}$$

$$F_d = \mu(\lambda)M_W g\cos\theta \tag{13.11}$$

$$M_W = \frac{M\big(1-((l_r - h\theta)/L)\big)}{2} \tag{13.12}$$

ここで，V[m/s] は車体速度，F_d[N] はタイヤからの駆動力，n は駆動輪の数，J[kgm^2] は駆動輪の慣性モーメント，ω[rad/s] は駆動輪の角速度，M_w[kg] は駆動輪に係る荷重，l_m[m] は重心から後輪中心までの距離，h[m] は平面に静止させた車両の重心高さ，である。

車体の移動に関するパラメータとしては，1 秒間に車体が進む車体速度 V と，1 秒間の車輪回転量に相当する $r\omega$ がある。電気自動車でスリップが無ければ $V=r\omega$ となるのに対し，スリップが発生すると $V<r\omega$ となる。このように，スリップ量は，車体速度 V と車輪回転量 $r\omega$ の関係を示す式（13.13）となる。

$$\lambda=\frac{|r\omega|-|V|}{\max(|r\omega|,\ |V|)} \qquad (13.13)$$

斜面を下る場合などには，スリップにより車体速度 V が $r\omega$ よりも大きくなることがあるので，分母は $|r\omega|$ と $|V|$ の大きい方を max で抽出する。

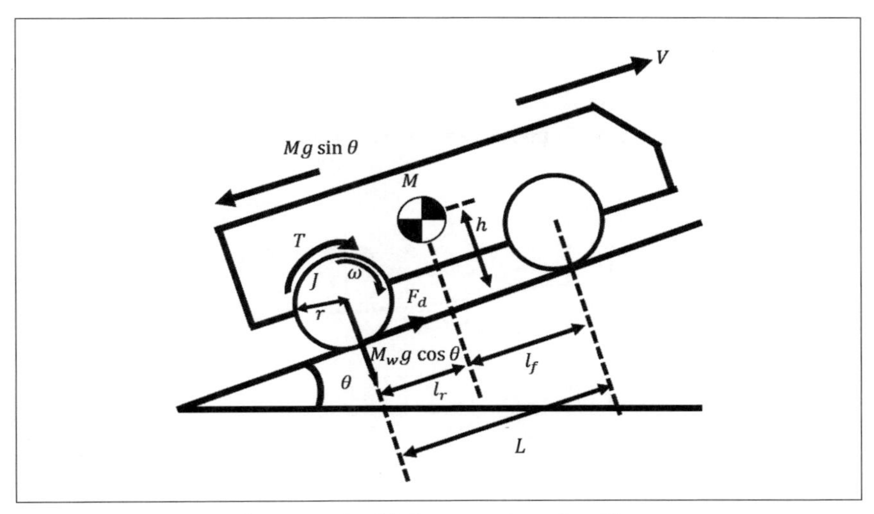

〔図 13.11〕斜面でのスリップモデル

（2）路面摩擦関数

自動車の走行では，理想的にはスリップしないことが望ましいが，濡れた路面で急加速あるいは急減速すると発生する。スリップはタイヤと路面との間で発生し，スリップ率λとタイヤ路面間の摩擦係数$\mu(\lambda)$（以下，単に摩擦係数）との関係で示される[9]。一般的に使われるのが式（13.14）に示されるMagic Formulaのタイヤモデルである[9]。

$$\mu(\lambda)=D\sin\theta\left(C\tan^{-1}\left(B\lambda-E(B\lambda-\tan^{-1}(B\lambda))\right)\right) \tag{13.14}$$

式（13.14）から求められるスリップ率λと摩擦係数$\mu(\lambda)$との関係を図13.12の実線に示す。スリップしやすい濡れた路面を想定し，$B=13$，$C=1.6$，$D=0.37$，$E=0.12$とした[9]。

摩擦係数$\mu(\lambda)$はスリップ率が0.1で最大値を取る。この最大値の左側と右側で，タイヤと路面は，以下の関係となる。

（A）安定領域：最大値の左側で，スリップ率λとともに摩擦係数$\mu(\lambda)$

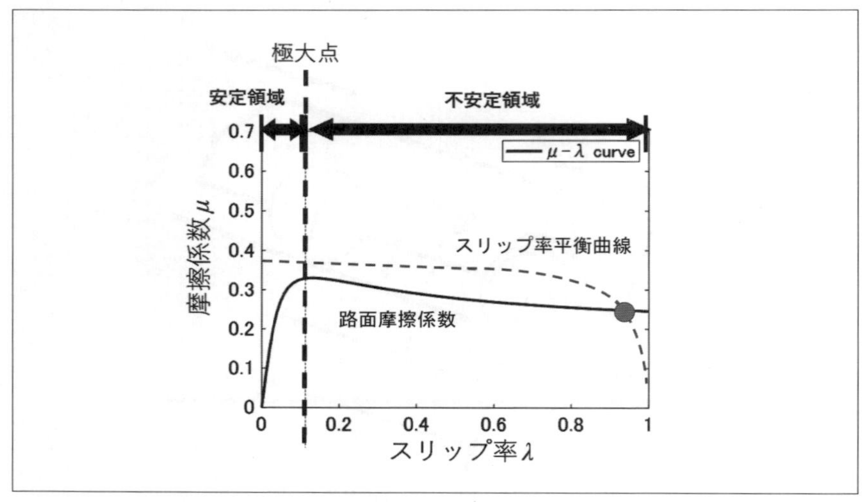

〔図13.12〕路面摩擦係数とスリップ率平衡曲線

が増加し，摩擦はスリップを止めるよう作用する。この領域は安定領域と呼ばれる。

(B)不安定領域：最大値の右側で，スリップ率λとともに摩擦係数$\mu(\lambda)$が低下し，スリップがタイヤと路面との摩擦を下げる方向に作用する。この領域は不安定領域と呼ばれる。

従って，スリップを抑制し，車体を安定に走行させるためには安定領域で車を走らせることが必要となる。

(3) スリップ率平衡曲線とスリップ動作点

式（13.9）～（13.12）をμについて解いた（13.15）式は，スリップ率平衡曲線と呼ばれる。

$$\mu(\lambda, T) = \frac{1}{M_W g \cos\theta} \frac{MrT(\lambda - 1) + JMg \sin\theta}{Jn + Mr^2(\lambda - 1)} \tag{13.15}$$

スリップ率平衡曲線によって導出される摩擦係数$\mu(\lambda, T)$は，トルクTで決まるタイヤの回転力が一定のとき，スリップ率が変化しない平衡状態となる仮想的な摩擦係数である。スリップ率平衡曲線は，車両に印加するトルクTとスリップ率λの関係を示す曲線である。濡れた路面で角度1度の坂を，11章で説明したEVカードで登坂する時の平衡曲線を，図13.12の点線で示す（詳細は13.3.3項）。

電気自動車がスリップしながら走行する時，その動作点は式（13.14）の路面摩擦係数と，式（13.15）のスリップ率平衡曲線の交点で求まる。これは，「摩擦係数がタイヤ（回転状態）と路面のスリップ率を記述し，スリップ率平衡曲線がタイヤの回転力（トルク）とスリップ率を示すことから，スリップ率を介して両関係が結びつく」と考えれば理解しやすい。図13.12の点線で示したスリップ率平衡曲線では，路面摩擦係数との交点が，スリップ率$\lambda=0.92$，摩擦係数$\mu=0.26$となる。この動作点では，スリップにより車輪はほとんど空転し，摩擦係数0.26で進むことを表している。

13.3.2 トルク関数制御によるスリップ制御

スリップ制御の手法としてトルク関数制御（TFC Torque function control）が提案されている[8][10][11]。トルク関数制御はスリップ率λの大きさに応じて，永久磁石同期モータを駆動する指令トルク T は設定トルク T^* をスリップに応じて減衰させる関数を用いる。また，あらかじめ，スリップ率上限 λ_{lim} を設定しておき，これを超えた場合には，永久磁石同期モータを駆動する指令トルク T_f を 0［Nm］あるいは小さな値 T_B とする方法である。制御に使用する関係式は，式（13.16）と式（13.17）となる。

$$T = T^* \sqrt{1 - \left|\frac{\lambda}{\lambda_{lim}}\right|} \quad \left(\mathrm{if}(|\lambda| \le |\lambda_{lim}|)\right) \tag{13.16}$$

$$T_f = 0 \ \mathrm{or} \ T_B \quad \mathrm{if}(|\lambda| > |\lambda_{lim}|) \tag{13.17}$$

定量的には，スリップ率 $\lambda \leqq \lambda_{lim}$ の時に永久磁石同期モータの指令トルク T は式（13.16）で決まり，$T^* \times \sqrt{1 - \lceil \lambda/\lambda_{lim} \rceil}$ で減少させる。また，スリップ率 $\lambda > \lambda_{lim}$ での永久磁石同期モータへの指令トルク T_f は式（13.17）で決まる。0 あるいは小さな有限の値 T_B として，永久磁石同期モータの設定トルク T_f を急減させる。ここで，$T_f = 0$ の制御を従来型トルク制御関数（C-TFC conventional torque function control），$T_f = T_B$（有限のトルク値）の制御をバイアストルク関数（B-TFC Bias torque function control）と呼ぶ。

トルク関数制御では，スリップ発生時に，永久磁石同期モータへの指令トルク T あるいは T_f を小さくして，路面と車輪との摩擦を回復させる。平地あるいは下り坂では $T_f = 0$［Nm］とされるが[10]，登坂の場合に $T_f = 0$ とすると，車体は登坂しないで後退するため，小さなトルク T_B を加えることが有効である[8][11]。

13.3.3 トルク関数制御によるスリップの抑制例

スリップ現象とトルク関数制御について理解するため，11 章で紹介した小型の EV カートでの実験結果について紹介する。実験は，図 13.13 に示す角度 1 度の登り坂に水を撒いてスリップしやすくして行った。車体の条件，重量などは 11.4.1 項で説明した値と同じある。実験では設定トルク $T^*=22.5$ [Nm] とし，トルク関数制御で $\lambda \geqq \lambda_{lim}$ でのトルクは 0 あるいは 8.63 Nm とした。

実験を行う前に，制御無し，トルク関数制御有りでのスリップ率平衡曲線を計算し，摩擦係数との交点から動作点を求めた[11]。図 13.14 に計算結果を示す。動作点を求めるため，図 13.14 に示した摩擦係数も記載している。13.3.1 項(3)で説明したように，制御無しの平衡状態では，点(A)のスリップ率 $\lambda=0.92$，摩擦係数 $\mu=0.26$ で動作する。これに対して制御有りの場合（$T_f=0$ or 8.63 [Nm]），ともに平衡状態では同じ条件である摩擦係数 $\mu=0.36$，$\lambda=0.11$ が動作点(B)となる。

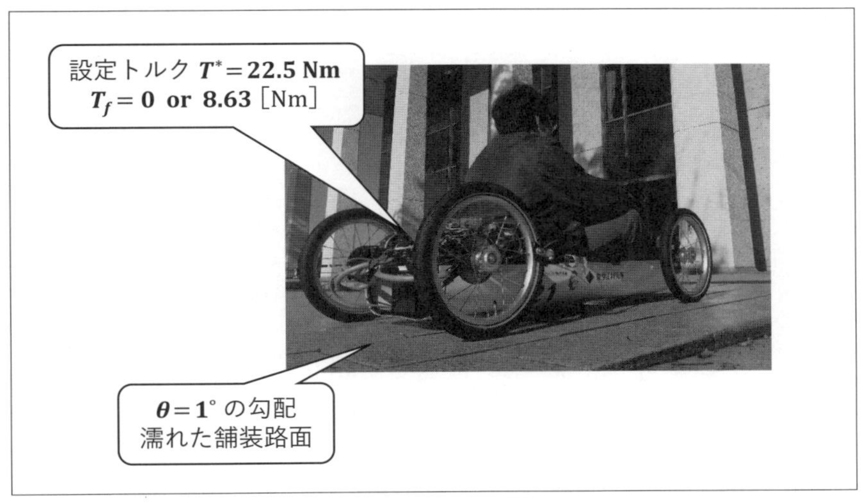

〔図 13.13〕濡れた登り坂でのトルク関数制御

次にEVカートを使って3秒間の登坂実験を行った。図13.15に実験結果を示す。(a)は経過時間と指令トルクT，(b)は経過時間と車体速度Vの関係である。(a)，(b)ともに，without TFCは制御無し，C-TFCは従来型トルク関数制御，B-TFCはバイアストルク関数である。

(a)の出力トルクで，B-TFCでは，最初に設定トルクT^*である22.6 Nmが印加され，スリップ率λがλ_{lim}を超えるとトルク関数制御により$T_f = 8.63$［Nm］に下がる。以降これを繰り返している。C-TFCでは，最初に22.6 Nmが印加され，スリップ率λがλ_{lim}を超えるとトルク関数制御により$T_f = 0$［Nm］に下がる。その後は，22.6と0 Nmを繰り返している。制御無しでは，最初に22.6 Nmが印加され，その後は15 Nmがほぼ印加される。出力トルクが低めになるのはスリップのため，十分なトルクが印加されないためと考えられる。

(b)は車体速度の測定結果である。これらのトルク印加状態によりに車体が加速される。制御なしではスリップはするものの一定のトルクが印加されるため，時間とともに車体速度が高くなる。B-TFCではトルク関数によるスリップ制御により，2秒以降は制御無しより高くなる。一

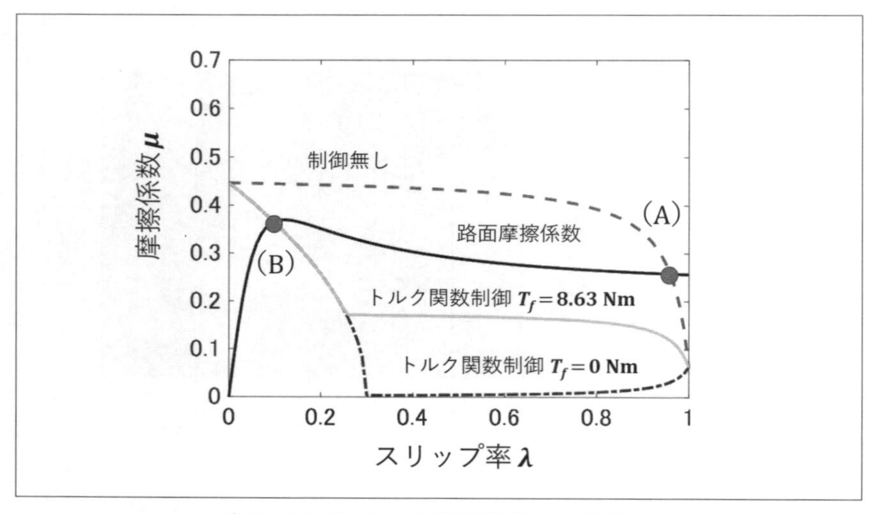

〔図13.14〕トルク関数制御での動作点

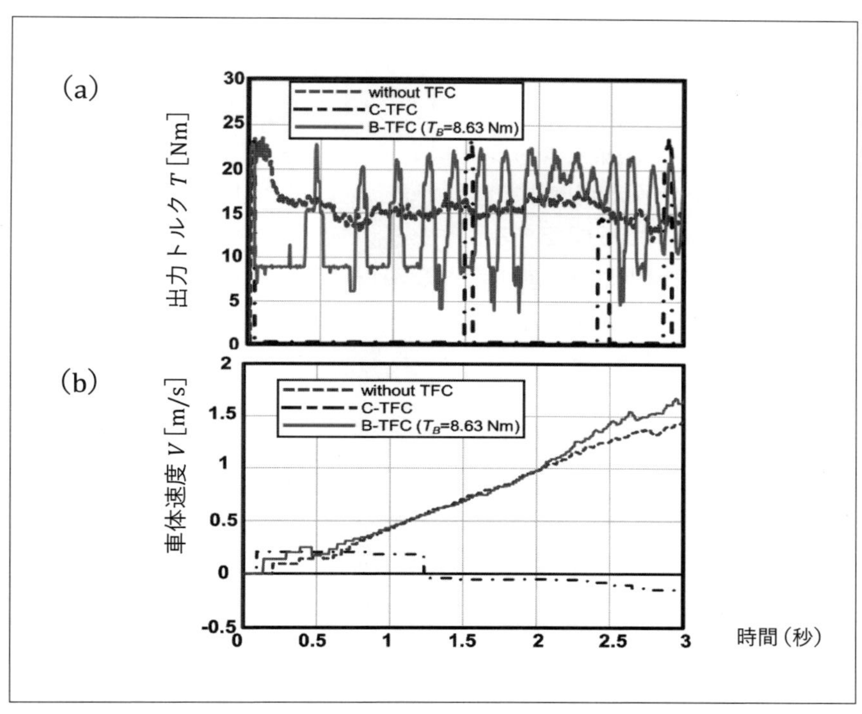

〔図 13.15〕トルク関数制御を使った登坂走行の実験結果

方，C-TFC ではトルク関数制御により，トルク印加が 0 Nm となるため，登坂斜面では後退が起き，1.5 秒以降は速度がマイナスになっている。

トルク関数制御では，T_f の設定が重要となる。今回紹介した登坂では，T_f が有限な T_B で良い結果が得られたが，平地の加速では $T_f = 0$ Nm で，加速性が最も良くなる[12]。また，制御無しではスリップしながらも常にトルクを印加し続けるのに対し，B-TFC では低い印加トルクで高い加速性能が得られ，省エネ効果も得られる。

この章では，モデルベース制御（MBC）の例として永久磁石同期モータの非干渉制御，モデルフリー制御（MFC）の例としてスリップ制御の例を紹介した。MBCでは数学モデルがあるため，ラプラス変換とブロック図で制御方法を検討し，その効果をシミュレーションで確認できた。

これに対して，MFCでは実験をしながら制御方法を確立している。ただし，一連の実験結果からシミュレーションモデルが構築できれば，以降はMBCを使った制御法に移行でき，数学的手法で制御方法とその効果を数学モデルで確認できるようなる。モデルフリー制御では，制御パラメータと制御効果を実験で調べながら，並行して制御対象のシミュレーションモデルを構築し，モデルベース制御に移行することが望ましい。

参考文献

[1] 堀洋一：” MFCによる4WD-EVの増粘着制御シミュレーション”，電気学会研究会資料，産業計測制御研究会，1，pp.67–72（2000）

[2] 出口欣高，小笠原悟司，廣田幸嗣，足立修：“電気自動車の制御システム：電池・モータ・エコ技術”，東京電機大学出版局，pp.30–44，（2009）

[3] 高木茂行，美井野優：“これなら解ける　電気数学”，コロナ社，pp.131–142（2022）

[4] 臼田昭司：“例題で学ぶ　はじめての自動制御”，技術評論社，pp.26–37（2018）

[5] トランジスタ技術SPERCIAL編集部：“ベクトル制御による高効率モータ駆動法”，CQ出版，第2版，pp.45–52（2014）

[6] 高木茂行，長浜竜：“これでなっとく　パワーエレクトロニクス”，コロナ社，pp.147–164（2023）

[7] 日本パワーエレクトロニクス協会：“ゼロからわかる回路シミュレータPSIM入門，コロナ社（2019）

[8] S. Takahashi, Y. Miino, and S. Takagi: “Slip Suppression Control of Electric Vehicle using Torque Function with Bias Value for Uphill Road,” Proc. IEEE 8th International Power Electronics and Motion Control Conference 2020 ECCE-ASIA（IPEMC2020 ECCE-ASIA), pp.33–37

（2020）.
［9］H. B. Pacejka: Tire and Vehicle Dynamics, 3rd ed., pp.165-183, SAE International and Butterworth Heinemann（2012）.
［10］K. Inoue, K. Fukui, A. Shiogai and T. Kato: "A Novel Control Method of Wheel Slip Phenomena in Electric Vehicles Based on the Number of Equilibrium Points", Proc. 2007 Power Conversion Conference - Nagoya, pp.963–968（2007）
［11］高橋空路，美井野優，高木茂行："バイアストルク関数制御を用いた電気自動車スリップ抑制制御"，電気学会 D 部門誌，142, pp.18–25（2022）
［12］闞宇テイ，高木茂行："トルク関数制御を用いた電気自動車加速の安全制御"，電気学会産業産業部門大会，pp. Ⅳ-159–IV160（2023）

14章

電気自動車の研究開発に役立つシミュレーション技術

～技術開発の成否を分ける仮想設計,仮想実験,デジタルツイン～

1995年のWindows95発売以来，PCと解析ソフトの性能は驚くべき速度で向上している。大型計算機やミニコンでしかできなかったシミュレーション（Sim.）が今では小型のWSやPCでできるようなった。計算環境が整い，シミュレーションの活用度合いが研究開発の速度，ひいては成否を分ける状況を生み出している。現状では，電磁界や温度などの現象の分析や性能予測に多用されているが，今では仮想設計，仮想実験へ，さらには計算機上に仮想モデルを構築デジタルツインへと発展している。この章では，電気自動車の研究開発に役立つシミュレーションの構成を14.1節，仮想設計への適用を14.2節，仮想実験への適用を14.3節で述べる。

14. 1　シミュレーションから デジタルツインへの発展

14. 1. 1　電気自動車開発に役立つシミュレーションの構成

1990年代の後半からWS（Work station）やPC（Personal computer）の性能は驚異的なスピードで高性能化している。以前には大型計算機やミニコンでしかできなかった計算も，ノートPCでできてしまう。こうした計算機環境の発展とともに，電気自動車開発におけるシミュレーションの重要性は高まっている。

現在，多くの場合のシミュレーションは，図14.1の(A)に示すように，熱や電界といった単一の物理現象を解析し，現象把握や性能予測に活用されている。例えば，電磁界の物理モデルを使い，対象装置の寸法や材料物性，さらには実測値を入力してモデルを構築する。実験ではできない範囲の効率を予測するといった活用である。

しかしながら，計算機や計算ソフトの向上により，複数の計算ソフトと容易に連成計算し，シミュレーションの使える分野が広がっている。

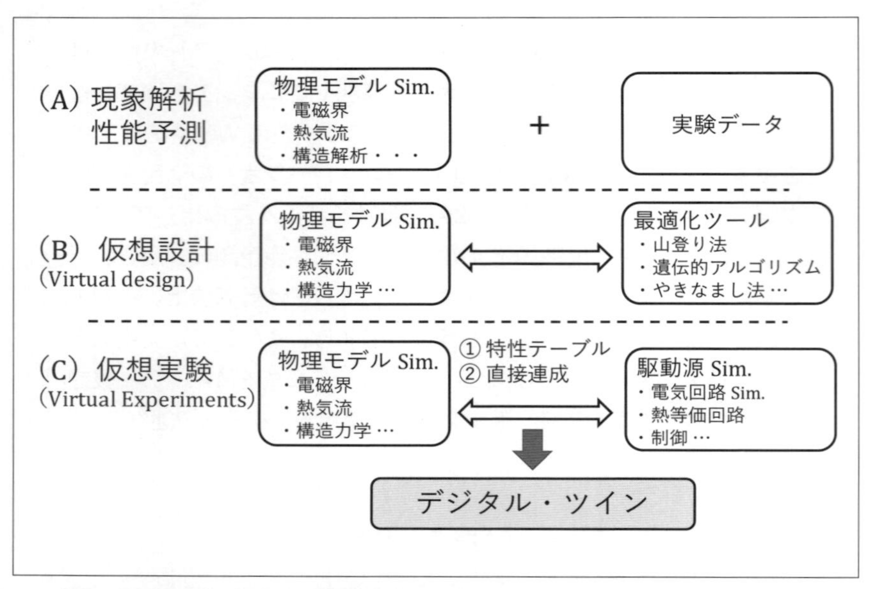

〔図 14.1〕電気自動車の研究開発に活用されるシミュレーション環境

その一つが，図 14.1(B)に示す設計分野への適用で，仮想設計やバーチャルデザイン（Virtual design）と呼ばれる活用である[1]。単純な設計手法としては，物理モデルのみで装置を構成するパラメータを振って設計値を決める方法がある。設計に使うパラメータを設計者が決めるので，適正化のレベルは実験で決めるのと等しいか幾分改善されるに留まる。これに対して物理モデルに山登り法あるいは遺伝的アルゴリズムなどの適正化ソフトを組み合わせ多数のケースを自動計算することで，適正化のレベルを高めることができる。物理モデルと遺伝的アルゴリズムを連成して，適正を行った具体例を 14.2 節で説明する。

次に，適用先の拡大として挙げられるのは，図 14.1 の下段に示す仮想実験（Virtual experiments）としての活用である。仮想実験という言葉はあまり定着していないが，計算科学を使った新材料の物性計算[2]，物理教育における落下運動を計算する仮想実験などが報告されている[3]。ここでは，実際の実験をしないでシミュレーションで条件を与えて動作状態を調べることと定義する。最初に説明した単一の物理モデルでも，実験条件のパラメータを変えればそれに対応した動作状態が計算できるので，ある意味では仮想実験である。

これを一歩進め，例えば駆動源としての回路シミュレータと，電磁界解析のモータモデルとの連成計算を行う。連成計算には 2 つの方法がある。1 つは特性表を用いる方法で，もう 1 つは，2 つのシミュレータを直接連成する方法である。特性表を用いる方法では，連成する前に物理モデルで特性一覧表を作成し，他方のシミュレータがそれを読み込む。直接連成ではシミュレータ間で相互にデータを読み込む。

単独の物理モデルに動作条件を入れるだけでは，定常状態の計算しかできないが，連成計算ではある動作条件から別の動作条件に変化させた時の応答も計算できる。従って，実際の実験により近い計算ができ，これを仮想実験と定義する。仮想実験の具体例を 14.3 節で紹介する。

14.1.2　電気自動車開発とデジタルツイン

こうしたシミュレーションは，電気自動車の解析に必要な電磁界解析，熱気流解析，構造解析の物理モデルのシミュレーションツールを開発し，システマティックに連成されていく[4]。これにより，図 14.2 に示すように計算による現実モデルに対する仮想（サイバー）空間を構築できる。一方で，現実（フィジカル）空間が存在し，フィジカル空間から得られたリアルタイムのデータをサイバー空間に提供し，サイバー空間で得られた解析結果をフィジカル空間にフィードバックする。

サイバー空間とフィジカル空間で相互にデータをやり取りする仕組みは，デジタルツインを呼ばれている[5][6]。デジタルツインは，2002 年にミシガン大学のマイケル・グリーブス教授によって提唱されたデジタル技術[7] である。多くの分野でデジタルツイン技術が試みられており，前項で説明した仮想設計や仮想実験もデジタルツインの一部を構成している。この章では，電装系のシミュレーションを取り上げているが，機械系の構造解析や運動解析を含めた総合的なデジタルツイン技術を確立

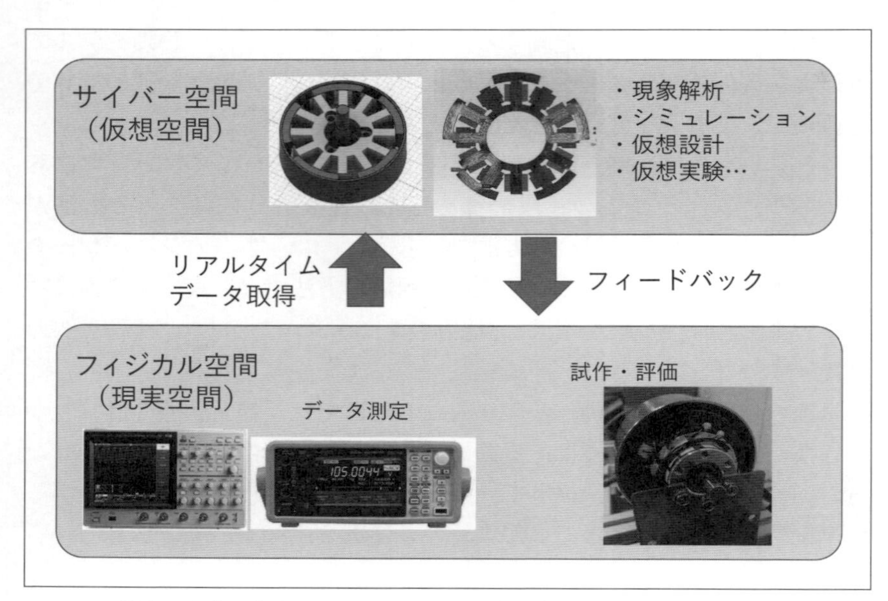

〔図 14.2〕デジタルツインのサイバー空間とフィジカル空間

していく必要がある。また，有益なデジタルツイン環境を整えるためには，現実系を反映させた正確なサイバー空間の構築が必要である。

フィジカル空間での開発では，実験に必要なハードを整えるためにコストと時間を要し，多くのケースの検証はできない。一方のデジタルツインでも，サイバー空間を構築するには時間もコストも必要となる。しかしながら，現実系を再現できるサイバー空間が構築できて計算環境を整えれば，フィジカル空間では実現できない数の条件や設計を試みることができる。後述の 14.2.2 項では 400 ケース近い条件を検証しており，技術開発の期間短縮に大きく貢献すると考えられる。トータルでは大幅な開発時間の短縮とコスト削減が実現する。

14. 2　仮想設計への適用

14.2 節では，発電効率の高いリラクタンスモータを仮想設計する例を取り上げる。マイクログリットの風力発電，電気自動車の回生電力発電などの小規模な発電機として，図 14.3(a)に示すようなリラクタンスモータ（SRM: Switched Reluctance Motor）が検討されている[8]。その理由として，SRM は従来の永久磁石同期モータ（PMSM: Permanent Magnet Synchronous Motor）とは異なり，回転子に永久磁石を使用しない。磁性材料を加工するだけで製造でき，構造が簡単かつ，希少鉱物に依存せず堅牢で安価であるためである。

しかし，SRM では永久磁石を用いないことから，ただ回転させるだけでは PMSM の様に運動エネルギーを電気エネルギーに変換できない。固定子の半分を直流電流で励磁することによって，発電する仕組みが提案され，効率を上げるための構造検討が行われている。ここでは，電磁

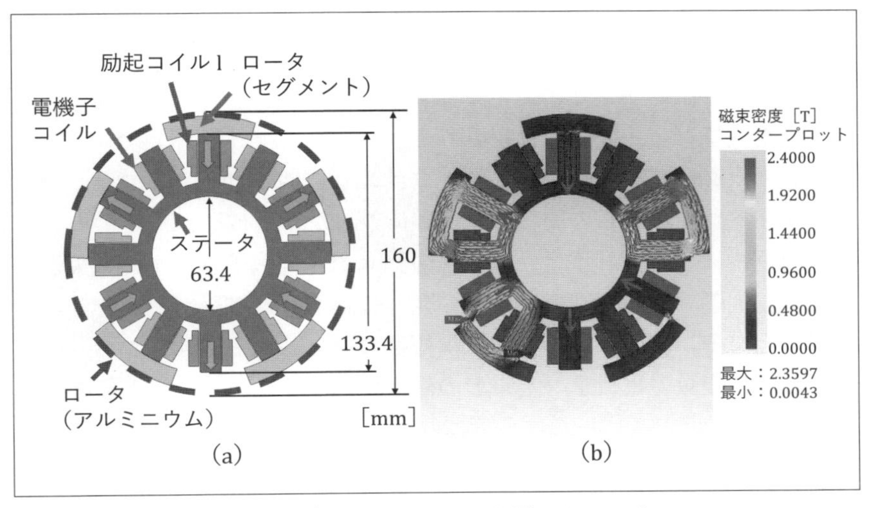

〔図 14.3〕アウターロータ型 SR モータ
(a) シミュレーションモデル，(b) 計算結果

界解析と遺伝的アルゴリズムを連成計算した仮想設計について紹介する。なお，リラクタンスモータを発電機として使用しているが，構造は同じなのでここではSRMと呼ぶ。

14.2.1 SRM発電機とモデリング

（a）SRMの発電原理

図14.3(a)にSRMの断面図を示す。今回，解析対象としたのは，(a)に示すような外側が回転して発電するアウターロータ型のSRMである。

SRMの中心には磁性材料で作られた円筒に放射状のティースが取り付けられた固定子（Stator）がある。この磁性材料には，鉄にSiを数%混ぜた電磁鋼板が用いられる。ティースの周囲には分割された磁性材料のセグメント回転子が設けられている。それぞれのセグメント回転子はプラスチック材と周囲のアルミフレームに固定され，プラスチック材と一体となって回転する

ティースには，励起コイル（Exited coil）と電機子コイル（Amateur coil）が交互に巻かれている。励起コイルには直流電流が流されて，磁界を発生させる。励起コイルは周辺から中心に向かう磁界と，中心から周辺に向かう磁界が交互に発生するようにコイルが巻かれる。発電した電力は電機子コイルから取り出される。

周囲のセグメント回転子が，励起コイルと電機子コイルをつなぐ位置に到達すると，これらの間で磁気回路のループが形成され，そのあとに磁気回路ループが崩れるという一連の動きで，電機子コイルの磁束が変化する。電磁誘導の法則で，磁束の変化に比例した電圧が発生し，発電起電力となる。ティースの周囲には複数のセグメント回転子があり，回転とともに複数の電機子コイルでの磁束変化が発生し，発電が起きる。

（b）SRMのモデリング

文献報告されている結果を参考に，図14.3(a)に示す形状モデルにステータの磁性材料やセグメント回転子の物性値を入力し，計算モデルを

構築した[9]。周辺部にあるのがセグメント回転子，中央がステータである。ティースに矢印が記載されているのが励起コイル，それ以外が発電コイルである。セグメント回転子長は角度で指定し46°，ロータの半径方向の厚さは10 mm，ステータとロータのエアギャップは0.3 mm，積層された鋼板厚さは90 mmとした。励磁側のコイルはすべて直列に接続されており，DC電圧源によって励起されステータ内の矢印の方向に磁束が発生する。また，発電側のコイルはすべて並列に接続し，全波整流回路によって整流された後，負荷抵抗に接続し，負荷抵抗での消費電力を発電電力としている。

図14.3(b)は，その電磁界解析結果である。セグメント回転子が電機子コイルと励起コイルをつなぐ位置で，磁束の閉ループができる。この磁束の変化により,発電が起きる。今回の実験では,発電効率を式(14.1)で定義した。

$$Efficiency = \frac{P_{out}}{P_{ex} + P_M} \times 100[\%] \tag{14.1}$$

ここで，発電機を回転させる機械電力P_Mと励起コイルを励起する電力P_{ex}の合計が投入電力である。投入電力と発電電力P_{out}の比が発電効率である。

14.2.2　仮想設計（サイバー空間）

(a) 電磁界シミュレーション単独活用による設計指針の算出

最初に，物理モデルのシミュレーションを単独で使って，設計指針を導き出す。これは最も一般に行われている設計手法である。電磁界シミュレーションJMAGを用いてアウターロータのセグメント数の適正化を行った。

セグメント回転子を3～6個で変化させて，基本構造を決定する。シミュレーション結果を図14.4に示す。発電効率は，セグメント回転子の数が3から4に増加することで上昇し，5から6に増加することで減少する。セグメント回転子数4，5での発電効率はそれぞれ92.12%，

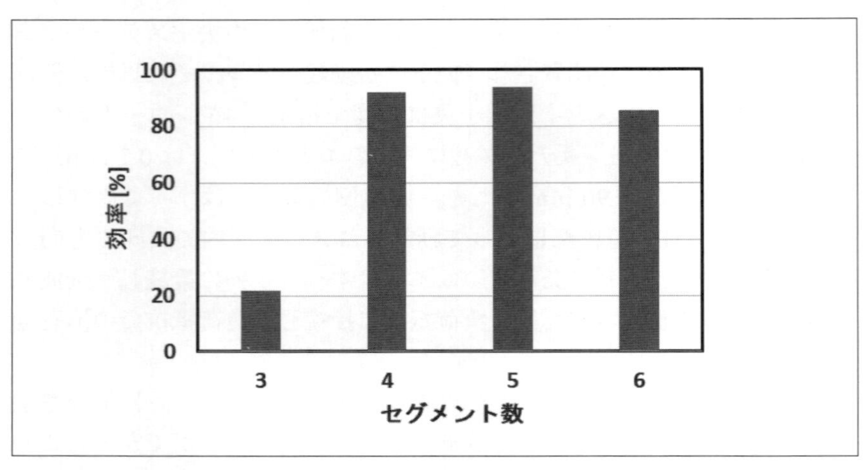

〔図 14.4〕セグメント数と発電効率

93.63% となり，セグメント回転子数 5 で最大となった。そこで，SRM のセグメント回転子数を 5 個と決定した。

（b）遺伝的アルゴリズム（GA）との連成計算による最適化

SRM モータで発電効率に影響を与える要素を取り出し，電磁界解析と遺伝的アルゴリズム（GA Genetic algorithm）との連成計算により形状の最適化を行った。連成計算を行うことにより，次のメリットが発生し，実用性の高い仮想設計となる。

①**自動計算による多数ケースの評価**：GA との連成により，適正化の候補パラメータが生成され，最適化計算を自動化することができる。前項のパラメータの検討と設定を人が行う場合に比べ 10 ～ 100 倍数のパラメータを評価できる。これにより最適化の精度が格段に高まる。

②**複数パラメータの効率的な最適解探索**：後述するように遺伝的アルゴリズムは複数のパラメータを同時に変化させながら効率良く最適化を探索できる。前項方法では，ほとんどの場合，他のパラメータを固定し 1 つのパラメータを変化させる。パラメータ数が多くなると計算数が膨大となるだけでなく，組み合わせた場合に最適解になるとは限らない。

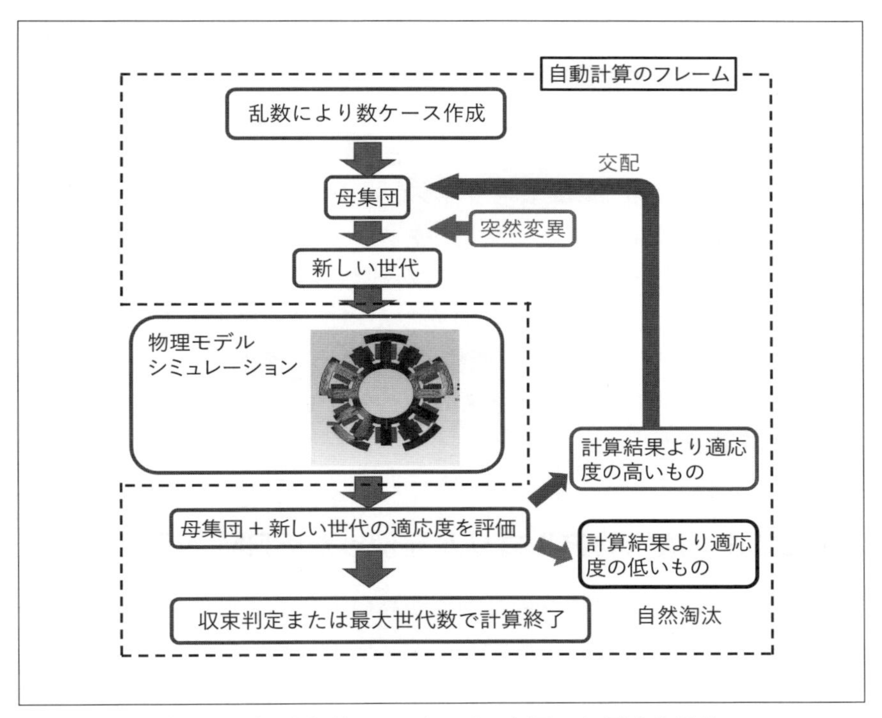

〔図 14.5〕遺伝的アルゴリズムを用いた最適化計算

図 14.5 に最適化のツールの 1 つである遺伝的アルゴリズム（GA Genetic Algorithm）を用いた適正化自動計算の具体的手法を示す。遺伝的アルゴリズムは，1975 年に Holland により提案された最適解を高速に求めるための計算手法である[10][11]。このアルゴリズムは最適化に，自然淘汰（Natural selection），交配（Crossing），突然変異（Mutation）という生物の進化過程で起きる過程を取り込んでいる[12]。

図 14.5 で交配と自然淘汰を使うことで，高速な最適化が可能となる。また，突然変異を発生させることで，最初に設定したパラメータセットから離れた領域にある適正値を見出すことができる。山登り法などの最適化手法では，最初のパラメータセットからの適値を見い出すと最適化が終了し[13]，大きく離れた領域での適値を，見つけることはできない。

これに対して，遺伝的アルゴリズムでは，突然変異を使って大きく離れた領域の最適解も見つけることができる。

GA による最適化の手順としては以下のようになる。

①第一世代として一定数のパラメータセットを乱数で生成する。

②これを物理モデルシミュレーションに順次入力して計算していく

③最適化目標値と比較して，結果が悪かったパラメータセットは次の世代では使用しない（自然淘汰）。良かったパラメータセットは残してお互いに組み合わせる（交配）。良かったパラメータセットのパラメータのいくつかを乱数で発生させた値に変更する（突然変異）。

④こうして次の世代のパラメータセットを発生させて②の計算を行い，以降これを繰り返す。

14.2.3 遺伝的アルゴリムを使ったSRM適正化

図 14.6 に示す発電効率への影響度が高いティース突起長 T_L とセグメント回転子長 S_L を抽出し，遺伝的アルゴリズムによる最適化を行った。最適化を行った際の各パラメータ値で，T_L は 0～30°，S_L は 9～69° とした。適正化では，発電効率と発電出力を最大化することを目的とした。発電機として実用化するためには，発電出力と発電効率がともに重要で

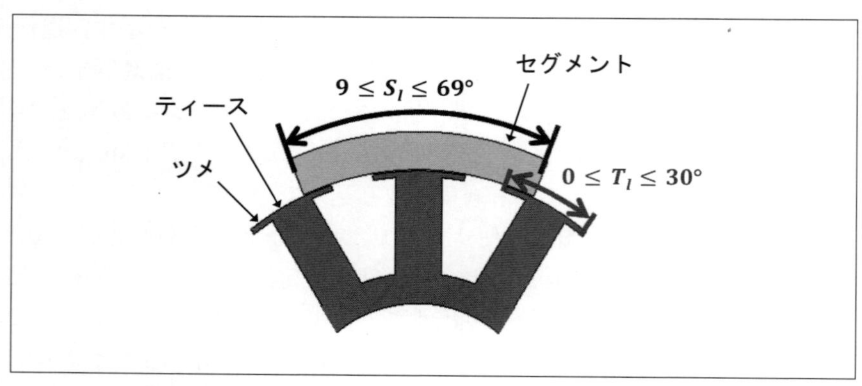

〔図 14.6〕遺伝的アルゴリズムによる最適化形状変化パラメータ

あるため，発電出力と発電効率を目的関数とした。最適化計算には Debi らによって提案された NSGA で収束性と計算速度を改良した NAGI-2 を用いた[14]。

計算結果を図 14.7 に示す。初期設定で，計算数は 1 世代 20 ケース×25 世代＝500 ケースとしたが，解析結果のエラーや同一パラメータとなったケースも発生し，最終的に 470 ケースの構造で発電効率の計算を行った。横軸は発電電力，縦軸は発電効率である。発電出力と発電効率ともに低い条件は，突然変異で生成されたパラメータ条件で自然淘汰された条件と推定される。また，発電出力と発電効率が高い条件には計算点が多くなっており，この付近の条件が集中的に計算されていることがわかる。

発電効率の最大点は，発電出力 2856 W のとき 95.09% となった。初期設定では，発電出力 1697 W で発電効率 92.45% であったので，最適

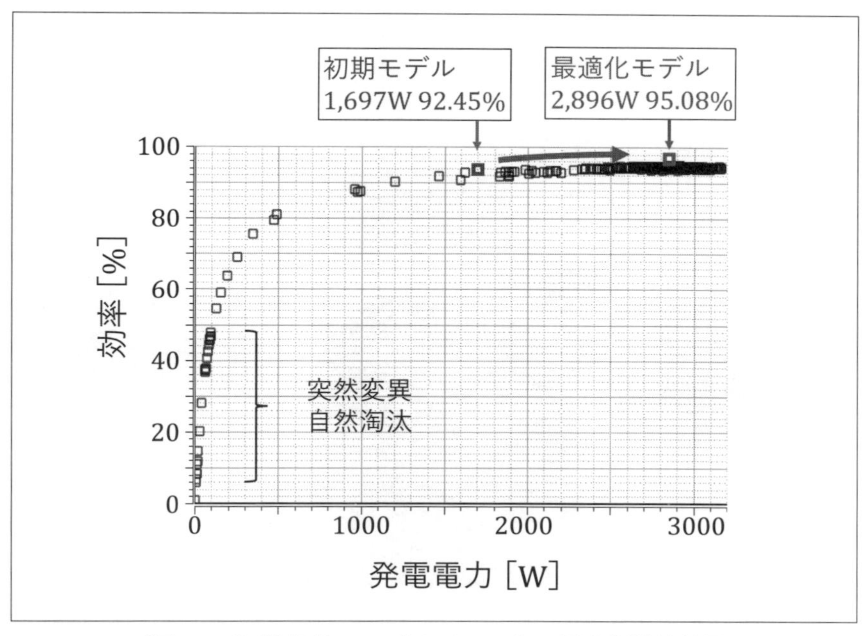

〔図 14.7〕遺伝的アルゴリズムによる最適化計算結果

化により発電出力が1159 W，発電効率が2.64%向上している。最大効率での2変数 T_L，S_L の値は，それぞれ $T_L = 20.57°$，$S_L = 51.15°$ であった。S_L の長さ51.15°は，セグメント回転子の長さが3本のティース端から端に相当する長さで，非発電時間が短く，発電効率が向上したと考えられる。

14.2.4　試作・評価（サイバー空間からフィジカル空間へのフィードバック）

サイバー空間からフィジカル空間へのフィードバックとして，最適化結果を基に，実際にSRMを試作して特性評価を行った。解析は量産型のモデルであり，試作・評価は製作が容易で低コストで小型サイズのSRMで行った。ここで，実験とシミュレーションを比較する方法としては，以下の理由によりセグメント数を変化させた特性で評価した。シミュレーションと実験との比較は S_L と T_L を変化させて評価するのがよい。しかしながら，実験では製作時に T_L やステータのサイズ，T_L やステー

〔図 14.8〕小型発電機の試作

タとの間隔などで誤差が発生し，T_Lを少し変更しただけでは効率の変化が誤差に埋もれる可能性もある。効果が明確に分かる方法として，S_Lは適正化されたサイズに固定し，T_L長さの影響も含むセグメント数を変える方法を採用した。

小型化に当たっては，14.2.3項の最適化構造を相似的にスケールダウンした。半径方向（断面図の平面方向）に約0.7倍に，軸方向（断面図の奥行方向）に約0.3倍に縮小し，さらに試作のためセグメント回転子の周囲に非磁性体であるSUS304製のロータ枠を付けた。この構造でSRMの出力と効率を計算した結果，最大出力と効率は116.9 W，78.1%となった。また，小型SRMでは，14.2.2項(a)と同様にセグメント回転子数の評価実験ができる構造とした。試作した小型サイズSRMを図14.8に示す。周囲にある部品を製作し，中央部の写真のように組み上げた。

SRM発電特性の評価として，セグメント回転子数を3個から6個に変化させて発電効率を測定した。図14.9にセグメント回転子数と発電効率の関係を示す。発電効率はセグメント回転子数5個で最大となり，14.2.2項(a)で計算により求めた結果と一致した。この時の発電出力と

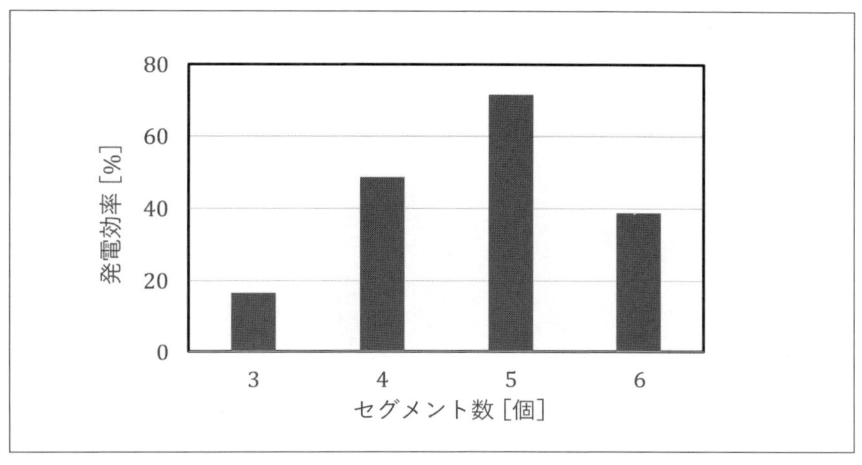

〔図14.9〕セグメント数と発電効率（小型試作機の測定結果）

発電効率は，それぞれ，81.20 W，62.10% となった。

小型試作機のシミュレーションでは，出力 116.9 W，効率 78.1% に対し，実際の試作機では出力 81.20 W，効率 62.10% と低めの値となった。これは積層したケイ素鋼板の絶縁処理が不十分のためコア内で渦電流損が大きくなったためであった。この部分に対策を施せば，出力，効率とも計算結果に近くなる。また，今回は 1 回目の試作から比較的高い 60％を超えると推定される発電効率が得られ，シミュレーションで予想されたセグメント回転子数に対する発電特性を試作機でも再現できている。仮想設計による検討効果は十分に得られた。

14. 3　仮想実験への適用

実験では，装置の準備や装置オペレーションと多くのコストと時間を要する。また，実験装置では得られない動作領域も存在する。これを解決するのが仮想実験である。回路シミュレータと電磁界シミュレータを連成し，さまざまな条件でのモータ特性を計算し，実験の再現を試みる。最初に仮想実験のためのシミュレータ構成を述べ，適用例を説明する。

電気回路でモータを駆動する時の解析方法としては，表 14.1 に示すように 3 つの方法がある。上段は，回路シミュレーション内にある簡易的なモータモデルにモータの特性パラメータを入力して計算する方法である。次が表中央の方式で，電磁界シミュレーションを使ってモータ特性を事前にテーブル（一覧表）にして回路シミュレーションと連成する方法である。こうした一覧表はルックアップテーブル（LUT：Lookup table）と呼ばれている。下段は，回路シミュレーションと電磁界回生を直接連成し，相互の結果をやりとしながら計算する方法である。いずれの方法でも仮想実験ができるが，上段から下段に向かって計算時間と

〔表 14.1〕仮想実験を実現するシミュレーション構成

シミュレーション	計算の特徴	計算結果
PSIM	回路シミュレーションのみ PSIM 回路	・精度 ・計算時間
RT（Real time）連成	モータ特性を一覧表にして接続 JMAG → JMAG-RT テーブル ⇔ PSIM 回路	
直接連成	回路シミュレーション＋電磁界解析の連成 JMAG ⇔ PSIM 回路	

ともに計算精度が高くなる。

こうした計算環境を構築する方法としては，まず，物理モデルのシミュレーションモデルを構築する。電気自動車ではその一つがモータの電磁界解析で，シミュレーションにはJMAG（JSOL社）を用いた。次に，駆動源の回路シミュレーションと連成する仕組みを作る。回路シミュレータには，PSIM（Altair Engineering Inc.）を用いた。今回の仮想実験では，アウターロータ型の永久磁石同期モータ（PMSM Permanent magnet synchronous motor）を解析対象とし，回転数と発電電圧の関係，回生動作での発電量について，仮想実験の結果と実測との比較を行う。14.3.1項で物理モデルを構築，14.3.2項でルックアップテーブルを使った連成，14.3.3項で直接連携について説明する。

14．3．1　永久磁石同期モータモデリング

（a）電磁界解析のモデリング

解析対象は図14.10(a)に示すようなCQ出版社から販売されているアウターロータ型PMSMで，11章で回生の実験に用いたモータである。アウターロータの外形は115.6mmϕで，12極の永久磁石が円周上に配置されている。(b)のステータの外形は95mmϕで18スロットから構成されており，各ステイには直径1.2mmϕのエナメル線が20ターン巻かれている。ステイに巻かれたコイルは，6個が直列接続された3相のY型結線となっている。解析対象のアウターロータ型PMSMをJMAGに入力し，図14.10(b)のシミュレーションモデルを構築した。

（b）RTモデルの構築

図14.10(b)のアウターロータ型永久磁石同期モータモデルを用いて，PSIMで連成計算するRT（Real time）モデルと呼ばれるデータテーブルを構築した。RTモデル作成にあたっては，広い動作範囲での仮想実験に対応できるよう，広い計算範囲を設定する。ここでの解析条件は，連成で使用する範囲を考慮して，最大回転数制御で上限回転数1000 rpm，

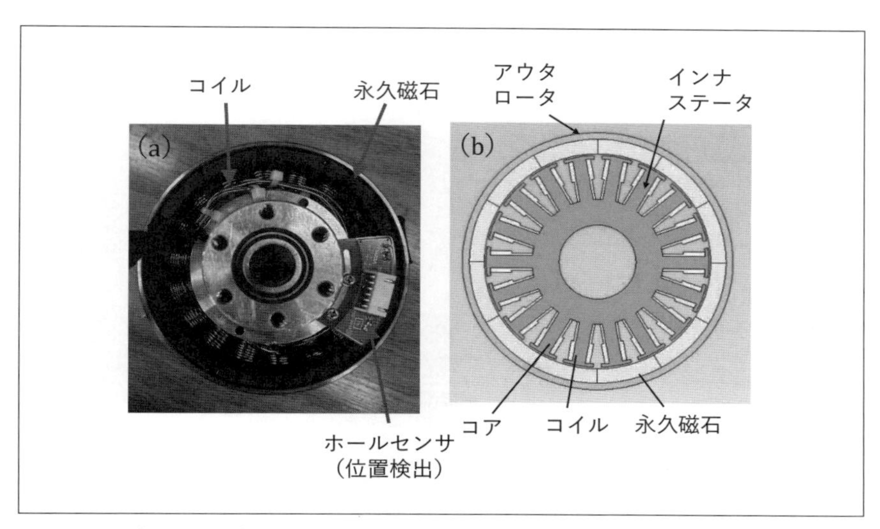

〔図 14.10〕アウターロータ型永久磁石同期モータ (a) と
シミュレーションモデル (b)

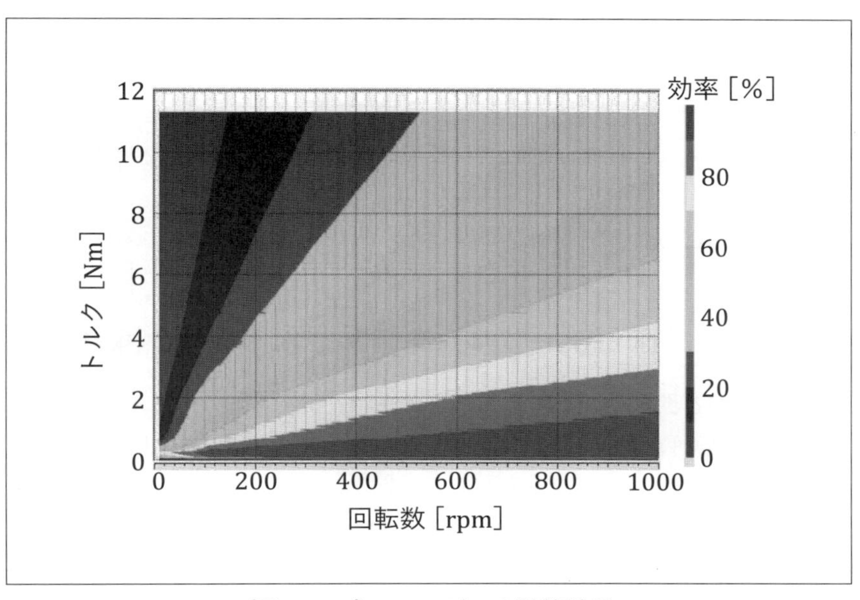

〔図 14.11〕RT モデルの計算結果

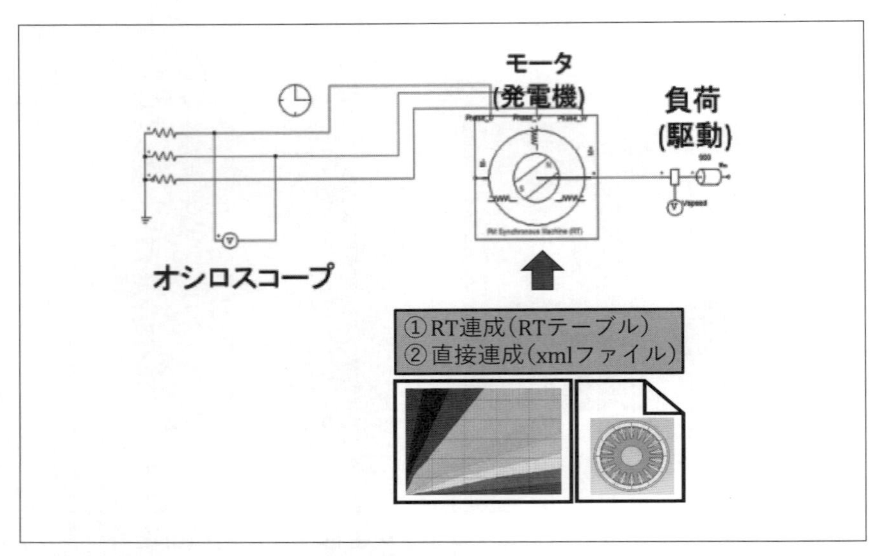

〔図 14.12〕 回転数と発電電圧の測定回路

最大電流 80 A，最大電圧 250 V とした。解析結果をもとに回転数とトルクに対する効率の関係をデータテーブルとして作成した。図 14.11 に結果を示す。高効率領域が低トルク付近にみられ，回転数とともに高効率領域が広がっている。この RT モデルを PSIM のモータモデルに取り込むことで連成シミュレーション（以下，RT 連成モデル）となり，トルクと回転数に対する効率の再現できる。

14. 3. 2 RT（テーブル）モデルによる実験の再現

（a）回転数と発電電圧

仮想実験の可能性を評価するため，最も単純なモータ特性である回転数と発電電圧について，RT 連成モデルと実験結果との比較を行った[15]。図 14.12 のシミュレーション回路で，RT 連成モデルの計算を行うとともに，同じ回路で実験を行い，回転数と発電電圧の関係を比較した。図 14.13(a)は回転数 900 rpm での実測した発電電圧の波形，図 14.13(b)

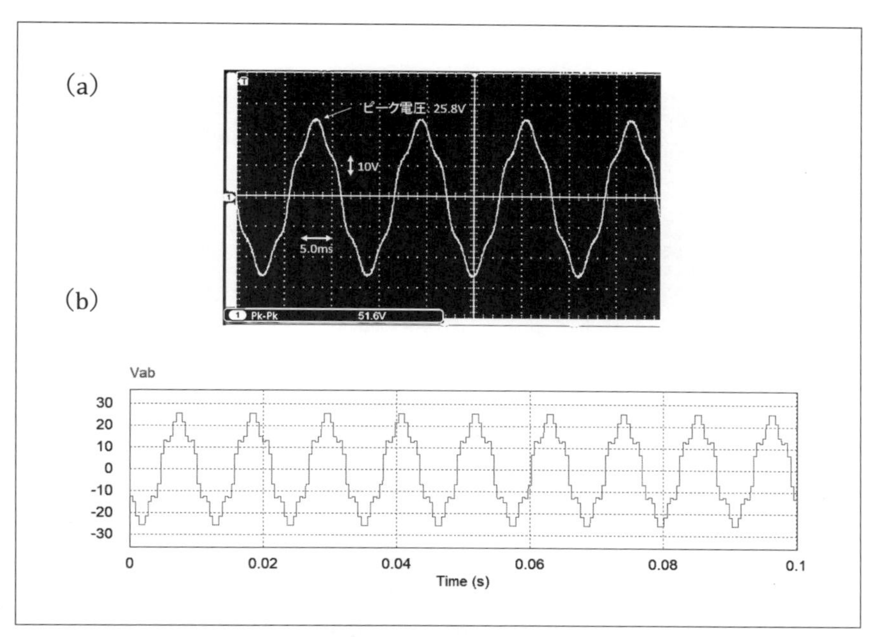

〔図 14.13〕回転数と発電電圧：(a)測定結果，(b)シミュレーション結果

は同じ回転数でのシミュレーション波形である。ピーク電圧はともに 25 V と一致し，ピーク電圧，出力波形の形状も良く一致している。

さらに回転数を変化させて，回転数とピーク電圧との関係を調べた。図 14.14 に実測結果とシミュレーション結果を示す。両結果において，回転数とともにピーク電圧が増加し，その値も良く一致している。実験値を基準にしたシミュレーションと実験との差は，最大でも 5％以下となり，仮想実験が可能なことが示された。

(b) 回転数と回生電力

11 章で説明した回生動作について，RT 連成モデルによる実験の再現性について調べた[15]。図 11.2 の回路でモータの回転数を変えて，図 11.15 に示した回生電力の積分値（回生エネルギー）を，実験と RT モデルで比較した。図 14.15 に回生動作をシミュレーションする RT 連成

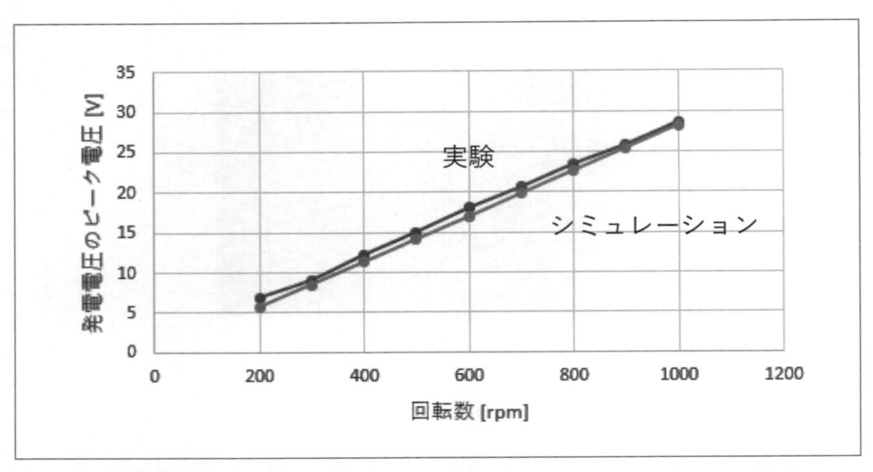

〔図 14.14〕回転数と発電電圧の測定結果とシミュレーション結果

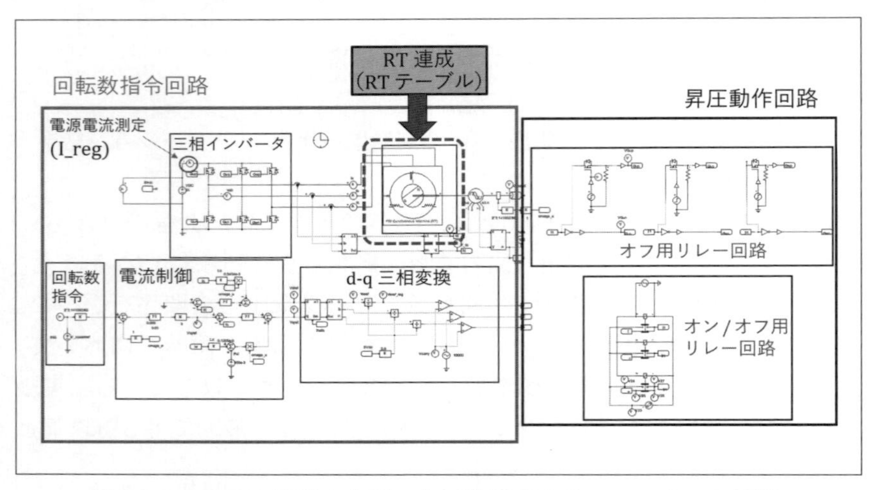

〔図 14.15〕RT モデルを用いた回生動作シミュレーション回路

モデルを示す。図 14.15 の左側が回転数指令の回路で，回生前にモータを一定の回転数に上げる。右側の回路は回生時に昇圧モータで圧を高めるためのインバータへのトリガ発生回路である。回生時にモータで発電された電圧を昇圧するには，インバータ上側のスイッチング素子を Off

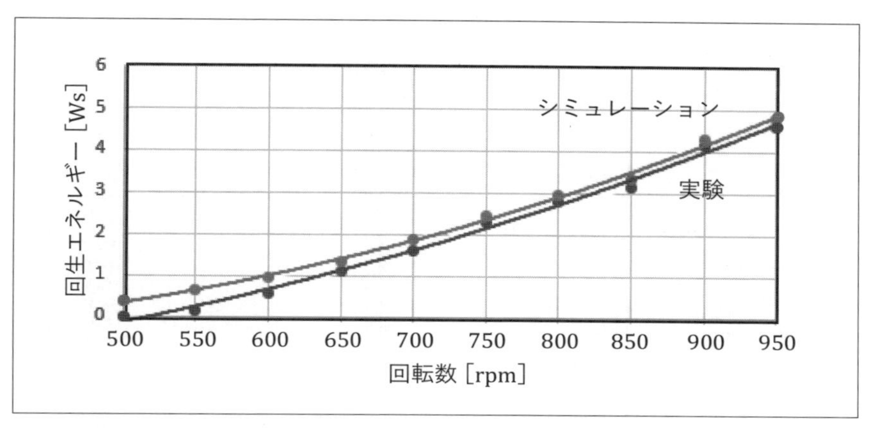

〔図 14.16〕回転数と回生エネルギーの実験結果とシミュレーション結果

し，下側の素子を On/Off する（11.2.1 項参照）。右側上段が回転数指令回路から上側のトリガ回路を切り離して Off するための回路で，下側が下側のトリガ回路を On/Off する回路である。

この回路で回転数を 500 rpm から 950 rpm まで 50 rpm ずつ加速して回生エネルギーを算出した。図 14.16 に実験とシミュレーション結果を示す。実験とシミュレーション結果で回生エネルギーはほぼ一致し，回転数と共に増加している。すべての回転数で，シミュレーションが高くなっているのは，実際のモータには機械損があり，その分低くなっているためと推定される。機械損は，回転数が高くなり回生エネルギーが大きくなるとその割合が低下する。実験とシミュレーション差は高回転領域で小さくなっており，両者の差が機械損によることを裏付けている。いずれにせよ，シミュレーションにより回生特性をかなりの確度で再現でき，RT 連成モデルによる仮想実験の可能性が示された。

14.3.3　電磁界解析と回路シミュレーションの直接連携

この章の最後に，PSIM と JMAG を直接連成したシミュレーション（直接連成モデル）について簡単に紹介する。図 14.17 は直接連成の方法を

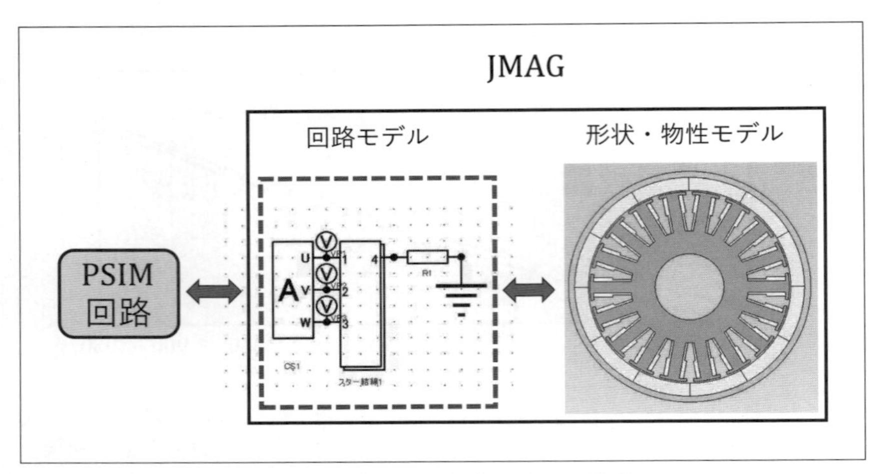

〔図 14.17〕直接連成モデルの構成

示す図である。JMAG 単体での電磁界解析は，JMAG 内の回路モデルで電圧・電流条件が計算される。この値が，モータ構造や物性値が設定された形状・物性モデルに入力されて電磁界解析が行われる。PSIM との連成計算する時は，回路モデルを外部から駆動する（外部の値を取り込む）ように設定する。これにより，PSIM と JMAG の連成計算が可能となる。

直接連成モデルを用いて，14.3.2 項(a)と同じ回転数と発電電圧の計算を行った。回転数は低めの 200 rpm とした。図 14.18(b)に計算結果を示す。図 14.18(a)には参考のため RT モデルによる計算結果を示した。出力電圧の最大値は，共に約 6V で図 14.14 の実験結果とほぼ一致している。出力波形は，(a)の RT モデルでは計算結果が凹凸的に出力されているのに対し，(b)では滑らかな出力となっている。RT 連成ではデータテーブルを使っているため，データが離散的となっているためと推定される。これは，データテーブルの刻みを小さくすれば解消されると考えられる。直接連成モデルでは，より実験に近い波形が得られ，実験結果が再現できることが分かる。

このように直接連成により計算精度は高くなるが，現状では RT モデ

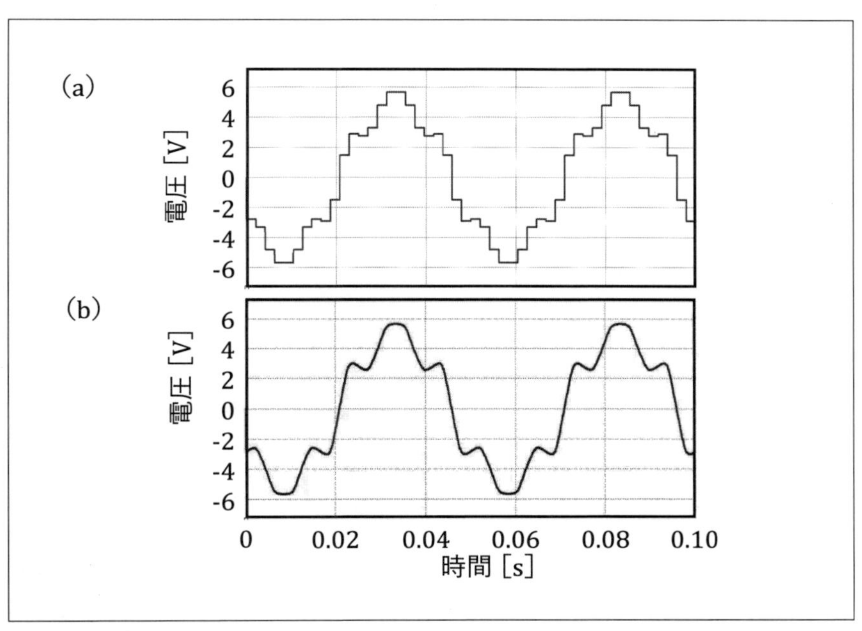

〔図 14.18〕 連成モデルの出力波形　(a)RT 連成，(b)直接連成

ルに比べ 10 倍以上の計算時間が必要となっている。WS レベルの計算環境では，多くのケースの計算に対応できず，現状では RT モデルの方が多用されている。しかしながら，今後も高度情報化社会に向けて IT 機機器の性能は向上することから，直接連成モデルを用いた仮想実験が活用されると期待される。

これまでの研究・開発は実験・試作・評価が中心で，シミュレーションはそれを支える道具に過ぎなかった。しかしながら，計算機をフル活用して研究・開発を効率化する動きへと急速に移行している。今後の製品開発は，仮想設計，仮想実験，デジタルツインといった開発環境の構築が，成否を分けると言っても過言ではない。

参考文献

［1］早川要：“シミュレーション技術の現状と今後”，デンソーテクニカルレビュー，5，pp.9-15（2000）
［2］西川宜甲考，小池秀耀：“物質・材料設計のための仮想実験システム”，JCPE Journal，12，pp.185-194（2000）
［3］東本崇仁，堀口知也，平嶋遭：“実験方法の考案による学習を支援する仮想実験環境の構築”，教育システム情報学会，24，pp.83-94（2007）
［4］重松浩一，加藤操：“パワエレシステムのシステムシミュレーション”，第25回エレクトロニクス実装学会春季講演大会，10A-05，pp.249-252（2014）
［5］総務省：“(2)デジタルツイン”，令和5年度　情報通信白書，pp.53-55（2023）
［6］山崎文敬，柿市拓巳：“インフラのデジタルツインを実証するi-Con Walkerの資材搬送実証”，AI・データサイエンス論文集，4，pp.84-88（2023）
［7］Michael Grieves: Digital Twin, Mitigating Unpredictable, Undesirable Emergent Behavior in Complex Systems（Excerpt）
［8］見城尚志：“SRモータ”，日刊工業新聞社，pp.33-67
［9］K. Saito. H. Goto, and O. Ichinokura; 15th European Conference on Power Electronics and Applications（EPE）, pp.1-7（2013）.
［10］J. H. Holland; University of Michigan Press,（1975）.
［11］J. H. Holland; Scientific American, Vol. 267, No. 1, pp. 66-73（1992）.
［12］長尾智晴：“最適化アルゴリズム”，昭晃堂，pp.151-167,（2010）
［13］長尾智晴：“最適化アルゴリズム”，昭晃堂，pp.54-70,（2010）
［14］K. Deb, A. Pratap, S. Agarwal and T. Meyarivan, “A fast and elitist multiobjective genetic algorithm: NSGA-II,” IEEE Transactions on Evolutionary Computation, Vol.6, No.2, pp.182-197（2002）
［15］李恒亮，高木茂行：“電気自動車における回生電力の高効率化に関する研究”，2024年電気学会産業応用部門大会，pp.Ⅳ-97-98

あとがき

2015 年に東京工科大学に新たに工学部が設置され，大学教員として着任しました。パワーエレクトロニクスの分野を担当することになり，電気自動車の研究を始めました。その後，学内プロジェクトとして，2017 年から電気自動車（EV）プロジェクトが始まり，代表教員を務めることとなりました。

工学部が新設された年に入学した学生が 3 年生となり，2017 年の後期から研究室に配属され，翌年からは卒業研究が始まりました。2019 年からは大学院生も加わり，EV プロジェクト，卒業研究，大学院生の活動を通して，電気自動車の研究を本格化させました。

本書には，こうした活動を通して得られたデータが多く記載されています。とくに応用編の 11 ～ 14 章のデータのほとんどが EV プロジェクト，卒業研究，大学院の研究を通して得られた結果です。こうした学生への感謝を込め，EV プロジェクトの写真と高木研究室の卒業生の名前を記載させていただきます。また，彼らに深く感謝の意を示し，あとがきに換えさせていただきます。

【EVプロジェクト】

EVプロジェクトⅠ
2018年10月18日 CQカートレース
初参加で完走賞を受賞
＊筑波サーキット

EVプロジェクトⅡ
2024年9月12日 学生フォーミュラ
静的審査，シェイクダウン証明合格
初の本戦出場
＊ Aichi sky expo

【研究室の学生】（学士は 3 年次配属年度，＊修士は入学年度）

［2017年度］ 秋原 伊靖，安藤 隆裕，石渡 将也
伊藤 弦，伊藤 龍星，井上 拓哉，岩田 晃佑，
内之倉 弘基，佐藤 優，高嶋 隼人，高橋 空路
土屋 翔馬，中島 拓哉，前 智也

［2018年度］ 石田 瞭，関口 小次郎，北村 昂太
坂田 隼也，助川 昇大，鈴木 皓大，鈴木 正吉
智片 拓海，中里 光来，平山 祥悟，丸山 航
若佐 裕太

［2019年度］ 今井 隼人，大野 拓実，岡村 祐香
鍵山 諒丞，川村 卓，島 達偉，友部 太一
平野 雄也，安田 祐作，山辺 雅登

［2020年度］ 青山 敦哉，及川 武，小菅 雅樹
坂井 啓太，高原 彪，塚田 博明，仲江川 竜弘
森田 健椰，山中 優，鬼塚 拓也
董　浩＊

［2021年度］ 荒井 優，飯田 湧平，碇山 龍之介
石井 玲司，遠藤 梨紗，大川 莉央，小野 響
小林 諒人，佐々木 唯翔，立石 悠真，比佐 達史
張 秋実＊　藤森 豪＊

［2022年度］ 木村 佳悟，米澤 里沙，阿部 凌大
石井 和慶，大橋 一輝，木住野 晴斗，須田 祐磨
高村 漱大，中村 悠真，花上 功成，原 晏輝
松井 優樹
闞 宇テイ＊　ムウイ＊　李 恒亮＊

［2023年度］ 大橋 健介，釜親 遼太郎，奥脇 竜
澤田 歩斗　田口 和弥　千葉 光　古頭 聖人
牧野 竜太郎　水野 仁太　横山 敬祐　長澤 健太

索引

あ

い

う

え

お

か

き

く

け

こ

さ

し

す

せ

そ

た

ち

て

と

な

に

ね

は

ひ

ふ

へ

ほ

ま

み

も

や

ゆ

よ

ら

り

る

れ

ろ

■ 著者紹介 ■

高木 茂行（たかぎ しげゆき）

略歴

1982 年　名古屋大学　工学部　卒業
1984 年　名古屋大学大学院工学研究科　修士課程修了
1984 年　株式会社　東芝　生産技術研究所　勤務
1991 年　名古屋大学大学院工学研究科　博士課程修了　工学博士
2007 年　株式会社 SED　出向勤務
2010 年　株式会社　東芝　生産技術センター　勤務
2011 年　青山学院大学　大学院機能物質創成コース　博士（理学）
2015 年　東京工科大学　工学部　電気電子工学科　教授　現在に至る

福島 E. 文彦（ふくしま えどわるど ふみひこ）

略歴

1989 年　ブラジル国パラナ国立工業大学　工学部電気工学科　卒業
1993 年　東京工業大学　大学院理工学研究科 機械物理工学専攻 修士課程修了
1994 年　同大学院　博士課程単位取得後　退学
1994 年　同大学　工学部　機械物理工学科　助手
2001 年　米国スタンフォード大学　客員研究員
2004 年　スイス・チューリッヒ大学 AI ラボ　客員教員
2006 年　東京工業大学　大学院理工学研究科 助教授・准教授
2014 年　東京工科大学　メディア学部 教授
2015 年　東京工科大学　工学部　機械工学科　教授　現在に至る

長浜 竜（ながはま りゅう）

略歴

1987 年　愛知工業大学　電気工学科　卒業
卒業後，通信用測定器設計・開発、オシロスコープの技術サポートを経て
2003 年　岩崎通信機株式会社（旧：岩通計測株式会社）入社　現在に至る

エンジニア入門シリーズ

まるごとわかる！
エンジニアのための電気自動車技術
—押さえておきたい53項目—

2025年3月3日　初版発行

著　者　　高木 茂行／福島 E. 文彦／長浜 竜　

発行者　　松塚 晃医
発行所　　科学情報出版株式会社
〒 300-2622　茨城県つくば市要443-14 研究学園
電話　029-877-0022
http://www.it-book.co.jp/

ISBN 978-4-910558-40-0　C3054